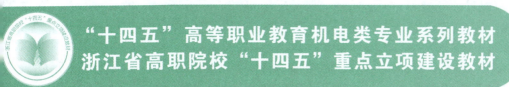

"十四五"高等职业教育机电类专业系列教材

浙江省高职院校"十四五"重点立项建设教材

电气控制与PLC项目教程
（第二版）

寇 舒　王进满 ◎ 主　编

崔跃飞　刘高爽　胡文俊 ◎ 副主编

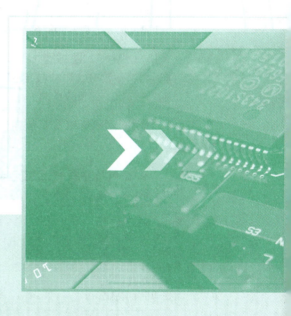

中国铁道出版社有限公司
CHINA RAILWAY PUBLISHING HOUSE CO., LTD.

内 容 简 介

本书是浙江省高职院校"十四五"重点立项建设教材，也是高等职业教育自动化类专业基础课新形态一体化教材。本书根据职业岗位技能需求，由生产生活中具体实例引入，将电气控制与PLC应用技能的相应知识点融入工作任务之中，采用项目引领、任务驱动的模式，每个任务按任务描述、知识准备、任务实现的结构编写，结构清晰，易教易学，任务可操作性强。

本书介绍了电动机典型控制电路的安装与调试、典型机床电气控制电路运行维护，以三菱FX3U为背景，介绍了PLC基本指令、功能指令等基础知识，并融入了大量的生产岗位、生活中的实际应用和各类电气大赛典型任务，体现了智能制造产业的新技术、新工艺和新规范，可满足新一轮高等职业教育教学改革的需求。

本书适合作为高等职业院校、成人高校电气自动化技术、机电一体化技术、应用电子技术及相关专业的教材，也适用于五年制高职相关专业，并可作为相关工程技术人员的学习参考书及培训用书。

图书在版编目(CIP)数据

电气控制与PLC项目教程/寇舒,王进满主编. —2版. —北京:中国铁道出版社有限公司,2024.3

"十四五"高等职业教育机电类专业系列教材　浙江省高职院校"十四五"重点立项建设教材

ISBN 978-7-113-30816-2

Ⅰ.①电… Ⅱ.①寇… ②王… Ⅲ.①电气控制-高等职业教育-教材②PLC技术-高等职业教育-教材　Ⅳ.①TM571.2②TM571.61

中国国家版本馆CIP数据核字(2024)第017573号

书　　名：电气控制与PLC项目教程
作　　者：寇　舒　王进满

策　　划：何红艳　　　　　　　　　　　　　编辑部电话：(010)63560043
责任编辑：何红艳　绳　超
封面设计：付　巍
封面制作：刘　颖
责任校对：苗　丹
责任印制：樊启鹏

出版发行：中国铁道出版社有限公司(100054,北京市西城区右安门西街8号)
网　　址：http://www.tdpress.com/51eds/

印　　刷：天津嘉恒印务有限公司
版　　次：2018年9月第1版　2024年3月第2版　2024年3月第1次印刷
开　　本：787 mm×1 092 mm　1/16　印张：16.75　字数：439千
书　　号：ISBN 978-7-113-30816-2
定　　价：49.80元

版权所有　侵权必究

凡购买铁道版图书，如有印制质量问题，请与本社教材图书营销部联系调换。电话：(010)63550836
打击盗版举报电话：(010)63549461

前　言

　　本书是浙江省高职院校"十四五"重点立项建设教材。教材是课堂教学内容的载体，也是支撑学生学习的重要工具。开发能指导学生自主学习的新形态教材，对提高教学质量有着重要意义。"电气控制与 PLC"课程是高等职业院校电气自动化技术、机电一体化技术等专业的核心课程，课程教学基于工作过程，以"教、学、做"为主体。课程教学以职业需求为基础，以技能训练为主线，体现职业性和实践性的要求，突出职业能力的培养。

　　随着智能制造产业的飞速发展和 PLC 技术应用的不断革新，我们在第一版基础上对本书进行修订。在修订中，继续延用第一版项目引领、任务驱动的编写模式，广泛听取读者的各种建议，结合学生的学习现状和就业岗位需求，丰富了实际教学内容，培养学生独立分析和解决实际工程技术问题的能力，为以后毕业从事实际的专业工作和继续学习打下良好的基础。修订主要内容包括：首先将第一版中项目一常用低压电器元件选用和项目二常用典型电气控制电路安装与维护合二为一，组成新项目电动机典型控制电路的安装与调试，并在项目中增加了电气控制电路的安装与调试训练；在 PLC 项目中增加了编程软件 GX Works2 的使用、机械手控制系统等任务，以及 PLC 特殊功能模块和数据通信新项目；在每个项目后面都有任务工单和考核标准，PLC 其他项目的任务工单和考核标准与项目三相同，省略。此外，为方便学习，将 PLC 调试步骤改为视频演示。

　　本书主要特点如下：

　　1. "岗课赛证"融通，凸显职业教育特色

　　本书以实训情景为框架，将知识点和操作技能相结合，以实际操作技能训练为主，重点强调知识在实际工作中的运用。根据这些特点，教材设计由完成企业工作任务的操作开始，结合课程培养目标来设计教学项目。每个项目包含若干任务，每个任务都是教材的核心内容。在工作任务的引领下，学生可自主开展学习，学生通过完成典型工作任务，掌握岗位核心技能。书中的知识点和操作技能也是电气工程师岗位、"现代电气控制系统安装与调试"职业技能竞赛、高级维修电工等所必需的知识点和操作技能。教材注重"岗课赛证"融通，以培养高素质技术技能型人才。

　　2. 项目引领、任务驱动，凸显"以学生为中心"的特色

　　项目化教材不再沿用传统教材以教师为主导的"内容+练习"的模式，摆脱传统教材的束缚，而是变"教材"为"学材"，紧跟行业企业的技术发展方向，以学生为中心，充分体现学生的主导性，让学生在完成任务的过程中学习理论知识，掌握相关职业技能，形成职业习惯，养成职业素养。

3. 引入"自我考评"机制，建构职业经验

教材在每个项目后面有任务工单和考核标准表，即学生在完成任务后，可对照教材进行自我评价，评价任务的实施过程与结果。通过自我评价，能快速了解学生自己自主学习的效果，也有助于激发学生的学习兴趣。这样学生在实践过程中逐渐构建属于自己的职业经验和知识体系。

4. 加强思政铸魂，落实立德树人根本任务

教材承担着传播国家主流意识形态和社会主义核心价值观的基本任务。党的二十大报告指出，应"加强教材建设和管理"，"加快建设教育强国、科技强国、人才强国"。在党的二十大精神指引下，教材中体现了"课程思政"元素，而宣传党的二十大精神，将党的二十大精神融入"课程思政"也是每位教师应有的责任。因此，本书在每个项目后面附有"拓展阅读"，以立德树人为核心，融入家国情怀，培养学生爱国主义精神、工匠精神、创新精神，培养学生严谨的工作态度等职业精神和良好的社会责任感，把学生培养成为符合新时代德智美体劳全面发展的社会主义建设者和接班人。

本书配套教学和操作等微视频资源，强化了低压电器元件和 PLC 的选用和安装工艺规范，实用性和操作性极强，读者可以扫描书中对应知识点和技能点处的二维码观看微课及 PLC 部分的调试过程内容，并可登录中国铁道出版社有限公司网站下载书中 PLC 源程序。

本书由嘉兴职业技术学院寇舒、王进满担任主编，黑龙江交通职业技术学院崔跃飞，嘉兴职业技术学院刘高爽、胡文俊担任副主编，具体分工为：项目一、项目四、项目五由寇舒编写；项目二、项目三、项目六由王进满、崔跃飞编写；刘高爽和胡文俊负责书稿的校订及数字资源的处理。嘉兴和意自动化控制有限公司、亚龙智能装备集团股份有限公司等技术人员提供了企业实际案例任务，湖州职业技术学院盛强副教授、义乌工商职业技术学院郑鹏飞副教授等也提供了很多资料和很好的意见，在此一并表示衷心的感谢。此外，还要感谢书后所附参考文献的各位作者。

由于编写时间仓促，加之编者水平有限，书中存在疏漏及不足之处在所难免，恳请读者提出宝贵意见。

编 者
2023 年 12 月

目　录

项目一　电动机典型控制电路的安装与调试 1
任务一　三相异步电动机单向运行控制电路的安装与调试 1
任务二　三相异步电动机正反转控制电路的安装与调试 19
任务三　顺序控制电路的安装与调试 29
任务四　星-三角降压起动控制电路的安装与调试 32
任务五　三相异步电动机制动控制电路的安装与调试 46
习题一 53
拓展阅读 58

项目二　典型机床电气控制电路运行维护 59
任务一　C650-2 车床电气控制电路运行维护 59
任务二　Z3040B 摇臂钻床电气控制电路运行维护 74
任务三　X62W 铣床电气控制线路运行维护 88
习题二 105
拓展阅读 107

项目三　PLC 基本指令应用 108
任务一　认识 PLC 108
任务二　编程软件 GX Works2 的使用 116
任务三　双速异步电动机 PLC 控制 127
任务四　全自动洗衣机 PLC 控制系统 133
任务五　锅炉房小车送煤 PLC 控制 139
任务六　燃油锅炉控制系统 144
任务七　多种液体自动混合装置的 PLC 控制 148
任务八　PLC 在 X62W 铣床电气控制系统中的应用 152
习题三 157
拓展阅读 160

项目四　PLC 功能指令应用 161
任务一　运料小车自动往返控制 161
任务二　物流检测 168
任务三　病床呼叫控制系统 172
任务四　六组抢答器控制 180
任务五　停车场车位控制 184
习题四 192
拓展阅读 193

项目五　状态转移图（SFC）应用 …… 194
任务一　用 GX Works2 编写状态转移图 …… 194
任务二　机械手控制系统 …… 203
任务三　自动门控制系统 …… 209
任务四　PLC 在 C650-2 车床电气控制系统中的应用 …… 212
任务五　带倒计时显示的十字路口交通灯自动控制 …… 219
任务六　艺术彩灯控制 …… 225
习　题　五 …… 230
拓展阅读 …… 231

项目六　特殊功能模块和 PLC 数据通信 …… 232
任务一　FX3U-3A-ADP 的使用和编程 …… 232
任务二　PLC 通信功能 …… 238
习　题　六 …… 258
拓展阅读 …… 260

附录 …… 261
附录 A　PLC 简易程序调试板结构示意图 …… 261
附录 B　PLC 简易程序调试板原理图 …… 261

参考文献 …… 262

项目一　电动机典型控制电路的安装与调试

电气控制电路是由各种低压电器,包括有触点的接触器、继电器、按钮和行程开关等按不同连接方式组合而成的。其作用是实现电力拖动系统的起动、正反转、制动、调速和保护,以满足生产工艺要求,实现生产过程自动化。

我国古代的指南车和木牛流马是最早的自动控制设备雏形。随着我国工业的飞速发展,对生产工艺不断提出新的要求,对电力拖动系统的要求不断提高,在现代化的控制系统中采用许多新的控制装置和元器件,用以实现对复杂生产过程的自动控制。尽管如此,目前在我国工业生产中应用最广泛、最基本的控制仍是继电器-接触器控制,而任何复杂的控制电路或系统,也都是由一些比较简单的基本控制环节、保护环节根据不同的要求组合而成的。因此,掌握这些基本控制环节是学习电气控制电路的基础。

学习目标

①掌握常用低压电器的结构、工作原理、规格、型号、选择及其在控制电路中的作用。
②能识读相关电气原理图、安装图。
③掌握电动机典型控制电路的工作原理。
④会安装及检修电动机典型控制电路。
⑤学会一定的沟通、交际、组织、团队合作的社会能力。

任务一　三相异步电动机单向运行控制电路的安装与调试

任务描述

通过对三相异步电动机单向运行控制电路的工作原理分析、接线训练,掌握断路器、接触器、熔断器、按钮、热继电器等电器元件的结构、工作原理、用途,掌握电动机单向运行控制电路的工作原理、接线及调试方法。

知识准备

1. 三相异步电动机的结构、工作原理及铭牌

1)三相异步电动机的结构

三相异步电动机实物如图1-1所示。三相异步电动机由两个基本部分组成:定子和转子。因转子结构不同,又可分为三相笼型异步电动机和三相绕线转子异步电动机。本书只涉及三相笼型异步电动机,其结构图如图1-2所示。

三相异步电动机的结构

图1-1 三相异步电动机实物

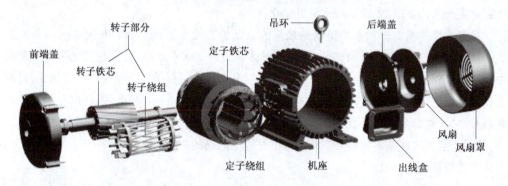

图1-2 三相笼型异步电动机的结构图

(1) 定子

定子在空间静止不动,主要由定子铁芯、定子绕组、机座等部分组成,如图1-3所示。机座上有铭牌和接线盒。

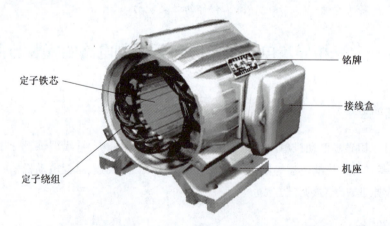

图1-3 三相异步电动机定子结构图

①定子铁芯。定子铁芯是电动机的磁路部分,由厚度为0.5 mm、彼此绝缘的硅钢片叠成,目的是减小铁损(涡流和磁滞损耗)。定子铁芯呈圆筒状装入机座内。硅钢片内圆冲有均匀分布的槽口。硅钢片叠成的定子铁芯在圆周内表面沿轴向有均匀分布的直槽,用以嵌放定子绕组,如图1-4所示。

②定子绕组。定子绕组(见图1-5)由三相绕组组成,按照一定的规律分散嵌放在定子

铁芯槽内,每相在空间上相差120°电角度、对称排列。每相绕组可以由多个线圈串联组成,构成不同的磁极对,对应产生不同的旋转磁场速度。

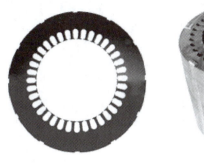

（a）硅钢片　　　　　　（b）定子铁芯

图1-4　定子硅钢片及铁芯

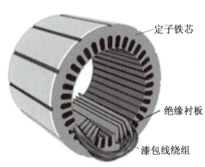

漆包线

图1-5　定子绕组

③机座。机座通常由铸铁或铸钢制成,是整个电动机的支撑部分,用于容纳定子铁芯和绕组并固定端盖,起保护和散热作用。为了加强散热能力,其外表面有散热筋,如图1-6所示。

图1-6　定子机座

④接线盒。三相定子绕组有六个接线端,固定在电动机外壳的接线盒内的六个接线柱上,分别标注字母U1、U2、V1、V2、W1、W2。通过六个接线柱,电动机三相绕组可以构成星形联结或三角形联结,再与三相交流电源相接,如图1-7所示。

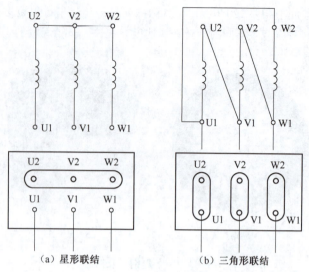

(a) 星形联结　　　　　(b) 三角形联结

图 1-7　三相异步电动机定子绕组接线端联结方法

(2) 转子

转子是电动机的旋转部分，转子由转子铁芯、转子绕组和转轴组成，如图 1-8 所示。

① 转子铁芯。转子铁芯是电动机主磁通磁路的一部分。转子铁芯固定在转轴上，可绕轴向转动。与定子铁芯一样，转子铁芯也是由 0.5 mm 厚的硅钢片冲压而成的。转子外表面分布有冲槽，槽内可安放转子绕组，如图 1-9 所示。

② 转子绕组。转子绕组是自成闭路的短路线圈，称为笼型绕组，如图 1-10 所示。笼型绕组铸于铁芯槽内，铝质或铜质，两端铸有端环。整个转子套在转轴上形成紧配合，被支撑在端盖中央的轴承中。转子绕组不需要外接电源供电，其电流是由电磁感应作用产生的。如去掉转子铁芯，整个绕组的外形就像一个笼子，由此而得名。

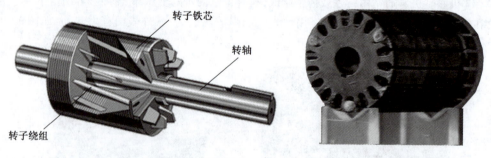

图 1-8　三相异步电动机转子结构图　　　图 1-9　三相异步电动机转子铁芯

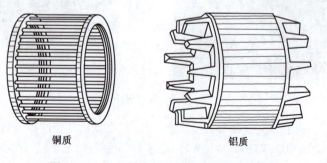

铜质　　　　　　　铝质

图 1-10　三相异步电动机转子绕组示意图

③转轴。转轴和转子铁芯固定在一起,用于输出机械转矩,如图1-11所示。

图1-11 三相异步电动机转轴

(3)其他附件

其他部分包括前后端盖、轴承、轴承盖、风扇、风扇罩等,如图1-12所示。端盖除了起防护作用外,在端盖上还装有轴承,用以支撑转子轴;轴承连接电动机转动部分与不动部分;轴承盖用于保护轴承;风扇则用来通风冷却电动机。三相异步电动机的定子与转子之间的空气隙,一般仅为0.2~1.5 mm。

图1-12 三相异步电动机其他附件示意图

2)三相异步电动机的工作原理

(1)旋转磁场的产生

在空间位置上对称的定子绕组中通入时间相位上对称的三相交流电,当三相绕组中流过三相交流电时,各相绕组按右手螺旋定则产生磁场,每一相绕组产生一对N极和S极,三相绕组的磁场合成起来,形成一对合成磁场的N极和S极。随着电流周期性变化,这个合成磁场会变成一个旋转磁场,在三相绕组中通入的交流电流变化一个周期时,产生的合成磁场沿圆周铁芯内表面的空间旋转一周。旋转磁场的速度与电流频率和电动机极数有关,如图1-13所示。

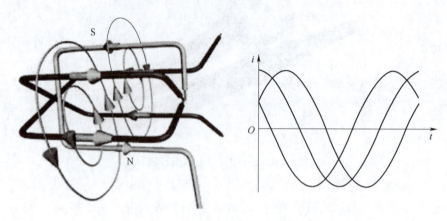

图1-13 旋转磁场产生的示意图

(2) 异步电动机工作原理

该旋转磁场与转子导体有相对切割运动,根据电磁感应原理,转子导体产生感应电动势并产生感应电流。根据电磁力定律,载流的转子导体在磁场中受到电磁力作用,形成电磁转矩,驱动转子旋转,当电动机轴上带机械负载时,便向外输出机械能,如图1-14所示。如果转子转速一旦等于旋转磁场的转速,则二者之间就没有相对运动了,当然也就不可能产生电磁力和电磁转矩。因而转子的转速必然要小于旋转磁场的转速,即二者的转速之间有差异,所以这种类型的电动机称为"异步"电动机。又因为其转子导体的电流是由于电磁感应作用产生的,所以又称"感应"电动机。

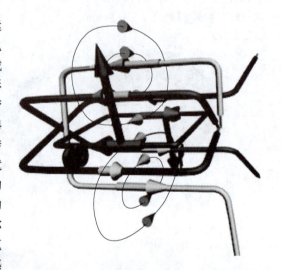

图1-14 电动机转动原理示意图

(3) 同步转速

同步转速即旋转磁场的转速,单位为 r/min。旋转磁场的速度与电流频率和电动机极数有关,对两极电动机,三相电流中电流变化一个周期,其两极旋转磁场在空间旋转一周。同样的分析方法可知,四极($p=2$)电动机当交流电流变化一个周期时,其四极合成磁场($p=2$)将在空间转过半个圆周。与两极($p=1$)旋转磁场比较,转速减慢了一半。依此类推,有 p 对磁极的异步电动机,其旋转磁场的转速 n_1 为

$$n_1 = \frac{60f_1}{p}$$

可见,旋转磁场的转速 n_1 与电源频率 f_1 成正比,与磁极对数 p 成反比。我国的工频 f_1 为 50 Hz,若 $p=1$,则 $n_1=3\,000$ r/min;若 $p=2$,则 $n_1=1\,500$ r/min,依次类推。

旋转磁场的旋转方向是由通入三相绕组的三相电流的相序决定的,改变交流电动机供

电电源的相序,就可改变电动机的转向。因为异步电动机电动状态下转子的转向是与旋转磁场的转向相一致的,所以任意对调两根电源线就可实现对异步电动机的反转控制。

(4)转差率及异步电动机转速

旋转磁场的同步转速 n_1 和异步电动机转子转速 n 之差与旋转磁场的同步转速之比称为转差率,用 s 表示。

$$s = \frac{n_1 - n}{n_1} = \frac{\Delta n}{n_1}$$

转差率是分析和表示异步电动机性能的一个重要物理量。异步电动机的转差率 s 在 1 到 0 之间。在额定运行状态时,转差率 s_N 约在 0.015～0.06 之间。由于 s_N 很小,也就意味着额定运行状态下,电动机的额定转速接近而小于同步转速,所以一旦知道电动机的额定转速 n_N,就能很快判断出电动机的同步转速、磁极对数以及转差率。例如,额定转速为 975 r/min 的电动机,其同步转速为 1 000 r/min;额定转速为 1 480 r/min 的电动机,其同步转速为 1 500 r/min。

由以上可以得到异步电动机的转速常用公式:

$$n = \frac{60 f_1}{p}(1-s) = n_1(1-s)$$

由以上可见,要改变异步电动机的转速:改变磁极对数 p;改变转差率 s;改变频率 f。

三相异步电动机在运行过程中需注意:若其中一相和电源断开,则变成单相运行。此时,电动机仍会按原来方向运转。但若负载不变,三相供电变为单相供电,电流将变大,导致电动机过热,使用中要特别注意这种现象。三相异步电动机若在起动前有一相断相,将不能起动,此时,只能听到嗡嗡声,长时间起动不了,也会过热,必须尽快排除故障;外壳的接地线必须可靠地接大地,防止漏电引起人身伤害。

3)三相异步电动机的铭牌

每台三相异步电动机的机座上都钉有一块铭牌,上面标出该三相异步电动机的主要技术数据,只有了解铭牌上数据的意义,才能正确选择、使用和维修三相异步电动机。

(1)型号

三相异步电动机的型号表明了电动机的类型、用途和技术特征。如 Y 系列的三相异步电动机 Y180M2-4,其型号组成中各符号表示的意义如图 1-15 所示。

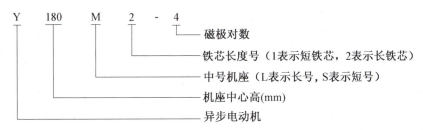

图 1-15　三相异步电动机的型号意义

(2)额定功率 P_N

额定功率表示三相异步电动机在额定工作状态下运行时,转轴上输出的机械功率,单位是瓦(W)或千瓦(kW)。

(3)额定电压 U_N

额定电压指电动机定子绕组规定使用的线电压,单位是伏(V)或千伏(kV)。如果铭牌上有两个电压值,则表示定子绕组在两种不同接法时的线电压。按国家标准规定,电动机的电压等级分为 220 V、380 V、3 000 V、6 000 V 和 10 000 V。其中,3 000 V 以上的电动机很少。

(4) 接法

接法指电动机在额定电压下定子三相绕组的联结方法。若铭牌写△,额定电压写 380 V,表明电动机额定电压为 380 V 时应接成三角形。若电压写成 380 V/220 V,接法为Y/△,表明电源线电压为 380 V 时应接成星形;电源线电压为 220 V 时应接成三角形。我国多数地区低压电线电压为 380 V。

(5) 额定电流 I_N

额定电流指电动机在额定情况下运行时电源输入电动机的线电流。单位是安(A)。如果铭牌上标有两个电流值,表示定子绕组在两种不同接法时的线电流。数值大的对应三角形接法,数值小的对应星形接法。

对三相异步电动机,额定功率与其他额定数据之间有如下关系:

$$P_N = \sqrt{3} U_N I_N \cos \varphi_N \eta_N$$

式中,U_N 为额定电压;I_N 为额定电流;$\cos \varphi_N$ 为额定功率因数;η_N 为额定效率。

对于额定电压 380 V 的三相异步电动机,其 $\cos \varphi_N \eta_N$ 乘积大致在 0.8 左右,所以根据上式,可估算出额定功率 P_N 和额定电流 I_N 之间的大小关系:$I_N \approx 2P_N$,式中 p_N 的单位是 kW,I_N 的单位是 A。

(6) 额定频率 f_N

额定频率指输入电动机交流电的频率,单位是赫(Hz)。我国的工业用电频率为 50 Hz。

(7) 额定转速 n_N

额定转速表示电动机在额定运行情况下的转速,单位是转/分(r/min)。

(8) 绝缘等级与温升绝缘等级

绝缘等级与温升绝缘等级表示电动机所用绝缘材料的耐热等级。温升表示电动机发热时允许升高的温度。

2. 控制电路涉及的低压电器元件

1) 断路器

低压断路器又称自动空气开关,在电气线路中起接通、分断和承载额定工作电流的作用,并能在线路和电动机发生过载、短路、欠电压的情况下进行可靠保护。它的功能相当于刀开关、过电流继电器、欠电压继电器、热继电器及漏电保护器等电器部分或全部的功能总和,是低压配电网中一种重要的保护电器。低压断路器广泛应用于低压配电系统各级馈出线,各种机械设备的电源控制和用电终端的控制和保护。图 1-16 所示为 DZ 系列低压断路器外形。图 1-17 所示为低压断路器的图形、文字符号。

图 1-16 DZ 系列低压断路器外形

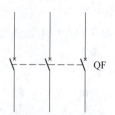

图 1-17 低压断路器的图形、文字符号

低压断路器的结构示意图如图 1-18 所示,低压断路器主要由触点、灭弧系统、脱扣器和操作机构等组成。脱扣器又分过电流脱扣器、热脱扣器、欠电压脱扣器和分励脱扣器等四种。

图 1-18 所示断路器处于闭合状态,三个主触点 1 通过传动杆与锁扣保持闭合,脱扣机构 2 可绕轴转动。正常工作中,各脱扣器均不动作,而当电路发生短路、欠电压或过载故障时,或按下分励按钮,分别通过各自的脱扣器使锁扣被杠杆顶开,实现保护作用。

低压断路器的型号如图 1-19 所示。

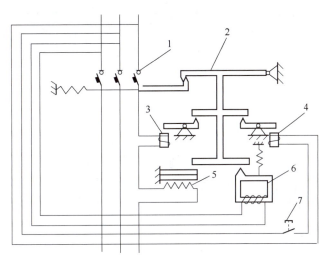

图 1-18　低压断路器的结构示意图
1—主触头;2—脱扣机构;3—过电流脱扣器;4—分励脱扣器;
5—热脱扣器;6—欠压脱扣器;7—按钮

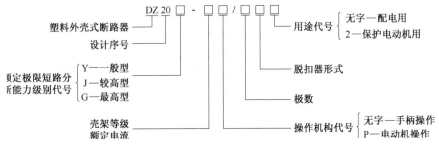

图 1-19　低压断路器的型号意义

低压断路器的选择应注意以下几点:

① 低压断路器的额定电流和额定电压应大于或等于线路、设备的正常工作电压和工作电流。

② 低压断路器的极限通断能力应大于或等于电路最大短路电流。

③ 欠电压脱扣器的额定电压应等于线路的额定电压。

④ 过电流脱扣器的额定电流应大于或等于线路的最大负载电流。

使用低压断路器来实现短路保护比熔断器优越,因为当三相电路短路时,很可能只有一相的熔断器熔断,造成断相运行。对于低压断路器来说,只要造成短路都会使开关跳闸,将三相同时切断。另外,还有其他自动保护作用。但其结构复杂、操作频率低、价格较高,因此适用于要求较高的场合,如电源总配电盘。

2) 熔断器

(1) 熔断器结构、符号和型号

熔断器是一种当电流超过额定值一定时间后,以它本身产生的热量使熔体熔化而分断电路的电器。广泛应用于低压配电系统和控制系统及用电设备中作短路和过电流保护。熔断器主要由熔体和安装熔体的熔管(或熔座)两部分组成。熔体是熔断器的主要组成部分,它既是感测元件又是执行元件。熔体由易熔金属材料铅、锡、锌、银、铜及其合金制成,通常做成丝状、片状、带状或笼状,它串联于被保护电路中。熔管一般由硬质纤维或瓷质绝缘材料制成半封闭式或封闭式外壳,熔体装于其内。熔管的作用是便于安装熔体和有利于熔体熔断时熄灭电弧。熔断器的外形图如图1-20所示。熔断器的图形符号、文字符号及型号如图1-21所示。

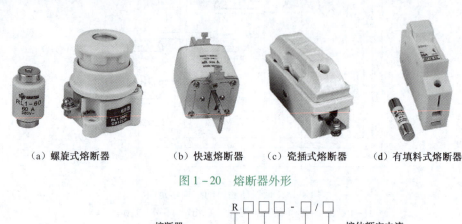

(a) 螺旋式熔断器　(b) 快速熔断器　(c) 瓷插式熔断器　(d) 有填料式熔断器

图1-20　熔断器外形

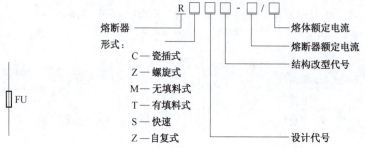

图1-21　熔断器的图形符号、文字符号及型号

(2) 熔断器的主要技术参数

① 额定电压:指熔断器长期工作时和熔断后所能承受的电压。

② 额定电流:熔断器长期工作,各部件温升不超过允许温升的最大工作电流。

③ 极限分断能力:熔断器在规定的额定电压和功率因数(或时间常数)条件下,能可靠分断的最大短路电流。

(3) 熔断器额定电流的选择

① 保护无起动过程的平稳负载,如照明线路、电阻、电炉等时,熔体额定电流略大于或等于负荷电路中的额定电流。

② 保护单台长期工作的电动机熔体电流时,可按最大起动电流选取,也可按下式选取:

$$I_{RN} \geqslant (1.5 \sim 2.5) I_N$$

式中　I_{RN}——熔体额定电流;

I_N——电动机额定电流。

如果电动机频繁起动,式中系数 1.5~2.5 可适当加大至 3~3.5,具体应根据实际情况而定。

③保护多台长期工作的电动机(供电干线)时：

$$I_{RN} \geqslant (1.5 \sim 2.5)I_{Nmax} + \sum I_N$$

式中　I_{Nmax}——容量最大单台电动机的额定电流；

　　　$\sum I_N$——其余电动机额定电流之和。

3）接触器

(1)交流接触器的结构和工作原理

接触器属于控制电器,是依靠电磁吸力与复位弹簧反作用力配合动作,而使触点闭合或断开的,主要控制对象是电动机。接触器具有控制容量大、过载能力强、寿命长、设备简单经济等特点,并可实现远距离控制,是控制电器中使用最为广泛的电器元件。

图 1-22 所示为 CJ20-20 型交流接触器的外形及结构示意图。交流接触器由以下三部分组成。

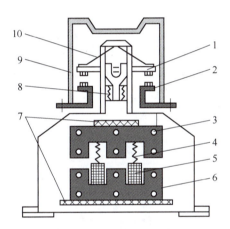

图 1-22　CJ20-20 型交流交流接触器外形及结构示意图
1—动触头；2—静触头；3—衔铁；4—弹簧；5—线圈；6—铁芯；
7—垫毡；8—触头弹簧；9—灭弧罩；10—触头压力弹簧

①电磁机构。电磁机构由吸引线圈、动铁芯(衔铁)和静铁芯组成,其作用是将电磁能转换成机械能,产生电磁吸力带动触点动作。

②触点系统。触点系统包括主触点和辅助触点。主触点用于通断主电路,通常有三对常开触点,根据主触点的容量大小,有桥式触点和指形触点两种结构形式；辅助触点用于控制电路,一般各有两对常开和两对常闭触点。辅助触点容量小,不设灭弧装置,所以它不用来分合主电路。

③灭弧装置。容量在 10 A 以上的接触器都有灭弧装置,对于小容量的接触器,常采用双断口触点灭弧、电动力灭弧及陶土灭弧罩灭弧。对于大容量的接触器(20 A 以上),采用纵缝灭弧罩及灭弧栅片灭弧。

(2)交流接触器的符号及型号

交流接触器的图形符号、文字符号及型号如图 1-23 所示。例如,CJX-16 表示主触点为额定电流 16 A(可控制电动机最大功率 7.5 kW/380 V)的交流接触器。

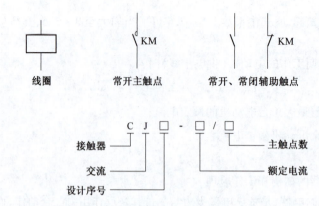

图 1-23 交流接触器的图形符号、文字符号及型号

(3) 交流接触器的短路铜环

交流接触器在运行过程中,线圈中通入的交流电在铁芯中产生交变磁通,因而铁芯与衔铁间的吸力是变化的。这会使衔铁产生振动,发出噪声,更主要的是会影响到触点的闭合。为消除这一现象,在交流接触器的铁芯两端各开一个槽,槽内嵌装短路铜环,如图 1-24 所示。加装短路铜环后,当线圈通以交流电时,线圈电流产生的磁通 Φ,Φ 的一部分未穿过短路铜环为 Φ_1,Φ 的一部分穿过短路环,环中感应出电流,感应出的电流又会产生一个磁通 Φ_2,两个磁通的相位不同,即 Φ_1、Φ_2 不同时为零,这样就保证了铁芯与衔铁在任何时刻都有吸力,衔铁将始终被吸住,这样就解决了振动的问题。

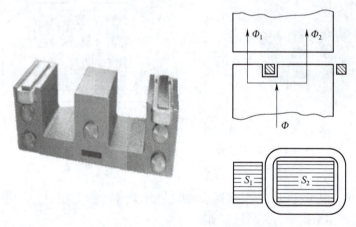

图 1-24 短路铜环工作原理示意图

(4) 交流接触器的选用

① 交流接触器主触点的额定电压应大于或等于负载回路的额定电压。

② 交流接触器主触点的额定电流应等于或稍大于实际负载额定电流。在实际使用中还要考虑环境因素的影响,如柜内安装或高温条件时应适当增大交流接触器的额定电流。

③ 交流接触器吸引线圈的电压,一般从人身和设备安全角度考虑,该电压值可以选择低一些,但当控制电路比较简单,用电不多时,为了节省变压器,则选用 220 V、380 V。

4) 按钮

(1) 按钮的结构及工作原理

控制按钮是一种结构简单、使用广泛的手动电器,它可以配合继电器、接触器,对电动机实现远距离的自动控制。

控制按钮由按钮帽、复位弹簧、桥式触点和外壳等部分组成,通常做成复合式,即具有常闭触点和常开触点,如图 1-25 所示。按钮按下时,常闭触点先断开,常开触点后闭合;按钮释放时,在复位弹簧的作用下,按钮触点按相反顺序自动复位。

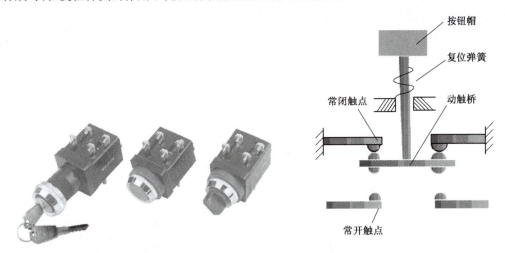

图 1-25 按钮开关外形及结构示意图

(2)按钮的分类及型号规格

控制按钮的种类很多,按结构分有揿钮式、紧急式、钥匙式、旋钮式、带指示灯式等。按防护方式分有开启式、保护式、防水式、防腐式等。常用的控制按钮有 LA2、LA18、LA20、LAY1、LAY3、LAY6 等系列。按钮开关的图形符号、文字符号及型号如图 1-26 所示。其中,结构形式代号的含义为:K 表示开启式,S 表示防水式,J 表示紧急式,X 表示旋钮式,H 表示保护式,F 表示防腐式,Y 表示钥匙式,D 表示带指示灯式。

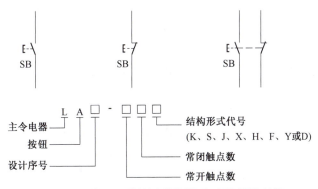

图 1-26 按钮开关的图形符号、文字符号及型号

(3)按钮的选用

①根据使用场合和用途选择按钮的种类。例如,手持移动操作应选用带有保护外壳的按钮;嵌装在操作面板上可选用开启式按钮;需显示工作状态可选用光标式按钮;为防止无关人员误操作,在重要场合应选用带钥匙操作的按钮。

②合理选用按钮的颜色。停止按钮选用红色钮;起动按钮优先选用绿色钮,但也允许选用黑、白或灰色钮;一钮双用(起动/停止)不得使用绿色、红色,而应选用黑色、白色或灰色钮。

5）热继电器

(1) 热继电器结构及工作原理

电动机在运行过程中若过载时间长，过载电流大，电动机绕组的温升就会超过允许值，使电动机绕组绝缘老化，缩短电动机的使用寿命，严重时甚至会使电动机绕组烧毁。因此，电动机在长期运行中，需要对其过载提供保护装置。热继电器是利用电流的热效应原理实现电动机过载保护的，图1-27为热继电器的结构示意图及外形图。

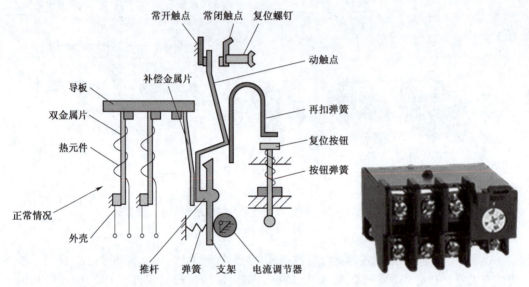

图1-27 热继电器的结构示意图及外形图

热继电器主要由热元件、双金属片和触点组成，是利用电流热效应原理工作的保护电器。它主要与接触器配合使用，用作电动机的过载与断相保护。双金属片由两种热膨胀系数不同的金属碾压而成，当双金属片受热时，会出现弯曲变形。使用时，把热元件串联于电动机的主电路中，而常闭触点串联于电动机的控制电路中。

(2) 热继电器的符号及型号

热继电器的图形符号、文字符号及型号如图1-28所示。

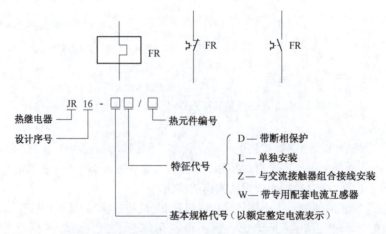

图1-28 热继电器的图形符号、文字符号及型号

（3）热继电器的选用

①选类型。一般情况,可选择两相或普通三相结构的热继电器,但对于三角形接法的电动机,应选择三相结构并带断相保护功能的热继电器。

②选额定电流。热继电器的额定电流要大于或等于电动机的工作电流。

③一般情况下,热元件的整定电流为电动机额定电流的 0.95~1.05 倍;若电动机起动时间太长,热元件的整定电流为电动机额定电流的 1.1~1.5 倍。若电动机的过载能力差,可取 0.6~0.8 倍。

3. 三相异步电动机单向运行控制电路

1）接触器自锁控制电路

电路如图 1-29 所示。

图 1-29 中的各低压电器元件的作用如下：

①断路器 QF：用作电源隔离开关。

②熔断器 FU1、FU2：分别用作主电路、控制电路的短路保护。

③停止按钮 SB1：控制接触器 KM 的线圈失电；起动按钮 SB2：控制接触器 KM 的线圈得电。

④接触器 KM 的主触点：控制电动机 M 的起动与停止；接触器 KM 的常开辅助触点：用于自锁。

⑤热继电器 FR：对电动机进行过载保护。

工作原理分析如下：如图 1-29 所示,起动时,合上 QF,按下起动按钮 SB2,接触器 KM 线圈得电,电流通路如图 1-30 所示。接触器线圈得电,电磁机构动作,其常开主触点闭合,使电动机接通电源起动运转,同时与 SB2 并联的接触器常开辅助触点 KM(3-4)也闭合,电流通路如图 1-31 所示。当松开 SB2 时,KM 线圈通过其自身常开辅助触点继续保持得电,从而保证电动机的连续运行,电流通路如图 1-32 所示。这种依靠接触器自身辅助触点而使其线圈保持得电的现象,称为自锁或自保持,这个起自锁作用的辅助触点称为自锁触点。（图中粗线均为电路的电流通路,以下相同）

图1-29 接触器自锁控制电路

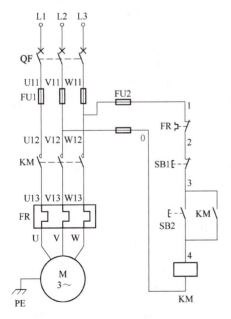

图 1-29 接触器自锁控制电路

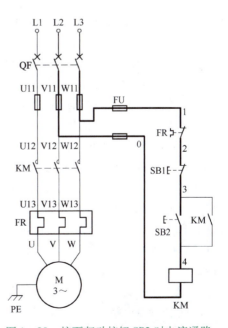

图 1-30 按下起动按钮 SB2 时电流通路

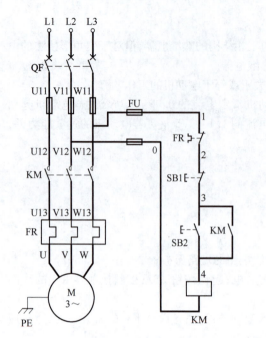
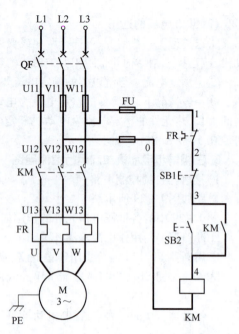

图1-31 接触器KM动作后的电流通路　　图1-32 松开SB2按钮自动运行的电流通路

停止运转时,可按下停止按钮SB1,KM线圈失电释放,主触点和自锁触点均断开,电动机脱离电源停止运转。松开SB1后,由于此时控制电路已断开,电动机不能恢复运转,只有再按下SB2,电动机才能重新起动运转。

当电动机出现长期过载而使热继电器FR动作时,其在控制电路中的常闭触点FR(1-2)断开,使KM线圈失电,电动机停转,实现对电动机的过载保护。

自锁控制具有欠电压与失电压保护功能。当电源电压由于某种原因欠电压或失电压时,接触器电磁吸力急剧下降或消失,衔铁释放,KM的常开触点断开,电动机停转;而当电源电压恢复正常时,电动机不会自行起动,避免事故发生。

2)点动控制电路

机械设备长时间运转,即电动机持续工作,称为长动,如自锁电路控制。机械设备手动控制间断工作,即按下起动按钮,电动机转动;松开按钮,电动机停转,这样的控制称为点动。点动控制电路如图1-33所示。由于点动控制为短时工作制,而交流电动机允许短时过载,所以点动控制电路一般不加过载保护。

3)点动与连续运转控制电路

机床设备在正常工作时一般需要电动机处在连续运转状态,但在试车或调整刀具与工件的相对位置时,又需要电动机能点动控制,实现这种工艺要求的线路是既能连续又能点动综合控制电路。如图1-34所示,按下连续控制按钮SB2,接触器KM线圈得电,常开触点KM(4-5)闭合自锁,电动机连续运行,按下停止按钮SB1,电动机停转。按下点动控制按钮SB3,接触器KM线圈得电,电动机运行,常开触点KM(4-5)虽然闭合,但自锁回路被SB3(3-5)常闭触点断开,不能自锁,松开SB3按钮,电动机停转,只能点动控制。这样就实现了既能点动又能连续运转控制。

4)多地点控制电路

在大型生产设备上,为使操作人员在不同的方位均能进行操作,常常要求多地控制。

图1-35所示为两地控制电路,图中SB3、SB4为起动按钮,SB1、SB2为停止按钮,分别安装在两个不同的地方。在任一地点按下起动按钮,KM线圈都能得电并自锁,而在任一地点按下停止按钮,KM线圈都会失电。从图1-35中可以看出,实现多地控制时,起动按钮应并联,停止按钮应串联。

图1-33点动控制电路

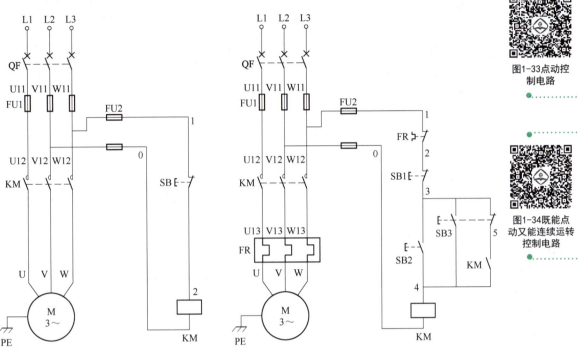

图1-33 点动控制电路　　　　图1-34 既能点动又能连续运转控制电路

图1-34既能点动又能连续运转控制电路

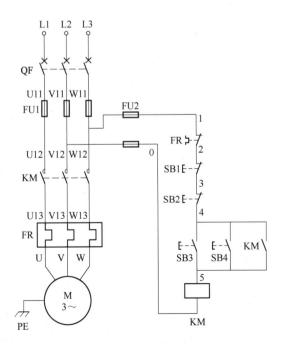

图1-35 两地控制电路

图1-35两地控制电路

任务实现

安装和操作接触器自锁控制电路

接触器自锁控制电路安装接线图如图1-36所示,粗线及主触点的直接连接线为主电路,其他细线为控制电路。安装接线时应做到:

(1)仔细阅读本项目后面的"技能训练说明"。

(2)仔细观察所使用的元器件,熟悉它们的动作原理。

(3)按图1-36接线图接线。

(4)质量检查:

①对照原理图1-29检查主电路。

②万用表打在Ω挡,两表笔搭在FU2上端的V12和W12两端,按下SB2按钮,指针偏转(指针停留在KM线圈的阻值位置),松开SB2按钮。若指针不偏转,则说明线路断路,应查出并排除故障。

③按下KM,指针偏转。若指针不偏,则说明自锁功能不正常,应检查与自锁有关的线路。

(5)经指导教师检查合格后进行通电操作。

图1-36交流接触器自锁控制接线图

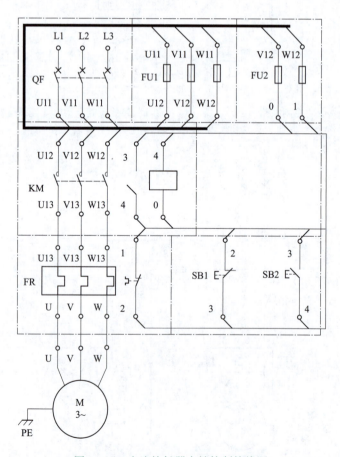

图1-36 交流接触器自锁控制接线图

任务二　三相异步电动机正反转控制电路的安装与调试

任务描述

通过对三相异步电动机接触器联锁正反转控制电路的工作原理、行程控制电路的工作原理分析、接线训练,掌握行程开关的结构、工作原理、用途,掌握电动机接触器联锁正反转控制电路的工作原理、接线及调试的方法。

知识准备

1. 电气控制系统图概述

电气控制系统是由许多电器元件按一定要求连接而成的。为了表达电气控制系统的结构组成、原理等设计意图,同时也为了便于系统的安装、调试、使用和维修,将电气控制系统中的各电器元件的连接用一定的图形表达出来,这种图就称为电气控制系统图。

常用的电气控制系统图有三种,即电气原理图、电器元件布置图和电气安装接线图。

1) 电气原理图

电气原理图是用来表示电路中各电器元件的导电部件的连接关系和工作原理。它应根据简单、清晰的原则,采用电器元件展开的形式来绘制,而不按电器元件的实际位置来画,也不反映电器元件的大小。其作用是为了分析电路的工作原理,指导控制系统或设备的安装、调试与维修。

为了便于确定原理图内容和各组成部分的位置,方便阅读,往往需要将图面划分为若干区域。图幅分区的方法是:在图的边框处,竖边方向用大写英文字母,横边方向用阿拉伯数字,编号顺序应从左上角开始。图幅分区示例如图1-37所示。

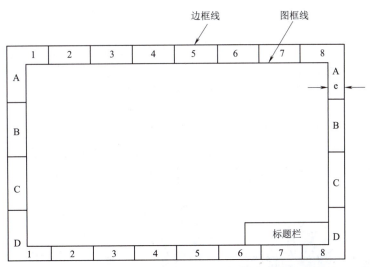

注:图中的e表示图框线与边框线的距离,A0、A1号图纸为20 mm,A2~A4号图纸为10 mm。

图1-37　图幅分区示例

在具体使用时,对水平布置的电路,一般只需标明行的标记;对垂直布置的电路,一般只需标明列的标记;复杂的电路才采用组合标记。

另外,在图区编号的下侧一般还设有用途栏,用文字注明该栏对应的下方电路或元件的功能,以利于理解全电路的工作原理。

由于接触器、继电器的线圈和触点在电气原理图中不是画在一起的。为了便于阅读,在接触器、继电器线圈的下方画出其触点的索引表,阅读时可以通过索引表方便地在相应的图区找到其触点。

对于接触器,索引表有三栏,有主触点和辅助常开、常闭触点所在图区号,各栏的含义如下:

左栏	中栏	右栏
主触点所在图区号	辅助常开触点所在图区号	辅助常闭触点所在图区号

对于继电器,索引表只有两栏,有常开、常闭触点所在图区号,各栏的含义如下:

左栏	右栏
常开触点所在图区号	常闭触点所在图区号

2)电器元件布置图

电器元件布置图主要用来表明电气设备上所有电器元件的实际位置,为设备的安装及维修提供必要的资料。布置图可根据系统的复杂程度集中绘制或分别绘制。常用的有电气控制箱中的电器元件布置图和控制面板布置图等。

3)电气安装接线图

电气安装接线图主要用于电器的安装接线、线路检查、维修和故障处理。通常电气安装接线图与电气原理图及元件布置图一起使用。电气安装接线图中需表示出各电器项目的相对位置、项目代号、端子号、导线号和导线型号等内容。图中的各个项目(如元件、部件、组件、成套设备等)可采用其简化外形(如正方形、矩形、圆形)表示,简化外形旁应标注项目代号,并与电气原理图中的标注一致。

2. 行程开关

行程开关又称位置开关或限位开关,是一种根据行程位置而切换电路的电器,广泛用于各类机床和起重机械,用以控制其行程或进行终端限位保护。

行程开关的种类很多,在电气设备中常用行程开关的外形、图形符号及文字符号如图1-38所示。行程开关的结构及规格型号如图1-39所示。

各种系列的行程开关其基本结构大体相同,都是由操作头、触点系统和外壳组成。操作头接受机械设备发出的动作指令或信号,并将其传递到触点系统,触点再将操作头传递来的动作指令或信号通过本身的结构功能变成电信号,输出到有关控制回路。

图1-38　常用行程开关的外形、图形符号及文字符号

项目一　电动机典型控制电路的安装与调试

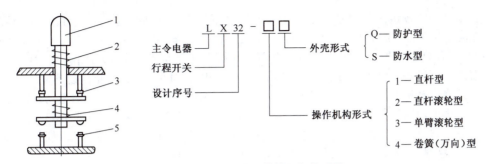

图 1-39　行程开关的结构及规格型号
1—顶杆；2—弹簧；3—常闭触点；4—触点弹簧；5—常开触点

3. 三相异步电动机正反转控制电路

三相异步电动机正反转控制电路涉及的低压电器元件有断路器、熔断器、按钮开关、交流接触器、热继电器。它们的作用如下：

①断路器 QF：用作电源隔离开关。

②熔断器 FU1、FU2：分别用作主电路、控制电路的短路保护。

③停止按钮 SB1：控制接触器 KM1、KM2 的线圈失电；正转起动按钮 SB2：控制接触器 KM1 的线圈得电；反转起动按钮 SB3：控制接触器 KM2 的线圈得电。

④接触器 KM1、KM2 的主触点：控制电动机 M 正反向的起动与停止；接触器 KM1、KM2 的常开辅助触点：用于自锁；接触器 KM1、KM2 的常闭辅助触点：用于联锁。

⑤热继电器：对电动机进行过载保护。

工作原理分析如下：图 1-40 所示为三相异步电动机正反转控制电路。图中 KM1 为正转接触器，KM2 为反转接触器。当按下正转起动按钮 SB2 时，KM1 线圈得电，电流通路如图 1-41 所示。接触器 KM1 线圈得电，电磁机构动作，其常开主触点闭合，使电动机接通电源正向起动运转，同时与 SB2 并联的接触器常开辅助触点 KM1(3-4)闭合自锁，常闭触点 KM1(6-7)

图1-40三相异步电动机正反转控制电路

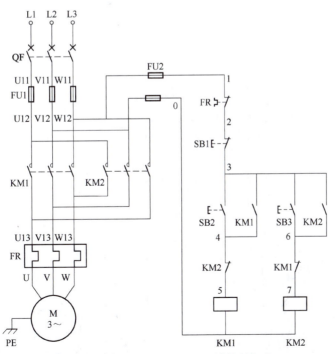

图 1-40　三相异步电动机正反转控制电路

断开,松开 SB2 按钮,电动机保持正转运行。此时,按下反转起动按钮 SB3,接触器 KM2 线圈不能得电,因为反转起动通路上 KM1(6-7)触点已断开。电流通路如图 1-42 所示。按下停止按钮 SB1,KM1 线圈失电,KM1 主触点及自锁触点断开,电动机停止运行,常闭触点 KM1(6-7)恢复闭合,可以进行反转起动。按下反转起动按钮 SB3,KM2 线圈通电并自锁,KM2 主触点闭合,改变电动机电源相序,电动机反转,常闭触点 KM2(4-5)断开,同样,此时电动机正转不能起动,电流通路如图 1-43 所示。将接触器 KM1 与 KM2 常闭触点分别串联在对方线圈电路中,是为防止主电路发生两相电源短路事故,形成相互制约的控制,称为互锁或联锁控制。这种利用接触器(或继电器)常闭触点的互锁称为电气互锁。

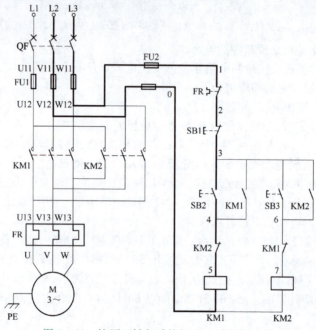

图 1-41 按下正转起动按钮 SB2 时电流通路

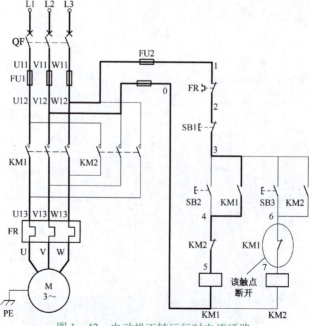

图 1-42 电动机正转运行时电流通路

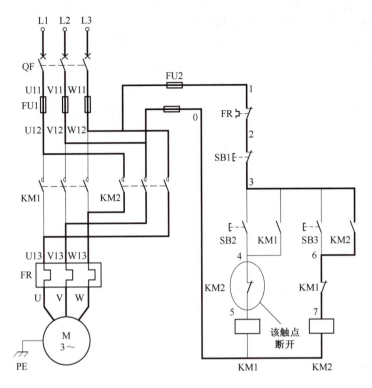

图 1-43 电动机反转运行时电流通路

4. 工作台自动往返行程控制电路

自动往返行程控制对实际生产非常实用,是常见的控制方式,如机床的工作台自动往返运行控制。工作台自动往返循环运行示意图如图 1-44 所示。工作台在行程开关 SQ1 和 SQ2 之间自动往返运行工作。工作台可以在任意位置向任一方向起动运行,在任何位置,均可按停止按钮使其停车,再次起动后,重复上述动作。

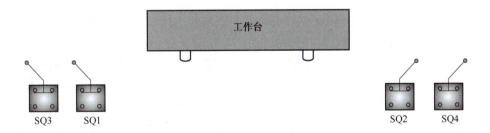

图 1-44 工作台自动往返循环运行示意图

工作台自动往返行程控制电路如图 1-45 所示,该电路涉及的低压电器元件有断路器、熔断器、按钮开关、交流接触器、热继电器、行程开关。

它们的作用如下:

①断路器 QF:用作电源隔离开关。

②熔断器 FU1、FU2:分别用作主电路、控制电路的短路保护。

③停止按钮 SB1:控制接触器 KM1、KM2 的线圈失电;起动按钮 SB2:控制接触器 KM1 的

线圈得电;按钮 SB3:控制接触器 KM2 的线圈得电。

④接触器 KM1、KM2 的主触点:控制电动机 M 正反向的运行;接触器 KM1、KM2 的常开辅助触点:用于自锁;接触器 KM1、KM2 的常闭辅助触点:用于联锁。

⑤热继电器:对电动机进行过载保护。

⑥SQ1、SQ2 行程开关:控制电动机自动往返运行;SQ3、SQ4:用于限位保护。

图1-45 工作台自动往返行程控制原理图

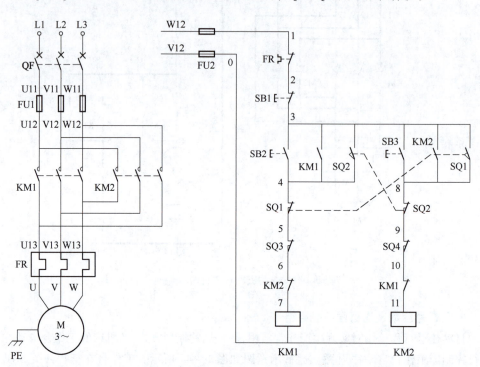

图 1-45　工作台自动往返行程控制原理图

工作原理分析如下:

驱动工作台自动往返的电动机的工作实质是正反转,而电动机正反转控制是应用非常广泛的一种控制,如在铣床加工中工作台的左右运动、前后和上下运动;电梯的升降运动,平面磨床矩形工作台的左右移动等。工作台自动往返循环运行示意图如图 1-44 所示。行程开关 SQ1、SQ2 为工作台正反向运行换向开关,SQ3、SQ4 为防止工作台超行程的限位保护开关。工作台自动往返循环控制原理图如图 1-45 所示,其工作原理是通过接触器 KM1 和 KM2 改变电动机所接电源的相序控制电动机的正反转实现工作台的正反向运行。当按下起动按钮 SB2 时,KM1 得电并自锁,电动机正转,电流通路如图 1-46 所示。当工作台正向运行碰到行程开关 SQ1 时,SQ1(4-5)常闭触点断开,KM1 线圈失电,电动机停止正转。SQ1(3-8)常开触点闭合接通 KM2 线圈,KM2 主触点接通改变电动机电源相序,电动机反转,电流通路如图 1-47 所示。KM2 自锁,电动机反转,工作台反向运行,同理,当工作台碰到 SQ2 时又变为正向运行。工作台在到达两端后自动停止和再次反向起动是由行程开关发出信号控制的,这样通过工作台碰撞行程开关 SQ1、SQ2 实现了工作台自动往返循环运行控制。当 SQ1 或 SQ2 有故障,工作台碰到不能换向时,工作台碰到 SQ3 或 SQ4 停止,起到限位保护作用,防止工作台超出行程。

项目一 电动机典型控制电路的安装与调试

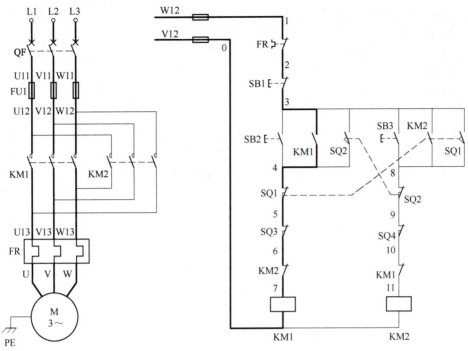

图 1-46 工作台正向运行时电流通路

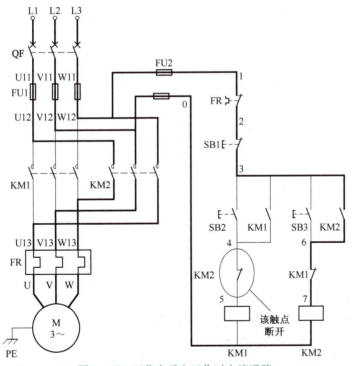

图 1-47 工作台反向工作时电流通路

任务实现

1. 安装和操作接触器联锁的正反转控制电路

接触器联锁的正反转控制电路安装接线图如图 1-48 所示,粗线及主触点的直接连接

线为主电路,其他细线为控制电路。安装接线时应做到:

(1)仔细阅读本项目后面的"技能训练说明"。

(2)仔细观察所使用的元器件,熟悉它们的动作原理。

(3)按图1-48接线图接线。

(4)质量检查:

①对照原理图1-40检查主电路。

②万用表打在Ω挡,两表笔搭在FU2上端的V12和W12两端,按下SB2按钮,指针偏转(指针停留在KM1线圈的阻值位置),放开SB2按钮,按下SB3按钮,指针偏转(指针停留在KM2线圈的阻值位置),放开SB3按钮。若指针不偏转,则说明线路断路,应查出并排除故障。

③按下KM1,指针偏转;同样,按下KM2,指针也偏转。若指针不偏转,则说明自锁功能不正常,应检查与自锁有关的电路。

(5)经指导教师检查合格后进行通电操作。

图1-48 交流接触器联锁正反转控制接线图

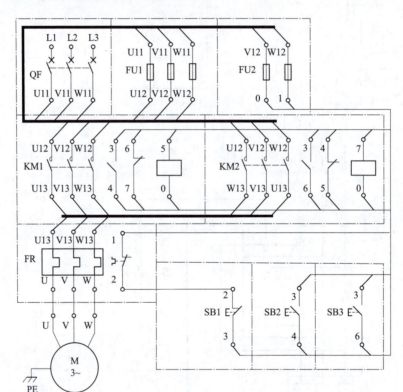

图1-48 交流接触器联锁正反转控制接线图

电气故障检查:

电气故障检查首先进行外观检查,如是否有线圈烧毁、端子接头脱落等。如果外观无问题,再进一步用万用表检查电路,有电压检查法和电阻检查法。电压检查法是带电检查,一定要注意万用表的电压挡位,如果用低电压挡位测量高电压将损坏万用表;电阻检查法是断电检查。电气故障检查要根据故障现象,在图样上确定故障范围,对照图样在电气电路上用万用表逐一排查。所以,电气故障检查首先要熟悉电气原理图。

故障现象1:电动机不转,伴有"嗡嗡"声。

故障可能原因:主电路断路缺相,是L1相上的FU1熔断器熔断,或电动机M某一相损毁等。不能是L2或L3相上的熔断器熔断,如果是则控制回路断开,电动机无法起动,就不会发现电动机缺相。故障范围如图1-49所示。

故障现象2：按下停车按钮后正转电动机不能停车。

故障可能原因：KM1的主触点熔焊。故障范围如图1-50所示。电动机运行过程中由于主电路往往电流比较大，在主触点接触不良，电阻较大情况下就容易发生触点熔焊。此故障打开接触器的灭弧罩直接就可以看得到。

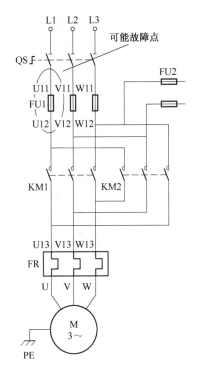

图1-49 电动机缺相故障范围　　图1-50 电动机主触点熔焊故障范围

故障现象3：电动机正反向均不能起动。

故障可能原因：熔断器FU1、FU2有熔断；热继电器触点FR(1-2)、停止按钮SB1(2-3)接触不良。故障范围如图1-51所示。

故障现象4：电动机正向不能起动，反向能起动。

故障可能原因：电动机反向能起动说明电路(1-3)之间正常，可能的故障点是KM2(4-5)常闭触点接触不良、KM1线圈烧毁或按钮SB2(3-4)触点接触不良。故障范围如图1-52所示。

故障现象5：电动机正转不能自锁。

故障可能原因：KM(3-4)触点接触不良。故障范围如图1-53所示。

2. 安装和操作工作台自动往返行程控制电路

工作台自动往返行程控制电路安装接线图如图1-54所示，粗线及主触点的直接连接线为主电路，其他细线为控制电路。安装接线时应做到：

(1)仔细阅读本项目后面的"技能训练说明"。

(2)仔细观察所使用的元器件，熟悉它们的动作原理。

(3)按图1-54接线图接线。

(4)质量检查：

①对照原理图1-45检查主电路。

②万用表打在 Ω 挡,两表笔搭在 FU2 上端的 V12 和 W12 两端,按下 SB2 按钮,指针偏转(指针停留在 KM1 线圈的阻值位置),放开 SB2 按钮,按下 SB3 按钮,指针偏转(指针停留在 KM2 线圈的阻值位置),放开 SB3 按钮。若指针不偏转,则说明线路断路,应查出并排除故障。

③按下 KM1,指针偏转;同样,按下 KM2,指针也偏转。若指针不偏转,则说明自锁功能不正常,应检查与自锁有关的电路。

(5)经指导教师检查合格后进行通电操作。

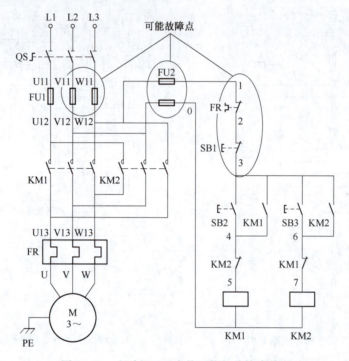

图 1-51 电动机正反向均不能起动故障范围

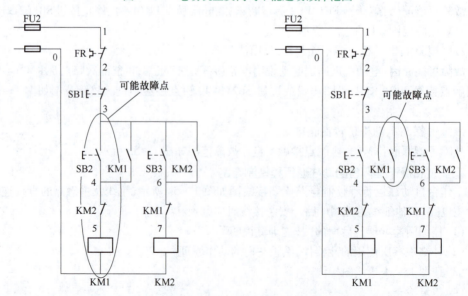

图 1-52 电动机正向不能起动故障范围　　图 1-53 电动机正转不能自锁故障范围

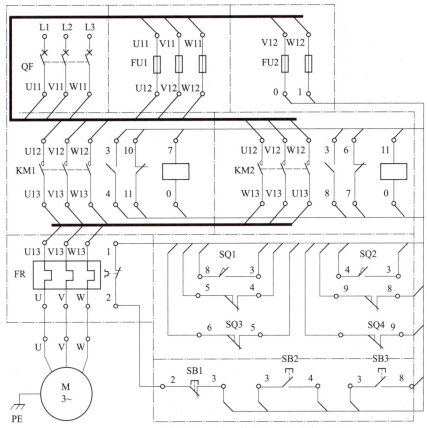

图1-54 工作台自动往返行程控制电路安装接线图

任务三 顺序控制电路的安装与调试

任务描述

在生产实际中,有些设备常常要求多台电动机按一定的顺序实现起动和停止。例如车床主轴转动时,要求油泵先给润滑油,主轴停止后,油泵方可停止润滑,即要求油泵电动机先起动,主轴电动机后起动,主轴电动机停止后,才允许油泵电动机停止。通过对顺序控制电路的实际安装接线训练,掌握顺序启停控制电路的安装、接线与调试的方法。

知识准备

图1-55就是实现该过程的控制电路。三相异步电动机顺序控制电路涉及的低压电器元件有断路器、熔断器、按钮开关、交流接触器、热继电器。它们的作用如下:

(1)断路器QF:用作电源隔离开关。

(2)熔断器FU1、FU2:分别用作主电路、控制电路的短路保护。

(3)停止按钮SB1、SB3:分别控制接触器KM1、KM2的线圈失电;起动按钮SB2、SB4:分别控制接触器KM1、KM2的线圈得电。

(4)接触器KM1、KM2的主触点:分别控制电动机M1、M2的起动与停止;接触器KM1的常开辅助触点:一个用于自锁,一个用于控制KM2的运行;接触器KM2的常开辅助触点:一个用于自锁,一个用于控制KM1的停止。

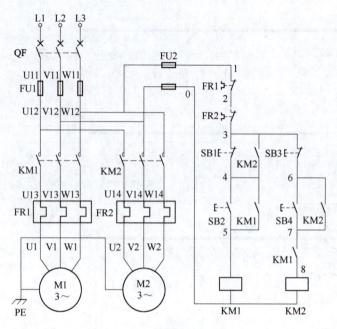

图 1-55 顺序控制电路

(5) 热继电器 FR1、FR2:分别对电动机 M1、M2 进行过载保护。

在图 1-55 中,假设 M1 为油泵电动机,M2 为主轴电动机。由图可见,接触器 KM2 的线圈电路中串入了接触器 KM1 的常开辅助触点 KM1(7-8),这样只有当接触器 KM1 线圈得电,常开触点 KM1(7-8)闭合后,才允许 KM2 线圈得电,即电动机 M1 先起动后才允许电动机 M2 起动。也就是油泵电动机工作后,才允许主轴电动机工作,如图 1-56 所示。

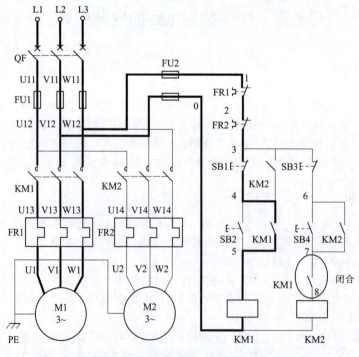

图 1-56 顺序控制电路工作原理分析(1)

将接触器 KM2 的常开触点 KM2(3-4)并联在电动机 M1 的停止按钮 SB1 两端,这样当接触器 KM2 线圈得电,电动机 M2 运转时,SB1 被 KM2(3-4)常开触点短接,不起作用,只有当接触器 KM2 线圈失电,KM2(3-4)常开触点断开,SB1 才能起作用,也就是主轴电动机 M2 停止之后油泵电动机 M1 才能停止,如图 1-57 所示。这样就实现了按顺序起动、按顺序停止的顺序控制。

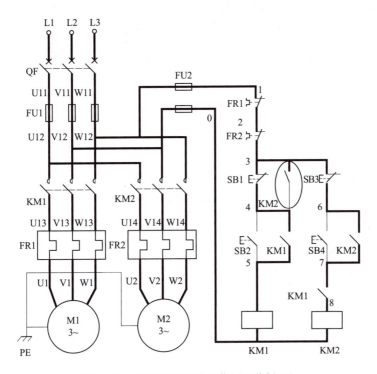

图 1-57　顺序控制电路工作原理分析(2)

任务实现

顺序控制电路安装接线

顺序控制电路安装接线图如图 1-58 所示,粗线及主触点的直接连接线为主电路,其他细线为控制电路。安装接线时应做到:

(1)仔细阅读本项目后面的"技能训练说明"。
(2)仔细观察所使用的元器件,熟悉它们的动作原理。
(3)按图 1-58 接线。
(4)质量检查:
①对照原理图 1-55 检查主电路。
②万用表打在 Ω 挡,两表笔搭在 FU2 两端,按下 SB2,指针偏转;松开 SB2,若指针不偏转,则说明电路断路,应查出并排除故障。
③按下 KM1,指针偏转。若指针不偏转,则说明自锁功能不正常,应检查与自锁相关的电路。
(5)经指导教师检查合格后进行通电操作。

图1-58顺序控制电路的接线图

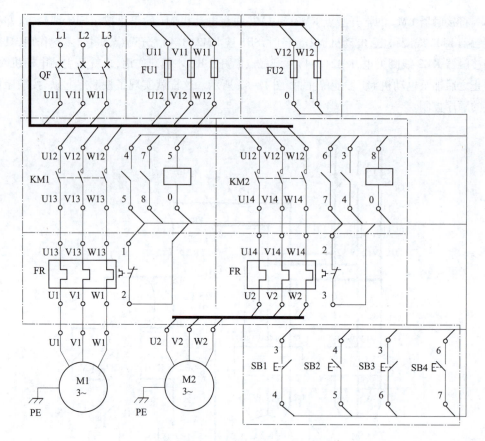

图 1-58　顺序控制电路的接线图

任务四　星-三角降压起动控制电路的安装与调试

任务描述

由于三相异步电动机起动电流大(为额定电流的 5~7 倍),当电动机容量较大时,过大的起动电流会造成电路上很大的电压降,这不仅影响到电路上其他设备的运行,同时,也可能由于电压降过大而使电动机无法起动。为了减小起动电流,在电动机起动时必须采取适当的措施。对于正常运行时定子绕组接成三角形的笼型异步电动机,均可采用Y-△(星-三角)降压起动方法,以达到限制起动电流的目的。起动时,定子绕组先接成星形(Y),此时加在电动机定子绕组的电压是相电压,待转速上升到接近额定转速时,再将定子绕组换接成三角形(△),电动机便进入全压正常运行。

本任务用接触器实现电动机Y-△降压起动控制,转换原理图如图 1-59 所示,接触器 KM3 闭合时,电动机绕组Y接;KM3 断开 KM2 闭合时,电动机绕组△接。

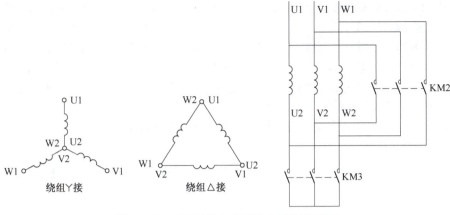

图 1-59　三相异步电动机 Y-△ 转换原理图

知识准备

1. 时间继电器

在自动控制系统中,需要有瞬时动作的继电器,也需要延时动作的继电器。时间继电器就是利用某种原理实现触点延时动作的自动电器,经常用于时间控制原则进行控制的场合。时间继电器是利用电磁、电子或机械原理来延迟触点动作时间的控制电器,按动作原理与构造可分为空气阻尼式、晶体管式和电子式等,其外形如图 1-60 所示。时间继电器是在线圈得电或断电后,触点要经过一定时间延时后才能动作或复位。时间继电器分通电延时型和断电延时型两种,通电延时型是线圈通电吸合后触点延时动作;断电延时型是线圈断电释放后触点延时动作。

(a) 空气阻尼式时间继电器　　　(b) 晶体管式时间继电器　　　(c) 电子式时间继电器

图 1-60　时间继电器外形

1) 空气阻尼式时间继电器的结构和工作原理

空气阻尼式时间继电器是利用空气阻尼原理获得延时的。它由电磁系统、延时机构和触点三部分组成。

图 1-61 所示为 JS7-A 系列空气阻尼式时间继电器结构示意图。空气阻尼式时间继电器延时方式有通电延时型和断电延时型两种。其外观区别在于:当衔铁位于铁芯和延时机构之间时为通电延时型;当铁芯位于衔铁和延时机构之间时为断电延时型。下面以 JS7-2A 系列时间继电器为例来分析其工作原理。

工作原理:当线圈 1 通电后,衔铁 3 连同推板 5 被铁芯 2 吸引向上吸合,上方微动开关 16 压下,使上方微动开关触点迅速转换。同时在空气室壁 11 内与橡皮膜 10 相连的活塞杆 6 在塔式弹簧 8 作用下也向上移动,由于橡皮膜下方的空气稀薄形成负压,起到空气阻尼的作用,因此活塞杆只能缓慢向上移动,移动速度由进气孔14的大小而定,可通过调节螺钉13调整。经过一段延时后,活塞12才能移到最上端,并通过杠杆7压动微动开关15,使其常开触点闭合,常闭触点断开。而另一个微动开关16是在衔铁吸合时,通过推板5的作用立即动作,故称微动开关16为瞬动触点。当线圈断电时,衔铁在反力弹簧4作用下,将活塞推向下端,这时橡皮膜下方气室内的空气通过橡皮膜10、弹簧9和活塞12的肩部所形成的单向阀,迅速将空气排掉,使微动开关15、16触点复位。

空气阻尼式时间继电器的延时时间为0.4~180 s,但精度不高。

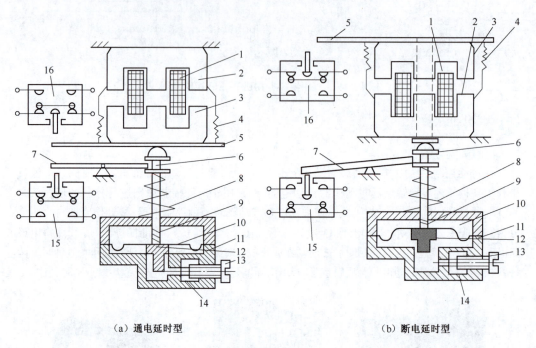

(a) 通电延时型　　　　　　　　　(b) 断电延时型

图1-61　JS7-A系列空气阻尼式时间继电器结构示意图
1—线圈;2—铁芯;3—衔铁;4—反力弹簧;5—推板;6—活塞杆;7—杠杆;8—塔式弹簧;
9—弹簧;10—橡皮膜;11—空气室壁;12—活塞;13—调节螺钉;14—进气孔;15、16—微动开关

2) 时间继电器的符号及型号

时间继电器的图形符号、文字符号及型号如图1-62所示。

3) 时间继电器的选用

(1) 根据系统的延时范围和精度选择时间继电器的类型和系列。在延时精度要求不高的场合,可选用空气阻尼式时间继电器;要求延时精度高、延时范围较大的场合,可选用晶体管式时间继电器。目前电气设备中较多使用晶体管式时间继电器。

(2) 根据控制电路的要求选择时间继电器的延时方式(通电延时型或断电延时型)。

(3) 时间继电器电磁线圈的电压应与控制电路电压等级相同。

2. 中间继电器

中间继电器实质上是一种电压继电器,结构原理与接触器相同,但它的触点数量较多,其主要用途为:当其他继电器的触点对数或触点容量不够时,可以借助中间继电器来扩展它们的触点数或触点容量,起到信号中继作用。另外,触点的额定电流较大(5~10 A),在10 A以下电路中可代替接触器起控制作用。中间继电器有交流和直流继电器之分。中间继电器外形、图形符号、文字符号及型号如图1-63所示。

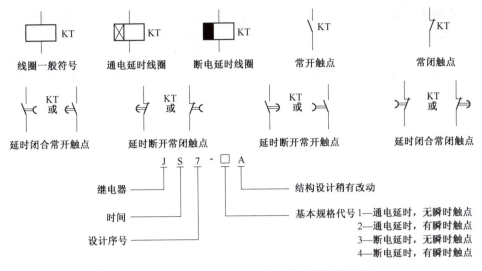

图 1-62 时间继电器的图形符号、文字符号及型号

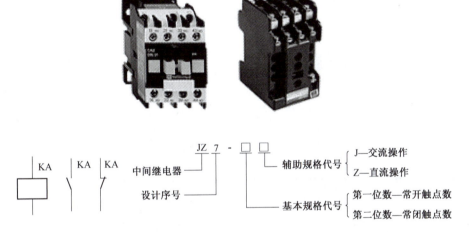

图 1-63 中间继电器外形、图形符号、文字符号及型号

3. 星-三角降压起动控制电路

星-三角降压起动控制电路涉及的低压电气元件有断路器、熔断器、按钮、接触器、时间继电器、热继电器。

它们的作用如下：

(1) 断路器 QF：作电源隔离开关。

(2) 熔断器 FU1、FU2：分别作主电路、控制电路的短路保护。

(3) SB1 为停止按钮，SB2 为起动按钮。

(4) 接触器 KM1 控制电动机电源，KM3 控制电动机定子绕组丫接，KM2 控制电动机定子绕组△接。

(5) 时间继电器 KT：控制电动机起动时间。

(6) 热继电器 FR：对电动机进行过载保护。

星-三角降压起动控制电路的工作原理分析如下：图 1-64 为星-三角降压起动控制原理图。当合上 QF，按下起动按钮 SB2 时，KT、KM3 线圈同时得电，时间继电器 KT 开始延时，电

图1-64 星-三角降压起动控制原理图

流通路如图 1-65 所示。KM3 主触点闭合,电动机绕组接成星形,KM3(5-7)常开触点闭合,KM1 线圈得电,此时 KM3(7-8)常闭触点断开,电流通路如图 1-66 所示。KM1 主触点闭合,电动机星形起动,KM1(3-7)常开触点闭合自锁,电流通路如图 1-67 所示。KT 延时时间到,KT 动作,此时,电动机转速接近额定转速,KT(5-6)常闭触点断开,KM3 线圈失电,电流通路如图 1-68 所示。

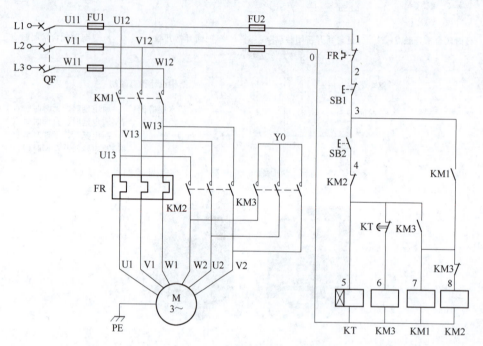

图 1-64　星-三角降压起动控制原理图

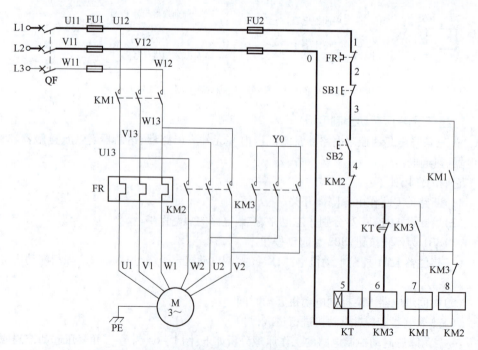

图 1-65　星-三角降压起动控制(1)

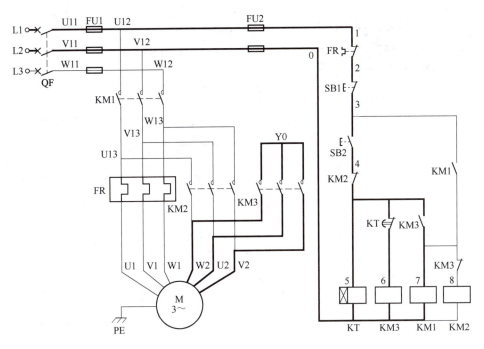

图1-66 星-三角降压起动控制(2)

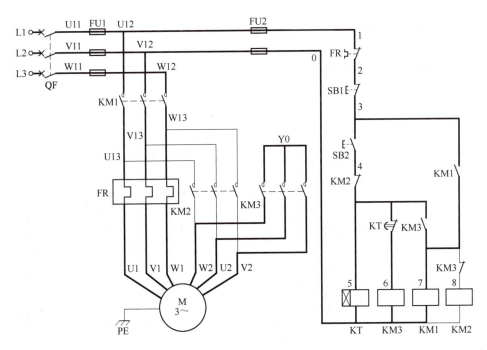

图1-67 星-三角降压起动控制(3)

KM3主触点断开,星形绕组断开,KM3(5-7)常开触点断开,KT线圈失电,KM3(7-8)常闭触点恢复闭合,KM2线圈得电,电流通路如图1-69所示。KM2主触点闭合,使电动机接成三角形全压运行,KM2(4-5)常闭触点断开,避免误操作再次按下起动按钮SB2时使KM3线圈得电,使星形和三角形接触器同时接通造成电源短路,电流通路如图1-70所示。起动过程完成,按下停止按钮SB1,电动机停转。

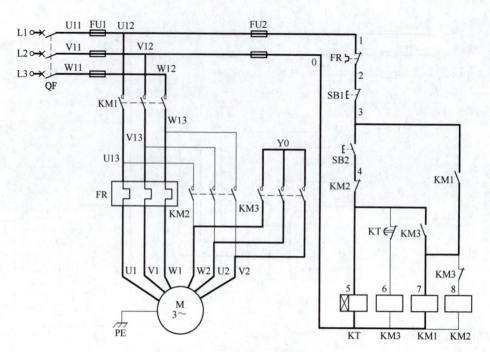

图 1-68 星-三角降压起动控制(4)

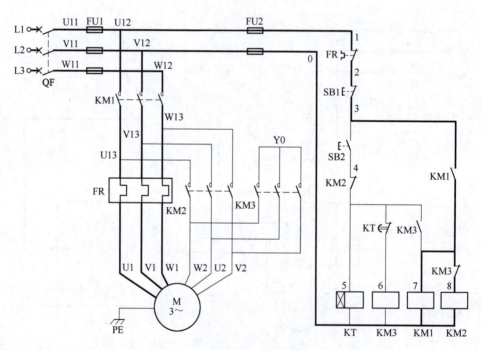

图 1-69 星-三角降压起动控制(5)

三相笼型异步电动机星-三角降压启动具有投资少、电路简单的优点。但是在限制起动电流的同时，起动转矩只有直接起动时的 1/3。因此，它只适用于空载或轻载起动的场合。

4. 定子串电阻降压起动控制电路

定子串电阻降压起动控制，是电动机起动时在定子绕组中串入电阻，使定子绕组上的电压降低，电流减小，起动结束后，再将电阻切除，使电动机在额定电压下运行。

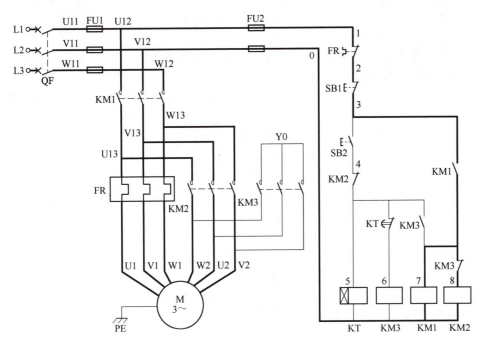

图 1-70 星-三角降压起动控制(6)

如图 1-71 所示,定子串电阻降压起动控制电路涉及的低压电气元件有组合开关、熔断器、按钮、接触器、时间继电器、热继电器。

图1-71定子串电阻降压起动控制电路

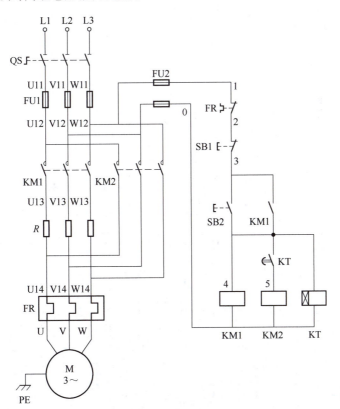

图 1-71 定子串电阻降压起动控制电路

它们的作用如下：

（1）组合开关 QS：用作电源隔离开关。

（2）熔断器 FU1、FU2：分别用作主电路、控制电路的短路保护。

（3）按钮 SB1：停止按钮；按钮 SB2：起动按钮。

（4）接触器 KM1：串电阻起动接触器；接触器 KM2：全压运行接触器；接触器 KM1 的常开辅助触点用于运行时的自锁。

（5）时间继电器 KT：用于控制电动机的起动时间。

（6）热继电器 FR：对电动机进行过载保护。

工作原理分析如下：

当合上组合开关 QS，按下起动按钮 SB2 时，KM1 通电并自锁，电动机串入电阻 R 起动，同时接通时间继电器 KT，KT 开始延时工作，当达到 KT 的整定值时，其 KT(4-5) 延时闭合常开触点闭合，使 KM2 得吸合，KM2 主触点闭合，将起动电阻 R 短接，电动机全压运行。

定子串电阻降压起动的方法由于不受电动机接线形式的限制，设备简单，所以在中小型生产机械上应用广泛。但是，定子串电阻降压起动，能量损耗较大。为了节省能量，可采用电抗器代替电阻，但其成本高，它的控制电路与电动机定子串电阻的控制电路相同。

5. 自耦变压器降压起动控制电路

自耦变压器降压起动是将自耦变压器的一次侧接电源，二次侧低压接定子绕组。电动机起动时，定子绕组接到自耦变压器的二次侧，待电动机转速接近额定转速时，把自耦变压器切除，将额定电压直接加到电动机定子绕组上，电动机进入全压正常运行。

如图 1-72 所示，自耦变压器降压起动电路涉及的低压电气元件有组合开关、熔断器、按钮、接触器、时间继电器、中间继电器、热继电器。

图1-72 自耦变压器降压起动控制电路

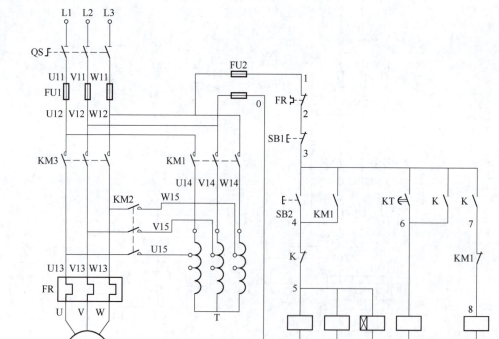

图 1-72　自耦变压器降压起动控制电路

它们的作用如下：
(1)组合开关 QS：用作电源隔离开关。
(2)熔断器 FU1、FU2：分别用作主电路、控制电路的短路保护。
(3)按钮 SB1：停止按钮；按钮 SB2：起动按钮。
(4)接触器 KM1、KM2 主触点：控制电动机经自耦变压器进行降压起动；KM3 主触点控制电动机全压运行。
(5)时间继电器 KT：控制电动机起动时间。
(6)中间继电器 K：中间控制环节。
(7)热继电器 FR：对电动机进行过载保护。

工作原理分析如下：
当合上组合开关 QS，按下起动按钮 SB2 时，接触器及时间继电器 KM1、KM2、KT 线圈同时得电，KM1、KM2 主触点接入自耦变压器，电动机进行降压启动，KM1(3-4)辅助常开触点闭合自锁，同时时间继电器 KT 开始延时工作。当电动机转速接近额定转速时，KT 动作，KT(3-6)常开触点闭合，中间继电器 K 线圈得电并自锁，K(4-5)常闭触点断开，使 KM1、KM2、KT 线圈均失电，将自耦变压器切除，K(3-6)常开触点闭合自锁，K(3-7)常开触点闭合使 KM3 线圈得电，KM3 主触点闭合，电动机进入全压运行。

自耦变压器降压起动方法适用于电动机容量较大，且正常工作时接成星形或三角形的电动机。它的优点是起动转矩可以通过改变自耦变压器抽头的位置而改变。缺点是自耦变压器价格较高，而且不允许频繁起动。

任务实现

1. 电动机星-三角降压起动控制电路安装接线

电动机星-三角降压起动控制电路安装接线图如图 1-73 所示，粗线为主电路，细线为控制电路。安装接线时应做到：
(1)仔细阅读本项目后面的"技能训练说明"。
(2)仔细观察所使用的元器件，熟悉它们的动作原理。
(3)按图 1-73 接线。
(4)质量检查：
①对照图 1-64 检查主电路。
②万用表打在 Ω 挡，两表笔搭在 FU2 两端，按下 SB2，指针偏转；松开 SB2，若指针不偏转，则说明电路断路，应查出并排除故障。
③按下 KM1，指针偏转；若指针不偏转，则说明自锁功能不正常，应检查与自锁相关的电路。
(5)经指导教师检查合格后进行通电操作。

2. 电气故障检查

电气故障检查首先进行外观检查，如是否有线圈烧毁、端子接头脱落等。如果外观无问题，再进一步用万用表检查电路，有电压检查法和电阻检查法。

故障现象 1：丫起动过程正常，但丫-△变换后电动机发出异常声音，转速也急剧下降。
故障可能原因：丫换△时相序接反，造成反接制动，产生强烈的制动。核查主回路 KM2 接触器及电动机接线端子的接线顺序。故障范围如图 1-74 所示。

故障现象 2：线路空操作时工作正常，接上电动机试车时，一起动电动机，电动机就发出异常声音，转子左右颤动，立即按 SB1 停止，停止时 KM2 和 KM3 的灭弧罩内有强烈的电弧现象。
故障可能原因：缺相。电动机在丫起动时有一相绕组未接入电路，电动机单相起动。由于缺相绕组不能形成旋转磁场,使电动机转轴的转向不定而左右颤动。检查接触器触点闭合是否良好,接触器及电动机端子的接线是否紧固。故障范围如图1-75所示。

图1-73电动机星-三角降压起动控制电路安装接线图

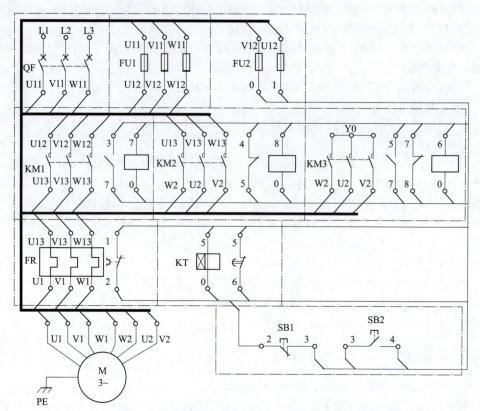

图1-73 电动机星-三角降压起动控制电路安装接线图

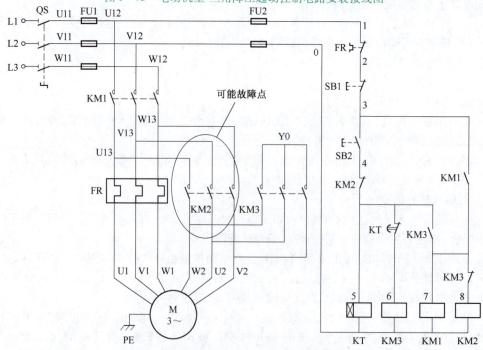

图1-74 星-三角起动变换异常故障范围

项目一　电动机典型控制电路的安装与调试

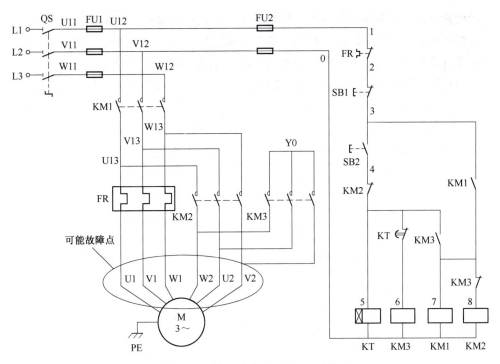

图 1-75　星-三角起动缺相故障范围

故障现象3：按下起动按钮 SB2，电动机不能起动，所有电气元件均不动作。

故障可能原因：FU1 或 FU2 有熔断，FR(1-2)、SB1(2-3)、SB2(3-4)、KM2(4-5)接触不良造成电动机不能起动。故障范围如图 1-76 所示。

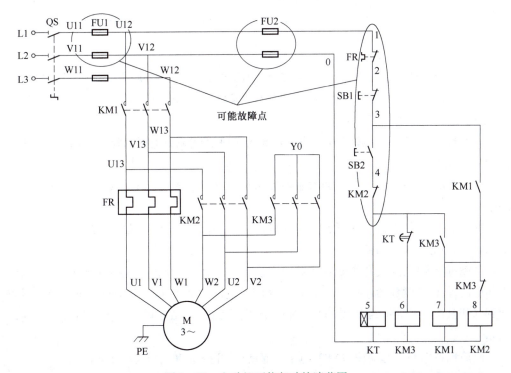

图 1-76　电动机不能起动故障范围

故障现象4：按下起动按钮SB2，时间继电器有动作，但电动机不能起动。

故障可能原因：KT(5-6)接触不良或KM3线圈烧毁。故障范围如图1-77所示。

故障现象5：按下起动按钮SB2，接触器KM3有动作，但电动机不能起动。

故障可能原因：KM3(5-7)接触不良或KM1线圈烧毁。故障范围如图1-78所示。

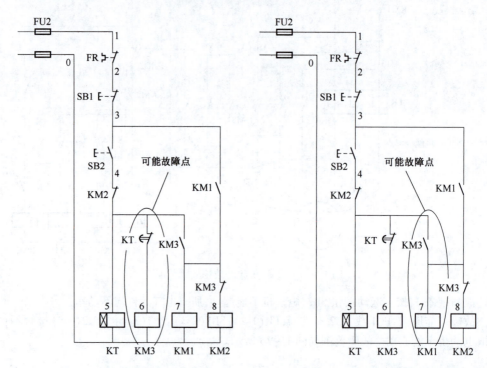

图1-77　时间继电器动作电动机不能起动故障范围

图1-78　KM3动作电动机不能起动故障范围

故障现象6：按下起动按钮SB2，能丫启动，但不能实现丫-△变换，电动机只丫运转。

故障可能原因：KT线圈烧毁或断线，KT不能动作，KM3线圈断不开，所以不能实现丫-△变换。故障范围如图1-79所示。

故障现象7：按下起动按钮SB2，电动机起动，时间继电器延时时间到，电动机停止，不能实现丫-△变换。

故障可能原因：KM3(7-8)触点接触不良或KM2线圈烧毁或断线。故障范围如图1-80所示。

故障现象8：空操作时，按下起动按钮SB2，KM3不能吸合，时间继电器定时到，电动机丫起动，但却不能实现丫-△变换。

故障可能原因：按下启动按钮SB2，KM3没有立刻动作，时间继电器定时到立刻动作，说明问题出现在时间继电器的触点上。检查时间继电器的接线，应是时间继电器的常闭触点接到常开触点上了，将电路改接到时间继电器的常闭触点上，故障排除。故障范围如图1-81所示。

故障现象9：按下起动按钮SB2，电动机起动；松开按钮SB2，电动机停止起动。

故障可能原因：KM1(3-7)触点接触不良。故障范围如图1-82所示。

项目一 电动机典型控制电路的安装与调试

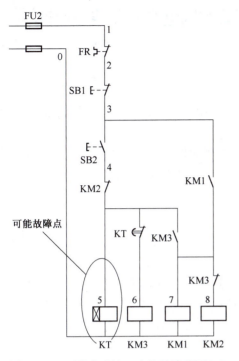

图1-79 不能实现丫-△变换故障范围(1)

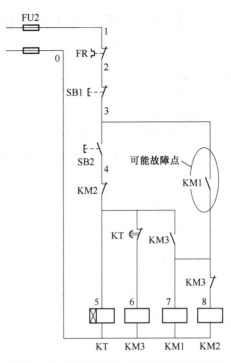

图1-80 不能实现丫-△变换故障范围(2)

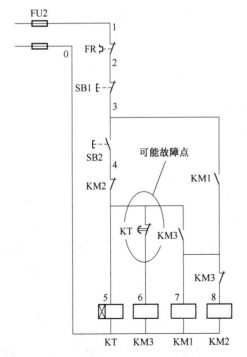

图1-81 不能实现丫-△变换故障范围(3)

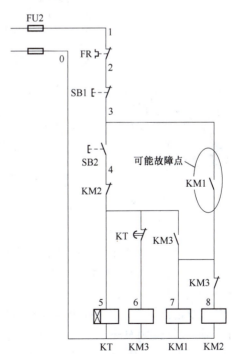

图1-82 不能自锁故障范围

任务五　三相异步电动机制动控制电路的安装与调试

任务描述

电动机断电后,由于惯性作用,停车时间较长。某些生产工艺要求电动机能迅速而准确地停车,这就要求对电动机进行强迫制动。

制动停车的方式有机械制动和电气制动两种。机械制动就是采用机械抱闸使电动机快速停转;电气制动就是产生一个与原转动方向相反的制动转矩迫使电动机迅速停转。电气制动可采用反接制动和能耗制动。

知识准备

1. 速度继电器

速度继电器是用来反映转速与转向变化的继电器。它可以按照被控电动机转速的大小使控制电路接通或断开。速度继电器通常与接触器配合,主要用于笼型异步电动机的反接制动控制,所以又称反接制动继电器。其外形、结构示意图、图形符号、文字符号及型号如图1-83所示。

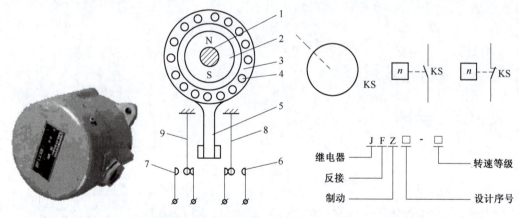

图1-83　速度继电器外形、结构示意图、图形符号、文字符号及型号
1—电动机轴;2—转子;3—定子;4—定子绕组;5—定子柄;6、7—静触点;8、9—簧片

速度继电器主要由定子、转子和触点三部分组成。定子的结构与笼型异步电动机的转子相似,是一个笼型空心圆环,由硅钢片冲压叠成,并嵌有笼型绕组,转子是一个圆柱形永久磁铁。

速度继电器的工作原理:速度继电器转子的轴与电动机的轴相连接,转子固定在轴上,定子与轴同心空套在转子上。当电动机转动时,速度继电器的转子随之转动,绕组切割磁感线产生感应电动势和感生电流,此电流和永久磁铁的磁场作用产生转矩,使定子向轴的转动方向偏摆,通过定子柄拨动触点,使常闭触点断开、常开触点闭合。当电动机转速下降到接近零时,转矩减小,定子柄在弹簧力的作用下恢复原位,触点也复原。速度继电器根据电动机的额定转速进行选择。

2. 反接制动

反接制动是通过改变定子绕组中的电源相序,使电动机定子绕组旋转磁场反转,从而产生一个与转子惯性转动方向相反的电磁转矩,使电动机转速迅速下降,实现快速制动。反接制动时,电动机定子绕组电流很大,相当于直接起动时的两倍,为了限制制动电流,通常在定子电路中串入反接制动电阻。但在制动到转速接近零时,应迅速切断电动机电源,以防电动机反向再起动。通常采用速度继电器来检测电动机的转速,并控制电动机反相电源的断开。

反接制动的优点是制动转矩大、制动迅速,缺点是能量损耗大、制动时冲击大、制动准确度差。反接制动适用于生产机械的迅速停车与迅速反向。

如图1-84所示,三相异步电动机反接制动涉及的低压电气元件有断路器、熔断器、按钮、接触器、热继电器、速度继电器等。

它们的作用如下:

①断路器 QF:作电源隔离开关。

②熔断器 FU1、FU2:分别用作主电路、控制电路的短路保护。

③按钮 SB1:停止按钮;SB2:起动按钮。

④接触器 KM1 的主触点:控制电动机 M 起动运行;接触器 KM2 的主触点:控制电动机 M 的反接制动;接触器 KM1、KM2 的辅助常开触点:用于运行和制动时的自锁;接触器 KM1、KM2 的辅助常闭触点:用于接触器 KM1、KM2 的互锁。

⑤热继电器 FR:对电动机进行过载保护。

⑥速度继电器 KS:用于电动机制动过程的控制。

⑦电阻 R:用于限制电动机 M 的反接制动电流。

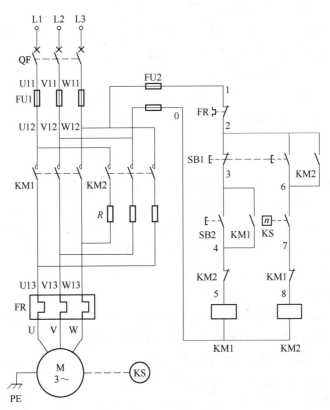

图1-84 三相异步电动机反接制动控制电路

工作原理分析如下：

当合上 QF，按下起动按钮 SB2 时，接触器 KM1 线圈得电，KM1 的主触点闭合，电动机全压起动，同时 KM1(3-4)常开辅助触点闭合自锁。当电动机转速上升到一定值时（一般为 120 r/min），速度继电器 KS 动作，其常开触点 KS(6-7)闭合，为反接制动做好准备。当按下停止按钮 SB1 时，SB1(3-4)常闭触点断开，接触器 KM1 线圈失电，电动机电源被切断，由于电动机速度还较高，速度继电器的常开触点 KS(6-7)仍闭合。此时停止按钮 SB1(3-6)常开触点接通，接触器 KM2 线圈得电，KM2 的主触点闭合，接通反向电源，电动机串入电阻进行反接制动，电动机的转速迅速下降，当电动机的转速下降到小于 100 r/min 时，速度继电器 KS 的常开触点 KS(6-7)断开复位，接触器 KM2 线圈失电，反接制动结束。

3. 能耗制动

能耗制动是在切除三相交流电源之后，定子绕组通入直流电流，在定子、转子之间的气隙中产生静止磁场，惯性转动的转子导体切割该磁场，形成感应电流，产生与惯性转动方向相反的电磁力矩而使电动机迅速停转，并在制动结束后将直流电源切除。

能耗制动的制动转矩大小与通入的直流电流的大小及电动机的转速有关，同样转速下，电流越大，制动作用越强。一般接入的直流电流为电动机空载电流的 3～5 倍，过大会烧毁电动机的定子绕组。电路采用在直流电源回路中串联可调电阻的方法，调节制动电流的大小。

能耗制动时制动转矩随电动机的惯性转速下降而减小，因而制动平稳。这种制动方法将转子惯性转动的机械能转换成电能，又消耗在转子的制动上，所以称为能耗制动。能耗制动没有反接制动强烈，制动平稳，制动电流比反接制动小得多，所消耗的能量小，通常适用于电动机容量较大，起动、制动操作频繁的场合。

如图 1-85 所示，三相异步电动机能耗制动涉及的低压电气元件有断路器、熔断器、按钮、接触器、热继电器、时间继电器、控制变压器、整流桥、可调电阻等。

图 1-85 三相异步电动机能耗制动控制电路

它们的作用如下：

①断路器 QF：用作电源隔离开关。

②熔断器 FU1、FU2：分别用作主电路、控制电路的短路保护。

③按钮 SB1：停止按钮；SB2：起动按钮。

④接触器 KM1 的主触点：控制电动机 M 起动运行；接触器 KM2 的主触点：控制电动机 M 的能耗制动；接触器 KM1、KM2 的常开辅助触点用于运行和制动时的自锁；接触器 KM1、KM2 的常闭辅助触点用于接触器 KM1、KM2 的互锁。

⑤热继电器 FR：对电动机进行过载保护。

⑥时间继电器 KT：用于控制电动机制动的时间。KT(2-9)常开触点：用于双重自锁。

⑦控制变压器 T：改变电源电压，为制动提供合适的电压。

⑧整流桥 V：将变压器的交流电整流为直流电。

⑨可调电阻 R_p：用于进一步调整制动电流的大小。

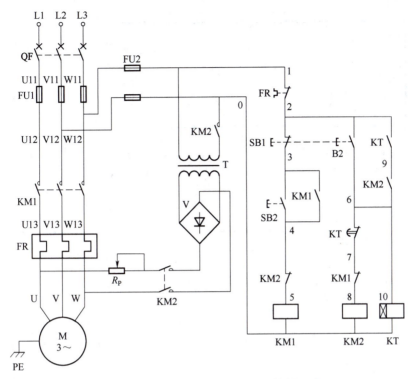

图1-85 三相异步电动机能耗制动控制电路

工作原理分析如下：

合上 QF，按下启动按钮 SB2，接触器 KM1 线圈得电并自锁，电动机全压起动运行。停止时，按下停止 SB1，其 SB1(2-3) 常闭触点断开，使 KM1 线圈失电，切断电动机电源，SB1(2-6) 常开触点闭合，KM2、KT 线圈得电并自锁，KM2 主触点闭合，给电动机两相定子绕组通入直流电流，进行能耗制动。当达到 KT 整定值时，其 KT(6-7) 延时触点断开，使 KM2 线圈失电释放，切断直流电源，能耗制动结束。

控制电路中时间继电器 KT 的整定值即为制动过程的时间。KM1 和 KM2 的常闭触点进行互锁，目的是将交流电和直流电隔离，防止同时得电。

任务实现

三相异步电动机反接制动控制电路安装接线

三相异步电动机反接制动控制电路安装接线图如图 1-86 所示，粗线为主电路，细线为控制电路。安装接线时应做到：

(1) 仔细阅读本项目后面的"技能训练说明"。
(2) 仔细观察所使用的元器件，熟悉它们的动作原理。
(3) 按图 1-86 接线。
(4) 质量检查：
①对照原理图 1-84 检查主电路。
②万用表打在 Ω 挡，两表笔搭在 FU2 两端，按下 SB2，指针偏转；松开 SB2，若指针不偏转，则说明电路断路，应查出并排除故障。
③按下 KM1，指针偏转；若指针不偏转，则说明自锁功能不正常，应检查与自锁相关的电路。
(5) 经指导教师检查合格后进行通电操作。

图1-86 三相异步电动机反接制动控制电路安装接线图

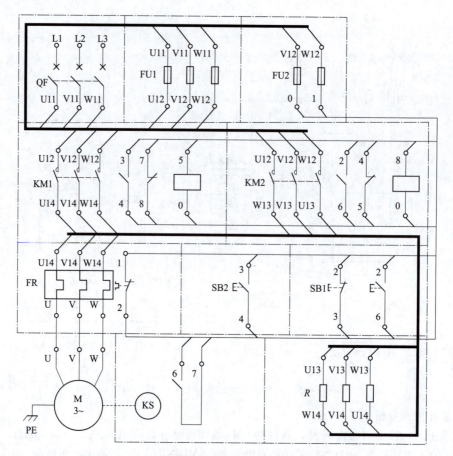

图 1-86 三相异步电动机反接制动控制电路安装接线图

技能训练说明

1. 安装步骤

（1）分析电路图。明确电路的控制要求、工作原理、操作方法、结构特点及所用电气元件的规格。

（2）检查电气元件：

①外观检查：外观无裂纹，接线柱无锈，零部件齐全。

②动作机构检查：动作灵活，不卡阻。

③元件线圈、触点等检查：线圈无断路、短路，无熔焊、变形或严重氧化锈蚀现象。

（3）布线。按电气接线图确定走线方向并进行布线。

①连线紧固、无毛刺。

②布线平直、整齐、紧贴敷设面，走线合理。

③尽量避免交叉，中间不能有接头。

④注意接线的合理，一个接线柱上接线以不超过三根为宜，以防因接触不良影响实训的进行。

⑤接线前合理安排电器的位置，通常以便于操作为原则。各电器相互间距离适当，以连线整齐美观并便于检查为准。

⑥在连线中,要掌握一般的控制规律,例如先串联后并联,先主电路后控制电路,先控制接点,后保护接点,最后接控制线圈等。
⑦电源和电动机配线、按钮接线要接到端子排上,进出线槽的导线要有端子标号。
⑧熔断器的接线要正确,以确保用电安全。
⑨接触器联锁触点接线必须正确,否则将会造成主电路中两相电源短路事故。

2. 通电前的检查

连接电路完成后,应全面检查,确认无误后,请指导老师检查,无误后方可通电调试,以防止错接、漏接而造成控制功能不能实现或短路事故。安装完毕的控制电路板的检查项目如下:
(1)检查接线。按电气原理图或电气接线图从电源端开始,逐段核对接线。
①有无漏接、错接。
②导线压接是否牢固、接触是否良好。
(2)检查电路通断:
①主回路有无短路现象(断开控制回路)。
②控制回路有无开路或短路现象(断开主回路)。
③控制回路自锁、联锁装置的动作及可靠性。
(3)检查电路绝缘。电路的绝缘电阻不应小于 1 MΩ。

3. 通电试车

为保证人身安全,在通电试车时,应认真执行安全操作规程的有关规定:一人监护,一人操作。通电试车步骤如下:
(1)空载试车(不接电动机)。先合上电源开关,再按下启动、停止按钮,观察控制是否正常,有无联锁作业等,进一步理解电路工作原理。
观察现象:
①接触器动作情况是否正常,是否符合电路功能要求;
②电气元件动作是否灵活,有无卡阻或噪声过大等现象;
③有无异味;
④检查负载接线端子三相电源是否正常。
(2)负载试车(连接电动机):
①合上电源开关。
②按启动按钮。接触器动作情况是否正常,电动机是否正常运转。
③按停止按钮。接触器动作情况是否正常,电动机是否停止。
④电流测量。电动机平稳运行时,用钳形电流表测量三相电流是否平衡。
⑤断开电源。先拆除三相电源线,再拆除电动机线,完成通电试车。

4. 检修

若出现不正常现象时,应立即断开电源,检查分析,排除故障后继续进行实训。
(1)检修应注意测量步骤、检修思路和方法要正确,不能随意测量和拆线。
(2)带电检修时,必须有指导教师在现场监护;排除故障应断电后进行。
(3)检修严禁扩大故障,损坏元器件。

5. 其他

(1)训练应在规定的定额时间内完成,同时要做到安全操作和文明生产。
(2)不允许带电安装元件或连接导线,在有指导教师现场监护的情况下才能接通电源。停止时,必须先按停止按钮,不允许带负荷分断电源开关。
(3)实训结束应先断开电源,认真检查实训结果,确认无遗漏或其他问题后,经指导教师检查同意后,方可拆除线路,清理实训设备、导线、工具并报告指导教师后方可离开实训室。

任务工单

电动机典型控制电路的安装与调试任务工单见表1-1。

表1-1 电动机典型控制电路的安装与调试任务工单

序号	内 容	要 求
1	任务准备	(1)维修电工电气控制实训考核装置。 (2)电工维修工具及测量仪表。 (3)实训指导书。 (4)收集相关资料及网上课程资源
2	工作内容	(1)知识准备:熟悉电动机典型控制电路图工作原理。 (2)认识维修电工电气控制实训考核装置中相关电气元件及作用。 (3)认真阅读"技能训练说明"。 (4)分析待安装接线控制电路工作原理。 (5)检查电气元件。 (6)安装电气元件及布线。 (7)通电前的检查。 (8)在教师指导下通电试车。 (9)使用测量仪表检查存在的故障。 以上工作要求小组合作完成
3	工期要求	两名学生为一个工作小组。学生应充分发挥团队协作精神,合理分配工作任务及时间,在规定的时间内完成训练任务。本工作任务占用2学时(含训练结束考核时间)
4	文明生产	按维修电工(中级)国家职业技能要求规范操作。完成实训任务的所有操作符合安全操作规程、职业岗位要求;遵守实训课堂纪律;爱惜实训设备及器材,实训后工位整洁
5	考核	对学生的学习准备、学习过程和学习态度三个方面进行评价,考核学生的知识应用能力和分析问题、解决问题的能力

考核标准

电动机典型控制电路的安装与调试考核标准见表1-2。

表1-2 电动机典型控制电路的安装与调试考核标准

序号	内容	评 分 标 准	配分	扣分	得分
1	装前检查	(1)电动机质量检查,每漏一处扣5分。 (2)电气元件漏检或错检,每处扣2分	20		
2	布线	(1)不按电路图接线,扣25分。 (2)布线不符合要求:主电路,每根扣4分;控制电路,每根扣2分。 (3)接点松动、露铜过长、压绝缘层、反圈等,每个接点扣1分。 (4)损伤导线绝缘或线芯,每根扣5分。 (5)漏套或错套编码套管,每处扣2分。 (6)漏接接地线扣10分	40		
3	通电试车	(1)热继电器未整定或整定错,扣5分。 (2)熔体规格配错,主电路、控制电路各扣5分。 (3)第一次试车不成功扣20分;第二次试车不成功扣30分;第三次试车不成功扣40分。不能排除故障,每个扣20分	40		
4	其他	不能正确使用仪表扣10分;接线调试过程中超时,每超时5 min扣5分;违反电气安全操作规程,酌情扣分	从总分倒扣		
开始时间		结束时间		总分	

习题一

1. 填空题

(1) 三相异步电动机由两个基本部分组成,即(　　　)和(　　　)。

(2) 三相异步电动机三相绕组可以构成(　　　)联结或(　　　)联结。

(3) 定子在空间静止不动,主要由(　　　)、(　　　)、(　　　)等部分组成。

(4) 停止按钮选用(　　　)按钮;启动按钮优先选用(　　　)按钮。

(5) 改变交流电动机的转速,可改变(　　　);改变(　　　);改变(　　　)。

(6) 热继电器主要与接触器配合使用,用作电动机的(　　　)与(　　　)。

(7) 熔断器广泛应用于低压配电系统和控制系统及在用电设备中作(　　　)和(　　　)保护。

(8) 速度继电器是用来反映(　　　)与(　　　)变化的继电器。

(9) 行程开关用以控制其(　　　)或进行(　　　)限位保护。

(10) 中间继电器用来扩展其他继电器的(　　　)或(　　　),起到信号中继作用。

(11) 自锁控制具有(　　　)与(　　　)保护功能。

(12) 常用的电气控制系统图有三种,即(　　　)、(　　　)和(　　　)。

(13) 正反转控制中将接触器 KM1 与 KM2 常闭触点分别串联在对方线圈电路中,防止主电路发生两相电源短路事故,形成相互制约的控制,称为(　　　)或(　　　)控制。

(14) 制动停车的方式有(　　　)和(　　　)两种。

(15) 电气制动可采用(　　　)和(　　　)。

(16) 三相异步电动机起动电流大,约为额定电流的(　　　)。

(17) 能耗制动是在切除三相交流电源之后,定子绕组通入(　　　)电流。

(18) 反接制动时电动机定子绕组电流很大,为了限制制动电流,通常在定子电路中串入反接制动(　　　)。

2. 选择题

(1) 旋转磁场的速度与(　　　)和电动机极数有关。

　　A. 电压　　　　　　B. 电流频率　　　　　　C. 功率

(2) 三相异步电动机正常工作时转子的转速必然要(　　　)旋转磁场的转速。

　　A. 等于　　　　　　B. 大于　　　　　　　　C. 小于

(3) 当改变交流电动机供电电源的(　　　),就可改变三相异步电动机的转向。

　　A. 相序　　　　　　B. 电压　　　　　　　　C. 电流

(4) 一台长期工作的电动机额定电流为 14 A,则其保护熔断器熔体电流可选取(　　　)。

　　A. 14 A　　　　　　B. 30 A　　　　　　　　C. 140 A

(5) 低压断路器过电流脱扣器的线圈和热脱扣器的热元件与主电路(　　　),欠电压脱扣器的线圈和电源(　　　)。

　　A. 串联,并联　　　　B. 并联,串联　　　　　C. 并联,并联

(6) 我国电网的频率(即工频)规定为(　　　)。

　　A. 50 Hz　　　　　　B. 60 Hz　　　　　　　C. 100 kHz

(7) 若负载不变,三相供电变为单相供电,电流将变大,导致电动机(　　　)。

　　A. 速度变快　　　　B. 停止　　　　　　　　C. 过热

(8)按下复合按钮时,(　　)。
　　A. 常开触点先闭合　　B. 常闭触点先断开　　C. 常开、常闭触点同时动作
(9)用于电动机直接起动时,可选用额定电流等于或大于电动机额定电流(　　)的三极刀开关。
　　A. 1倍　　B. 3倍　　C. 5倍
(10)热继电器金属片弯曲是由于(　　)造成的。
　　A. 机械强度不同　　B. 热膨胀系数不同　　C. 温差效应
(11)速度继电器的作用是(　　)。
　　A. 限制运行速度　　B. 控制电动机转向　　C. 用于电动机反接制动
(12)热继电器在电动机控制电路中不能作(　　)。
　　A. 短路保护　　B. 过载保护　　C. 缺相保护
(13)由4.5 kW、5 kW、7 kW 三台三相笼型感应电动机组成的电气设备中,总熔断器选择额定电流(　　)的熔体。
　　A. 30 A　　B. 50 A　　C. 16.5 A
(14)交流接触器短路环的作用是(　　)。
　　A. 短路保护　　B. 消除铁芯振动　　C. 增大铁芯磁通
(15)下列(　　)是常用低压保护电器。
　　A. 刀开关　　B. 熔断器　　C. 接触器
(16)三相异步电动机在运行时出现一相电源断电,对电动机带来的影响主要是(　　)。
　　A. 电动机立即停转　　B. 电动机转速降低、温度升高　　C. 电动机反转
(17)通电延时时间继电器线圈的图形符号为(　　)。
　　A. □　　B. ⊠　　C. ▨
(18)延时断开常闭触点的图形符号为(　　)。
　　A.　　B.　　C.
(19)接触器的额定电流是指(　　)。
　　A. 线圈的额定电流　　B. 主触点的额定电流　　C. 辅助触点的额定电流
(20)交流接触器不释放,原因可能是(　　)。
　　A. 线圈断电　　B. 触点粘接　　C. 衔铁失去磁性
(21)(　　)用来表示电路中各电气元件的导电部件的连接关系和工作原理。
　　A. 电气原理图　　B. 电器布置图　　C. 安装接线图
(22)按下启动按钮电动机转动,松开按钮电动机停转,这样的控制称为(　　)。
　　A. 自锁控制　　B. 互锁控制　　C. 点动控制
(23)工作台控制中,SQ3、SQ4 限位行程开关的作用是(　　)。
　　A. 改变电动机运行方向　　B. 防止工作台超出行程　　C. 装饰作用
(24)三相异步电动机反接制动的优点是(　　)。
　　A. 制动平稳　　B. 定位准确　　C. 制动迅速
(25)三相笼型异步电动机采用星-三角降压起动,正常工作时采用(　　)接法。
　　A. 三角形　　B. 星形　　C. 两个都行

(26) 欲使接触器 KM1 动作后接触器 KM2 才能动作,需要（　　）。
  A. 在 KM1 的线圈回路中串入 KM2 的常开触点
  B. 在 KM1 的线圈回路中串入 KM2 的常闭触点
  C. 在 KM2 的线圈回路中串入 KM1 的常开触点
(27) 在机床电气控制电路中采用两地分别控制方式,其控制按钮连接的规律是（　　）。
  A. 起动按钮串联,停止按钮并联
  B. 起动按钮并联,停止按钮串联
  C. 不能确定
(28) 欲使接触器 KM1 和接触器 KM2 实现互锁控制,需要（　　）。
  A. 在 KM1 的线圈回路中串入 KM2 的常开触点
  B. 在两接触器的线圈回路中互相串入对方的常开触点
  C. 在两接触器的线圈回路中互相串入对方的常闭触点
(29) 电气原理图中（　　）。
  A. 不反映元件的大小　　B. 反映元件的大小　　C. 反映元件的实际位置
(30) 反接制动在转速接近零时,应迅速切断电动机电源,以防电动机反向再起动。通常采用（　　）来检测电动机的转速。
  A. 时间继电器　　B. 中间继电器　　C. 速度继电器
(31) Y-△起动控制中,Y起动过程正常,但Y-△变换后电动机发出异常声音转速也急剧下降。故障可能原因是（　　）。
  A. Y换△时相序接反　　B. Y换△时缺相　　C. 未加限流电阻
(32) 某风机控制,按下起动按钮风机转动,松开按钮风机停止,此种故障现象称为（　　）。
  A. 不能互锁　　B. 不能自锁　　C. 不能点动
(33) 电动机起动时电动机不转,伴有"嗡嗡"声。可能的故障原因是（　　）。
  A. 电源未送电　　B. 电动机未润滑　　C. 电动机缺相
(34) 可以不加过载保护的控制电路是（　　）。
  A. 互锁电路　　B. 自锁电路　　C. 点动电路

3. 判断题
(1) 风扇用来通风冷却电动机。（　）
(2) 转子绕组不需要外接电源供电,其电流是由电磁感应作用产生的。（　）
(3) 任意对调两根电源线就可实现对异步电动机的反转控制。（　）
(4) 电动机外壳的接地线必须可靠地接大地,以防止漏电引起人身伤害。（　）
(5) 三相异步电动机若在起动前有一相断相,仍能正常起动。（　）
(6) 断电延时型是线圈通电吸合后触点延时动作。（　）
(7) 时间继电器就是利用某种原理实现触点延时动作的自动电器。（　）
(8) 交流接触器具有失电压和欠电压保护功能。（　）
(9) 热继电器既能作过载保护,也能作短路保护。（　）
(10) 常闭按钮可作为停止按钮使用。（　）
(11) 接触器除通断电路外,还具有短路和过载保护功能。（　）
(12) 接触器线圈通电时,常闭触点先断开,常开触点后闭合。（　）
(13) 交流接触器线圈电压过高或过低都会造成线圈过热。（　）
(14) 电器元件布置图主要是用来表明电气设备上所有电器元件的实际位置。（　）

(15)布线时不得压绝缘层,不得露铜过长。( )
(16)Y-△起动时,定子绕组先接成△,待转速上升到接近额定转速时,再将定子绕组换接成Y,电动机便进入全压正常运行。( )
(17)反接制动是通过改变定子绕组中的电源相序实现的。( )
(18)能耗制动的缺点是能量损耗大、制动时冲击大、制动准确度差。( )
(19)电动机采用制动措施的目的是停车平稳。( )
(20)在点动电路、可逆旋转电路等电路中,主电路一定要接热继电器。( )
(21)电动机互锁控制是为防止主电路发生两相电源短路事故。( )

4. 简答题

(1)画出下列电气元件的图形符号,并标出对应的文字符号:熔断器、复合按钮、通电延时型时间继电器、交流接触器、中间继电器。

(2)简述接触器常见故障及其处理方法。

(3)低压电器的电磁机构由哪几部分组成?

(4)熔断器为什么不能作过载保护?

(5)熔断器与热继电器用于保护交流三相异步电动机时能不能互相取代?为什么?

(6)交流接触器主要由哪几部分组成?简述其工作原理。

(7)试说明热继电器的工作原理。热继电器能否作短路保护?为什么?

(8)中间继电器与交流接触器有什么区别?什么情况下可用中间继电器代替交流接触器使用?

(9)什么是自锁控制?试分析判断图 1-87 所示的各控制电路能否实现自锁控制。若不能,试说明原因?

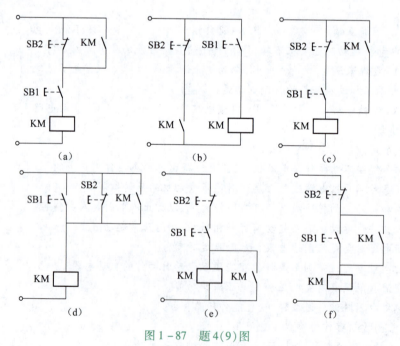

图 1-87 题 4(9)图

(10)一小车由笼型感应电动机拖动,直接起动,其动作过程如下:小车由原位开始前进,到终端后自动停止;在终端停留 20 s 后自动返回原位停止;要求能在前进或后退途中任意位置都能停止或起动。试设计主电路和控制电路,有过载和短路保护。

(11) 图 1-88 所示为运料小车运动示意图。当小车处于后端时,按下起动按钮,小车向前运行,压下前限位开关,接通漏斗翻门电磁阀 YV1,漏斗打开装料。7 s 后完成装料,翻斗门关上,小车向后运行。到后端,压下后限位开关,接通小车底门电磁阀 YV2,打开小车底门卸料,5 s 后完成卸料,然后底门关上,完成一次动作。每按一次起动按钮完成一次动作,应有停止按钮,且正反向均可起动。要求设计主电路和控制电路,有短路和过载保护。

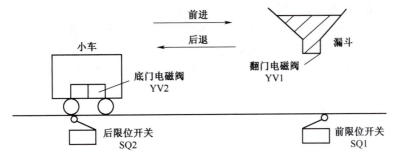

图 1-88 题 4(11)图

(12) 图 1-89 所示为两组带机组成的原料运输控制系统。该系统的起动顺序为:盛料斗 D 中无料,先起动带机 C,然后起动带机 B,最后再打开电磁阀 YV 放料,该系统停机的顺序恰好与起动顺序相反,采取手动控制。要求设计主电路和控制电路,有短路和过载保护。

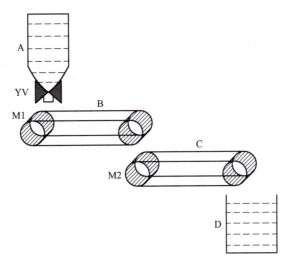

图 1-89 题 4(12)图

拓展阅读

爱国主义

爱国主义是千百年来固定下来的对自己祖国的一种最深厚的感情。它同为国奉献、对国家尽责紧紧地联系在一起。爱国主义是一种崇高的思想品德。

中华民族的历史之所以悠久和伟大，是因为爱国主义作为一种精神支柱和精神财富起了重要作用。爱国主义是一种深厚的感情，一种对于自己生长的国土和民族所怀有的深切的依恋之情。这种感情在历史的长河中，经过千百年的凝聚，无数次的激发，最终被整个民族的社会心理所认同，升华为爱国意识，因而它又是一种道德力量，它对国家、民族的生存和发展具有不可估量的作用。

"两弹一星"功勋科学家钱学森

钱学森，1959年加入中国共产党，空气动力学家，工程控制论创始人之一，中国科学院院士、中国工程院院士，两弹一星功勋奖章获得者。

钱学森在美国获博士学位，历经多年回到祖国。钱学森长期担任火箭导弹和航天器研制的技术领导职务，为中国火箭和导弹技术的发展提出了极为重要的实施方案。

1965年，钱学森正式向国家提出报告和规划，建议把人造卫星的研究计划并列入国家任务。在实施人造卫星研制计划中钱学森在许多关键技术问题的解决上贡献了智慧。

在他心里，国为重，家为轻；科学最重，名利最轻。5年归国路，10年两弹成。开创祖国航天，他是先行人，披荆斩棘，把智慧锻造成阶梯，留给后来的攀登者。他是知识的宝藏，是科学的旗帜，是中华民族知识分子的典范。钱学森对科学技术的重大贡献是多方面的，他以总体、动力、制导、气动力、结构、计算机、质量控制等领域的丰富知识，为组织领导我国火箭、导弹和航天器的研究发展工作发挥了巨大作用，对中国火箭导弹和航天事业的迅速发展做出了卓越贡献。

项目二 典型机床电气控制电路运行维护

在现代工业生产中,电气设备种类繁多,对应的控制系统和控制电路各不相同。但是,电气控制系统分析的方法和步骤基本一样。我国制造产业发展迅速,工业生产设备的自动化水平较高,但是许多生产设备所需的控制系统仍是通过继电器、接触器等元器件实现动作的。本项目通过典型生产机械电气控制电路的实例分析,进一步阐述电气控制系统的分析方法与步骤,使读者掌握分析电气控制图的方法,培养读图能力,并掌握几种典型生产机械控制电路的原理,了解电气控制系统中机械、液压与电气控制的配合,为电气控制的设计、安装、调试、维护打下基础。

学习目标

①了解典型通用机床设备结构及运动形式。

②分析典型通用机床设备的电气控制电路工作原理;会根据机床故障现象查找电气故障并排除。

③具有一定的解决问题、分析问题的能力。

任务一 C650-2 车床电气控制电路运行维护

任务描述

车床是机械加工企业广泛使用的一种设备,可以用来加工各种回转表面、螺纹和端面。车床主轴由一台主电动机拖动,并经机械传动链,实现对工件切削主运动和刀具进给运动的联动输出,其运动速度可通过手柄操作变速齿轮箱进行切换。刀具的快速移动以及冷却系统和液压系统的拖动,则采用单独电动机驱动。

通过本任务学习,掌握检查、分析、排除车床电气故障的方法。

知识准备

1. C650-2 车床结构及运动形式

C650-2 车床属于中型车床,可加工的最大工件回转直径为 1 020 mm,最大工件长度为 3 000 mm,其结构形式如图 2-1 所示。

安装在床身上的主轴箱中的主轴转动,带动装夹在其端头的工件转动,刀具安装在刀架上,与滑板一起随溜板箱沿主轴轴线方向实现进给移动,主轴的转动和溜板箱的移动均由主电动机驱动。由于加工的工件比较大,加工时其转动惯量也比较大,停车时不易停止转动,必须有停车制动的功能,所以采取电气制动。在加工的过程中,还须提供切削液,并且为减轻工人的劳动强度和节省辅助工作时间,要求带动刀架的溜板箱能够快速移动。

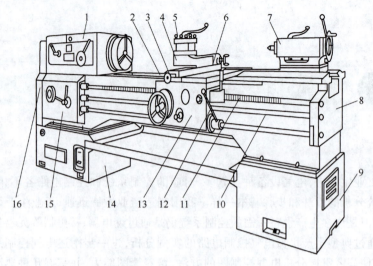

图 2-1　C650-2 车床结构形式

1—主轴箱；2—纵溜板；3—横溜板；4—转盘；5—方刀架；6—小溜板；7—尾架；
8—床身；9—右床座；10—光杠；11—丝杠；12—操纵手柄；
13—溜板箱；14—左床座；15—进给箱；16—挂轮箱

2. C650-2 车床电力拖动及控制要求

① 主电动机 M1(功率为 30 kW)，完成主轴主运动和刀具进给运动的驱动，电动机采用直接启动的方式启动，可正反两个方向旋转，并可进行两个方向的电气制动。为加工调整方便，还具有点动功能。

② 电动机 M2 拖动冷却泵，在加工时提供切削液，采用直接起停方式，并且为连续工作状态。

③ 快速移动电动机 M3 可根据使用需要，随时手动控制起停。

3. 电路分析

1) 主电路分析

车床主电路分析

主电路包括四部分：主轴电动机驱动电路、冷却泵电动机驱动电路、快速电动机驱动电路及控制电源供电电路。为保证主电路的正常运行，主电路中设置了熔断器、热继电器对电动机进行短路保护和过载保护。由于快速电动机为短时工作制，所以没有过载保护。由于冷却泵电动机、快速电动机电路和控制电源供电电路简单，这里不做分析，由读者根据前述知识自行分析，这里只分析主轴电动机主电路，如图 2-2 所示。

(1) 主轴正反转控制电路

正转控制交流接触器 KM1 和反转控制交流接触器 KM2 的两组主触点构成电动机的正反转接线，与接触器 KM3 主触点配合实现主轴电动机的点动、正反向直接起动、正反向反接制动等控制。点动工作时需串入限流电阻 R，防止连续的点动起动电流造成电动机过载。点动运行电流通路如图 2-3 所示，此时电流表被 KT(18-19) 常闭触点短接，不显示电流。正转起动电流通路如图 2-4 所示，正转运行电流通路如图 2-5 所示。起动时电流表被 KT(18-19) 常闭触点短接，不显示电流。起动结束后电流表投入工作。(图中粗线均为电路工作时的电流通路，下同。)

项目二 典型机床电气控制电路运行维护

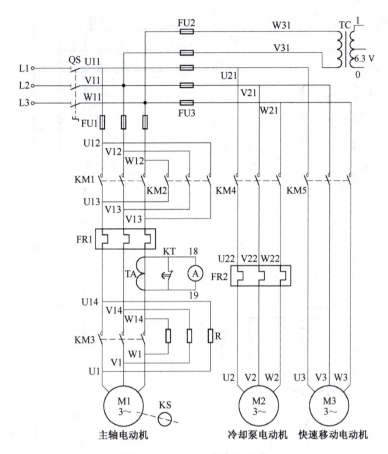

图 2-2 C650-2 车床主电路

(2) 制动控制电路

制动控制电路包括接触器 KM3 主触点、限流电阻 R 和速度继电器 KS。启动时,KM3 主触点闭合,短接限流电阻 R。制动时,KM3 主触点打开,串入限流电阻 R 来限制反接制动过大的电流,保证电路设备正常工作。与电动机主轴同轴相连的速度继电器 KS 用于电动机的速度检测,当主轴电动机转速接近零时,其常开触点可将控制电路中反接制动相应电路切断,防止电动机反向起动,实现自动停车。正转运行制动电路电流通路,如图 2-6 所示。

(3) 主轴电动机电流监视电路

主电路串入一电流表 A 用以监视电动机绕组工作时的电流变化,电动机绕组电流的大小直接反映着电动机的负载。由于主电路电流较大,电流表不能直接接入主电路,所以经电流互感器 TA 变换后接入。电动机起动电流是额定电流的 6~7 倍,起动电流大,为防止电流表被起动电流冲击损坏,利用时间继电器的常闭触点,在起动的短时间内将电流表暂时短接以保护电流表,电动机起动结束后,时间继电器常闭触点打开,电流表投入正常运行。

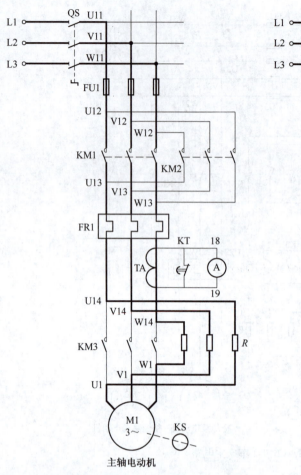 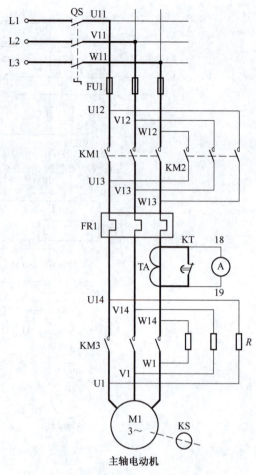

图 2-3 点动运行电流通路　　　　图 2-4 正转起动电流通路

2) 控制电路分析

控制电路由控制变压器 TC 供电,前后级由 FU2 和 FU4 作为短路保护。控制电路包括指示灯电路、主轴控制电路、冷却泵控制电路和快速电动机控制电路,如图 2-7 所示。由于指示灯电路、冷却泵控制电路、快速电动机控制电路原理简单,读者可根据前面的知识自行分析。这里只分析主轴控制电路,主轴控制电路包括点动、正向起动、反向起动、正转制动、反转制动等控制电路。下面对主轴各部分控制电路逐一进行分析。

车床控制电路分析

(1) 主轴点动控制

如图 2-8 所示,粗线部分为点动起动电流通路。SB2 为主轴电动机点动按钮,按下点动按钮 SB2,直接接通 KM1 的线圈电路,电动机 M1 正向直接起动,这时 KM3 线圈电路并没有接通,因此其主触点不闭合,限流电阻 R 接入主电路限流,其常开辅助触点不闭合,KA 线圈不能得电工作,从而使 KM1 线圈电路不能持续得电,松开按钮,M1 停转,实现了主轴电动机串联电阻限流的点动控制。

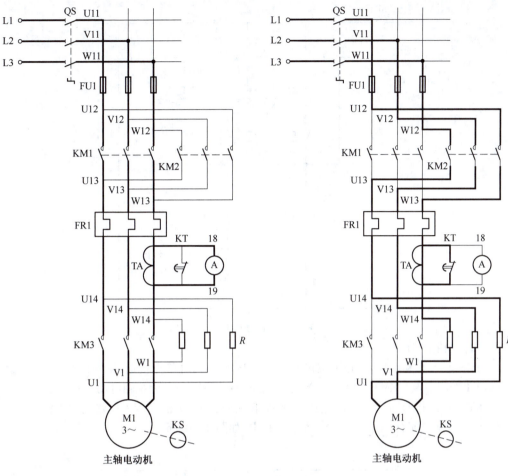

图 2-5　正转运行电流通路　　　　图 2-6　正转运行制动电流通路

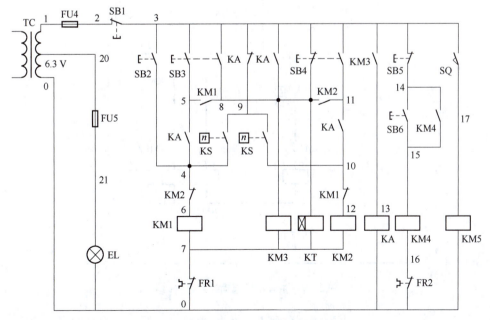

图 2-7　C650-2 车床控制电路

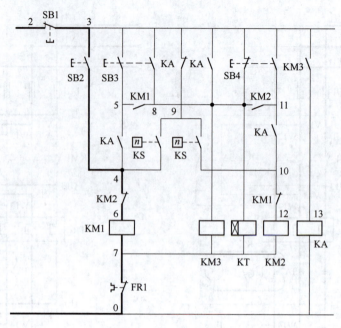

图 2-8　点动控制电路

(2) 主轴正转起动控制

如图 2-9 中粗线所示,按下按钮 SB3,其 SB3(3-8)常开触点接通,接触器 KM3、时间继电器 KT 线圈得电。KM3 主触点闭合,短接主电路中限流电阻,为主轴电动机直接起动做准备。KT 延时工作,延时时间到,其主电路中常闭触点断开,电流表接入电路正常工作。KM3 (3-13)常开触点闭合,中间继电器 KA 线圈得电,如图 2-10 所示。

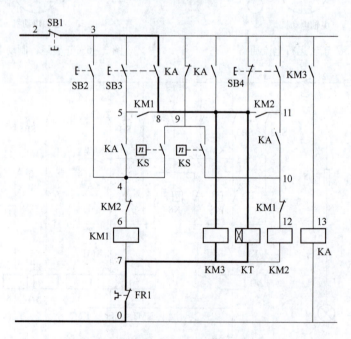

图 2-9　主轴正转起动控制电路(1)

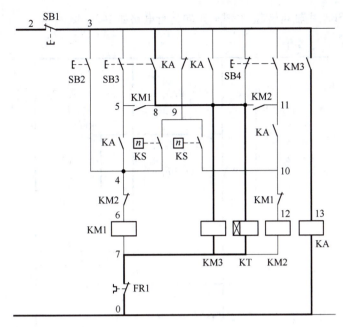

图 2-10 主轴正转起动控制电路(2)

KA 得电,KA(4-5)常开触点闭合,接触器 KM1 线圈得电。KA(3-9)常闭触点断开,为电动机反接制动做准备。KA(3-8)常开触点闭合,为 KM1 自锁做准备,如图 2-11 所示。

KM1 线圈得电,主触点闭合接通主电路,主轴电动机直接起动。KM1(5-8)闭合,接触器 KM1 自锁。电动机转速超过 120 r/min 时,其常开触点 KS(9-10)闭合,为电动机反接制动做准备,如图 2-12 所示。

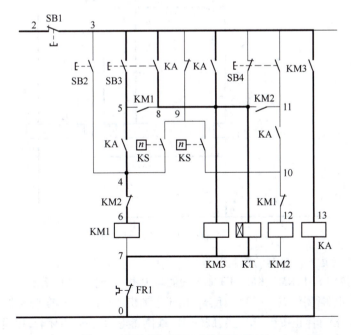

图 2-11 主轴正转起动控制电路(3)

松开按钮SB3,主轴正转起动完毕,正转运行电路如图2-13所示。

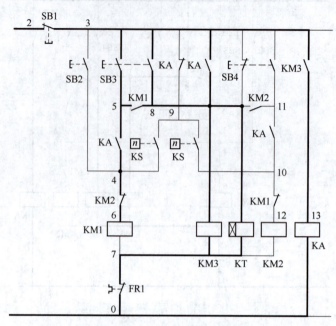

图2-12 主轴正转起动控制电路(4)

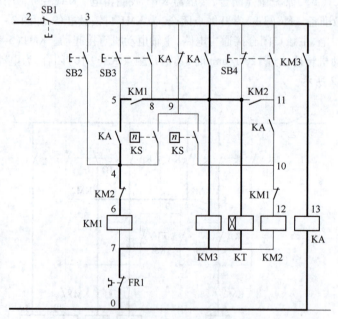

图2-13 主轴正转起动控制电路(5)

(3)主轴正转运行反接制动控制电路

按下停止按钮SB1,KM1、KM3、KT、KA线圈均失电,如图2-14所示。

KA线圈失电,常闭触点KA(3-9)闭合。由于电动机惯性旋转,速度继电器KS(9-10)常开触点继续闭合。松开停止按钮SB1,接触器KM2线圈得电,其主触点闭合,接通主轴电动机反转主电路,由于KM3失电,其主触点断开,此时进行串入限流电阻的反接制动,如图2-15所示。

项目二　典型机床电气控制电路运行维护

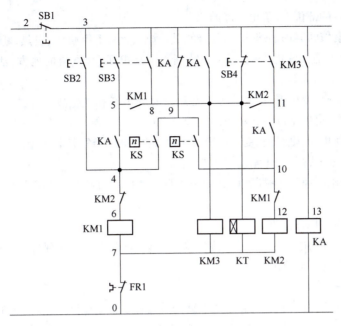

图 2-14　主轴正转运行反接制动控制电路(1)

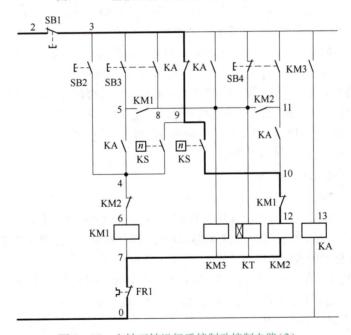

图 2-15　主轴正转运行反接制动控制电路(2)

电动机在反接制动情况下,转速迅速降低,当电动机转速低于 100 r/min 时,速度继电器常开触点 KS(9-10)断开,接触器 KM2 线圈失电,制动完毕。

按下按钮 SB4,主轴电动机反转起动。反转起动、制动与正转起动、制动分析方法类似,此处不再赘述,请读者自行分析。

4. 机床的一般检查和分析方法

1) 修理前的调查研究

①问。询问机床操作人员故障发生前后的情况如何,有利于根据电气设备的工作原理

来判断发生故障的部位,分析出故障的原因。

②看。观察熔断器内的熔体是否熔断,其他电气元件有无烧毁、发热、断线,导线连接螺钉是否松动,触点是否氧化、积尘等。要特别注意高电压、大电流的地方,活动机会多的部位,容易受潮的接插件等。

③听。电动机、变压器、接触器等正常运行时的声音和发生故障时的声音是有区别的,听声音是否正常,可以帮助寻找故障的范围、部位。

④摸。电动机、电磁线圈、变压器等发生故障时,温度会显著上升,因此可在切断电源后用手去触摸,判断元件是否正常。

注意:不论电路通电还是断电,要特别注意不能用手直接去触摸金属触点,必须借助仪表来测量。

2)从机床电气原理图进行分析

首先熟悉机床的电气控制电路,结合故障现象,对电路工作原理进行分析,便可以迅速判断出故障发生的可能范围。

3)检查方法

根据故障现象分析,先弄清属于主电路的故障还是控制电路的故障,属于电动机的故障还是控制设备的故障。当故障确认以后,应该进一步检查电动机或控制设备。必要时可采用替代法,即用好的电动机或用电设备来替代。若属于控制电路的故障,应该先进行一般的外观检查,检查控制电路的相关电气元件,如接触器、继电器、熔断器等有无硬裂、烧痕、接线脱落、熔体是否熔断等。同时用万用表检查线圈有无断线、烧毁,触点是否熔焊。

外观检查找不到故障时,将电动机从电路中卸下,对控制电路逐步检查。可以进行通电吸合试验,观察机床各电气元件是否按要求顺序动作。发现哪部分动作有问题,就在那部分找故障点,逐步缩小故障范围,直到全部故障排除为止,决不能留下隐患。

有些电气元件的动作是由机械配合或靠液压推动的,应会同机修人员进行检查。

4)检修机床电气故障时应注意的问题

①检修前应将机床清理干净。

②将机床电源断开。

③电动机不能转动,要从电动机是否通电,控制电动机的接触器是否吸合入手,决不能立即拆修电动机。通电检查时,一定要先排除短路故障,在确认无短路故障后方可通电,否则,可能会造成更大的事故。

④当需要更换熔断器的熔体时,必须选择与原熔体型号相同的熔体,不得随意更改,以免造成意外事故或留下更大的隐患。因为熔体熔断,说明电路存在较大的冲击电流,如短路、严重过载、电压波动很大等。

⑤若热继电器烧毁,也要求先查明过载原因,修复后一定要按技术要求重新整定保护值,并进行可靠性试验,以避免发生失控。

⑥用万用表电阻挡测量触点、导线通断时,量程置于"×1"挡。

⑦如果要用绝缘电阻表检测电路的绝缘电阻,应将被测支路与其他支路断开,避免影响测量结果。

⑧在拆卸元件及端子连线时,特别是对不熟悉的机床,一定要仔细观察,厘清控制电路,千万不能蛮干。要及时做好记录、标号,避免在安装时发生错误,方便复原。螺钉、垫片等放在盒子里,拆下的线要做好绝缘包扎,以免造成人为事故。

⑨试车前先检查电路是否存在短路现象。在电路正常的情况下进行试车时,应当注意人身及设备安全。

⑩机床故障排除后,一切要恢复原样。

任务实现

C650-2 车床电气控制电路常见故障及排查

电路故障排查步骤(前提是读懂电路):根据故障现象→确定故障范围(在图样上)→排查故障(用万用表)。

故障现象 1:主轴电动机正反转均不工作,伴有"嗡嗡"声,其他电动机运行正常。

故障可能原因:主轴电动机缺相。其他电动机运行正常,说明电源电路正常。应是 FU1 熔断器熔断一相,或电动机 M1 一相损毁等。如果是某一方向缺相,一定是接触器 KM1 或 KM2 的某一主触点接触不良。故障范围如图 2-16 所示。

故障现象 2:所有控制回路失效。

故障可能原因:FU2 熔断器烧毁或变压器损坏。故障范围如图 2-17 所示。

故障现象 3:电动机工作,电流表无显示。

故障可能原因:电流互感器损坏,时间继电器故障,常闭触点断不开,电流表损坏。故障范围如图 2-18 所示。

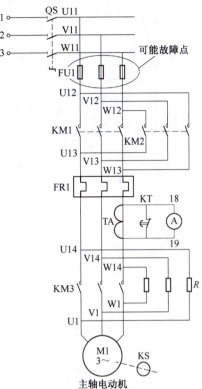

图 2-16 主轴电机不能启动故障范围

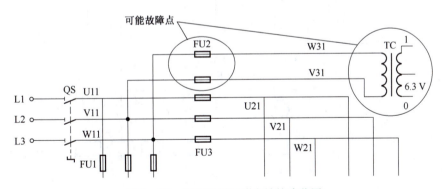

图 2-17 所有控制回路失效故障范围

故障现象 4:有指示灯,但控制回路不工作。

故障可能原因:FU4 熔断器熔断,SB1(2-3)接触不良,切断后面控制电路电源。故障范围如图 2-19 所示。

故障现象 5:接通 QS 主轴电动机即正向起动,无须按按钮 SB2、SB3。

故障可能原因:按钮 SB2 常开触点粘连短路,接通正转接触器 KM1,所以 QS 送电即运行。SB3 需两复合点同时粘连,电动机才能起动,可能性极小,一般不考虑。故障范围如图 2-20 所示。

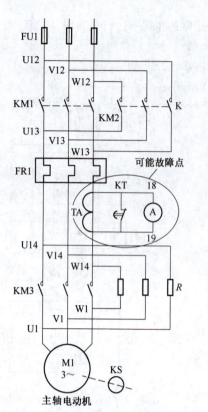

图 2-18 电流表无显示故障范围

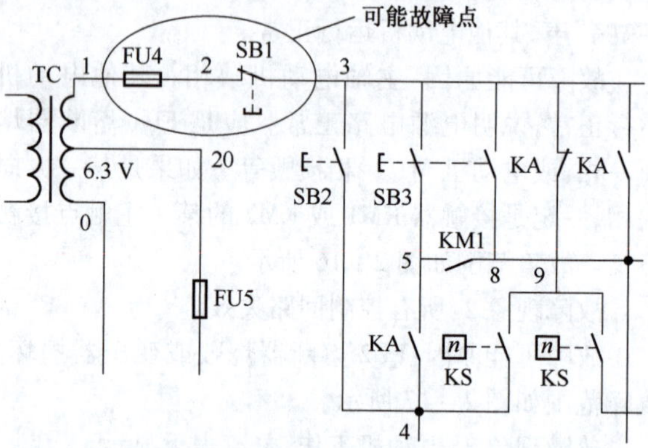

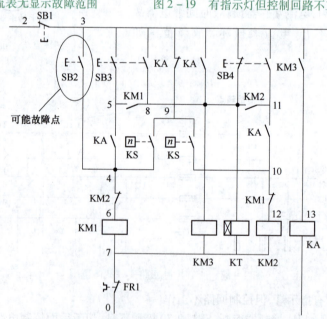

图 2-19 有指示灯但控制回路不工作故障范围

图 2-20 接通 QS 主轴电动机即正向起动故障范围

故障现象 6：主轴电动机不能点动及正转，且反转时无反接制动。

故障可能原因：KM2(4-6)常闭触点接触不良；KM1 线圈开路；相关连线脱落或断路。因为点动、正转及反转时反接制动等工作都必须经过线路(4-7)之间。FR1(7-0)无故障，若此点有故障，电动机不能反向启动。故障现象中未提反向工作，说明反向是正常的。故障范围如图 2-21 所示。

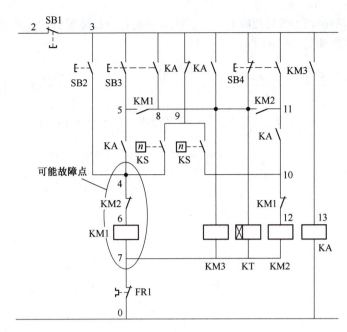

图 2-21 主轴电动机不能点动及正转,且反转时无反接制动故障范围

故障现象 7:主轴电动机正向不能自锁。

故障可能原因:KM1 辅助触点损坏或自锁电路断路。电动机正向需经点 KM1(5-8) 和 KA(3-8) 才能自锁,电动机反向能自锁,说明点 KA(3-8) 正常,所以应是点 KM1(5-8) 的故障。故障范围如图 2-22 所示。

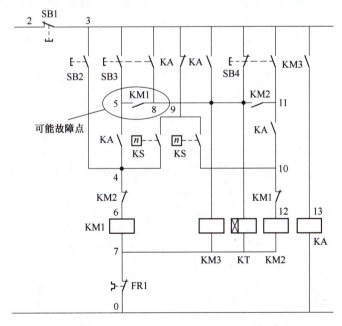

图 2-22 主轴电动机正向不能自锁故障范围

故障现象 8:主轴电动机正反转均不能自锁。

故障可能原因:3、8 号线中有脱落或断路;KA(3-8) 常开触点接触不良。正反向自锁都经过点 KA(3-8)、KM1(5-8) 和 KM2(8-11),同时有故障概率极低,不予考虑,所以,一定是公共部分 KA(3-8) 有故障。排查故障时一定要注意引起各个故障现象的公共部分，一般是故障原因。故障范围如图 2-23 所示。

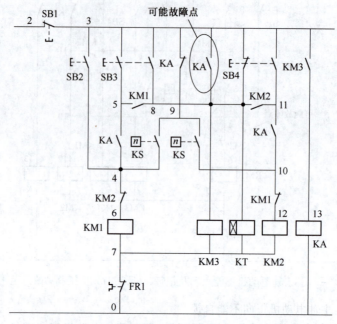

图 2-23　主轴电动机正反转均不能自锁故障范围

故障现象 9：主轴电动机点动、正转不能制动。

故障可能原因：速度继电器 KS(9-10) 触点接触不良。故障范围如图 2-24 所示。

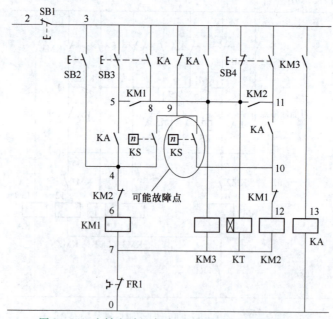

图 2-24　主轴电动机点动、正转不能制动故障范围

故障现象 10：主轴电动机点动、正转、反转均无制动。

故障可能原因：中间继电器 KA(3-9) 常闭触点接触不良，速度继电器损坏，或主轴电动机相序接反。故障范围如图 2-25 所示。

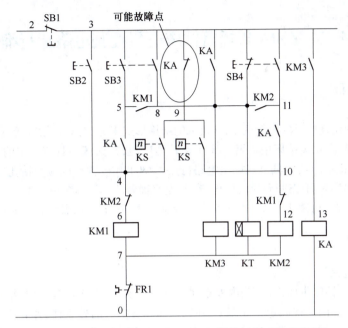

图 2-25 主轴电动机点动、正转、反转均无制动故障范围

故障现象 11：冷却泵电动机不能起动。

故障可能原因：起动回路不通。SB5、FR2 触点接触不良，KM4 线圈断线或烧毁。如果以上故障都不是，一定是起动按钮 SB6（14-15）点损坏，不能闭合。故障范围如图 2-26 所示。

故障现象 12：冷却泵电动机不能自锁。

故障可能原因：KM4（14-15）触点接触不良。故障范围如图 2-27 所示。

故障现象 13：刀架快移操作失效。

故障可能原因：行程开关 SQ 损坏或 KM5 线圈断路。故障范围如图 2-28 所示。

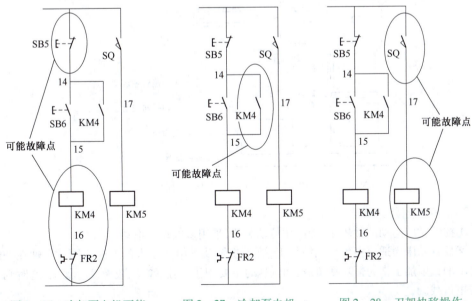

图 2-26 冷却泵电机不能起动故障范围

图 2-27 冷却泵电机不能自锁故障范围

图 2-28 刀架快移操作失效故障范围

任务二　Z3040B 摇臂钻床电气控制电路运行维护

任务描述

钻床是一种用途广泛的万能机床,从机床的结构形式来分,有立式钻床、卧式钻床、深孔钻床及多头钻床等;而立式钻床中摇臂钻床用途较为广泛,在钻床中具有一定的典型性。现以 Z3040B 摇臂钻床为例,说明其电气控制电路特点。Z3040B 摇臂钻床最大钻孔直径为 40 mm,适用于加工中小零件,可以进行钻孔、扩孔、铰孔、刮平面及攻螺纹等多种形式的加工。增加适当的工艺装备还可以进行镗孔。通过本任务学习,掌握检查、分析、排除摇臂钻床电气故障的方法。

知识准备

1. Z3040B 摇臂钻床结构及运动形式

Z3040B 摇臂钻床主要由底座、内外立柱、摇臂、主轴箱、工作台等组成,结构及运动形式如图 2-29 所示。内立柱固定在底座上,在它外面套着空心的外立柱,外立柱可绕着固定的内立柱回转一周。摇臂一端的套筒部分与外立柱滑动配合,借助于丝杠摇臂可沿着外立柱上下移动,但两者不能做相对转动,因此,摇臂将与外立柱一起相对内立柱回转。主轴箱具有主轴旋转运动部分和主轴进给运动部分的全部传动机构和操作机构,包括主轴电动机在内,主轴箱可沿着摇臂上的水平导轨做径向移动。当进行加工时,利用夹紧机构将主轴箱紧固在摇臂上,外立柱紧固在内立柱上,摇臂紧固在外立柱上,然后进行钻削加工。

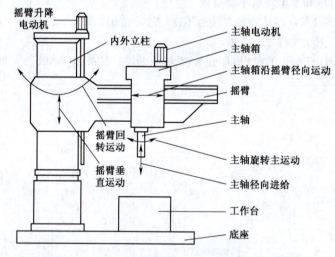

图 2-29　Z3040B 摇臂钻床结构及运动形式示意图

2. Z3040B 摇臂钻床电气控制要求

①摇臂钻床运动部件较多,为简化传动装置,采用多电动机拖动。

②摇臂钻床为适应多种形式的加工,要求主轴及进给有较大的调速范围。主轴在一般速度下的钻削加工常为恒功率负载;而低速时主要用于扩孔、铰孔、攻螺纹等加工,这时则为恒转矩负载。

③摇臂钻床的主运动与进给运动皆为主轴的运动,为此这两种运动由一台主轴电动机拖动,分别经主轴传动机构、进给传动机构实现主轴旋转和进给。所以,主轴变速机构与进

给变速机构都装在主轴箱内。

④为加工螺纹,主轴要求正、反转。摇臂钻床主轴正、反转一般采用机械方法来实现,这样主轴电动机只需要单方向旋转。

⑤摇臂的升降由升降电动机拖动,要求电动机能正、反转。

⑥内外立柱的夹紧与放松、主轴箱与摇臂的夹紧与放松采用电气-液压装置控制方法来实现,由液压泵电动机拖动液压泵供出压力油来实现。

⑦摇臂的移动严格按照摇臂松开→移动→摇臂夹紧的程序进行。因此,摇臂的夹紧放松与摇臂升降按自动控制进行。

⑧根据钻削加工需要,应备有冷却泵电动机,提供冷却液进行刀具的冷却。

⑨具有机床安全照明和信号指示。

⑩具有必要的联锁和保护环节。

⑪摇臂钻床的主轴旋转和摇臂升降不允许同时进行,以保证安全生产。

3.Z3040B 摇臂钻床电路分析

1)主电路分析

Z3040B 摇臂钻床的电源开关采用接触器 KM。这是由于该机床的主轴旋转和摇臂升降不用按钮操作,而采用了不能自动复位的十字开关操作。用按钮和接触器来代替一般的电源开关,就可以具有零电压保护和一定的欠电压保护作用。Z3040B 摇臂钻床主电路原理图如图 2-30 所示。

钻床主电路

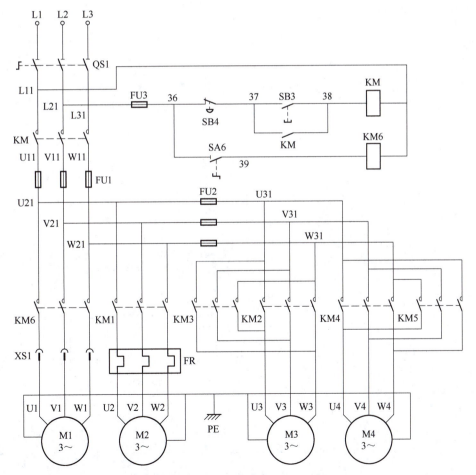

图 2-30 Z3040B 摇臂钻床主电路原理图

主轴电动机 M2 和冷却泵电动机 M1 都只需要单方向旋转，所以用接触器 KM1 和 KM6 分别控制。立柱夹紧松开电动机 M3 和摇臂升降电动机 M4 都需要正反转，所以各用两只接触器控制。KM2 和 KM3 控制立柱的夹紧和松开；KM4 和 KM5 控制摇臂的升降。Z3040B 摇臂钻床的四台电动机只用了两套熔断器作短路保护。只有主轴电动机具有过载保护；因立柱夹紧松开电动机 M3 和摇臂升降电动机 M4 都是短时工作，故不需要用热继电器来作过载保护；冷却泵电动机 M1 因容量很小，也没有应用保护器件。

在安装实际的机床电气设备时，应当注意三相交流电源的相序。如果三相电源的相序接错，电动机的旋转方向就要与规定的方向不符，在开动机床时容易发生事故。Z3040B 摇臂钻床三相电源的相序可以用立柱的夹紧机构来检查。Z3040B 摇臂钻床立柱的夹紧和放松动作有指示标牌指示。接通机床电源，使接触器 KM 动作，将电源引入机床；然后按压立柱夹紧或放松按钮 SB1 和 SB2。如果夹紧和松开动作与标牌的指示相符合，就表示三相电源的相序是正确的。如果夹紧与松开动作与标牌的指示相反，则三相电源的相序一定是接错了。这时就应当关断总电源，把三相电源线中的任意两根线对调位置接好，就可以保证相序正确。

2）控制电路分析

控制电路、照明电路及指示灯均由控制变压器 TC1 降压供电。有 220 V、12 V、6.3 V 三种电压。220 V 电压供给控制电路，12 V 电压作为局部照明电源，6.3 V 作为信号指示电源，如图 2-31 所示。

摇臂钻床控制电路分析

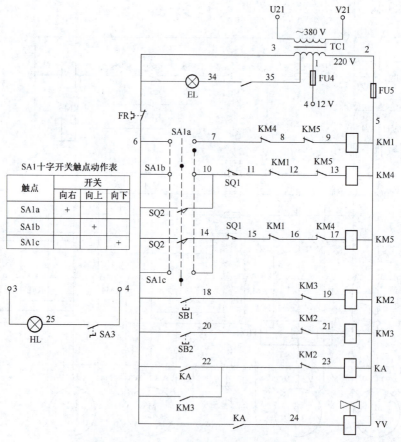

图 2-31 Z3040B 摇臂钻床控制电路原理图

(1)电源接触器和冷却泵的控制

合上开关 QS1,按下按钮 SB3,电源接触器 KM 线圈得电,如图 2-32 所示。KM 电磁机构吸合,KM 主触点闭合,把机床的三相电源接通。KM(37-38)常开触点闭合并自锁,完成电源接触器 KM 起动,如图 2-33 所示。按 SB4,KM 失电释放,机床电源即被断开。KM 吸合后,转动 SA6,使其接通,KM6 得电吸合,冷却泵电动机即旋转。

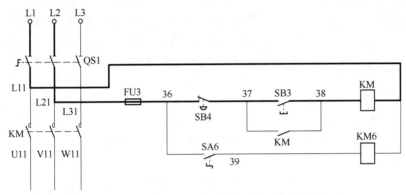

图 2-32 Z3040B 摇臂钻床主接触器 KM 起动控制(1)

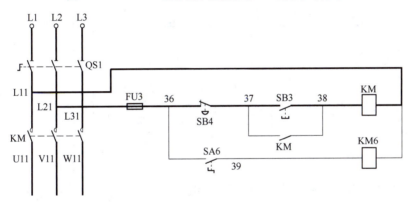

图 2-33 Z3040B 摇臂钻床主接触器 KM 起动控制(2)

(2)主轴电动机和摇臂升降电动机控制

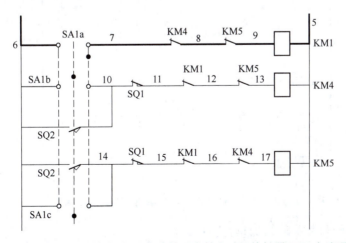

图 2-34 十字开关触点 SA1a 闭合接通主轴电动机接触器 KM1 电流通路

采用十字开关操作,控制电路中的 SA1a、SA1b 和 SA1c 是十字开关的三个触点。十字开关的手柄有五个位置。当手柄处在中间位置时,所有的触点都不通;手柄向右,触头 SA1a 闭合,接通主轴电动机接触器 KM1,电流通路如图 2-34 所示;手柄向上,触点 SA1b 闭合,接通摇臂上升接触器 KM4,电流通路如图 2-35 所示;手柄向下,触点 SA1c 闭合,接通摇臂下降接触器 KM5,电流通路如图 2-36 所示。手柄向左的位置,未加利用。十字开关的使用使操作形象化,不容易误操作。十字开关操作时,一次只能占有一个位置,KM1、KM4、KM5 三个接触器线圈就不会同时得电,这就有利于防止主轴电动机和摇臂升降电动机同时起动运行,也减少了接触器 KM4 与 KM5 的主触点同时闭合而造成短路事故的机会。但是单靠十字开关还不能完全防止 KM1、KM4 和 KM5 三个接触器的主触点同时闭合的事故。因为接触器的主触点由于通电发热和火花的影响,有时会焊住而不能释放。特别是在运作很频繁的情况下,更容易发生这种事故。这样,就可能在开关手柄改变位置的时候,一个接触器未释放,而另一个接触器又吸合,从而发生事故。所以,在控制电路上,KM1、KM4、KM5 三个接触器线圈之间都有常闭触点进行联锁,使电路的动作更为安全可靠。

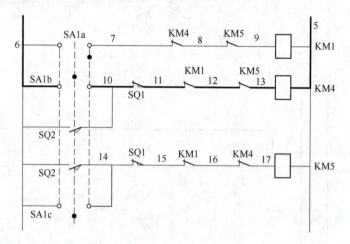

图 2-35　十字开关触头 SA1b 闭合接通摇臂上升接触器 KM4 电流通路

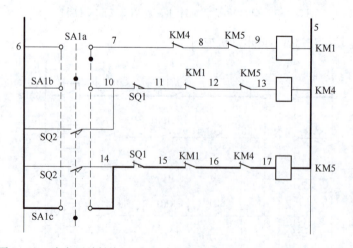

图 2-36　十字开关触头 SA1c 闭合接通摇臂下降接触器 KM5 电流通路

(3)摇臂升降和夹紧工作的自动循环

摇臂钻床正常工作时,摇臂应夹紧在立柱上。因此,在摇臂上升或下降之时,必须先松开夹紧装置。当摇臂上升或下降到指定位置时,夹紧装置又须将摇臂夹紧。本机床摇臂的松开、升(或降)、夹紧这个过程能够自动完成。将十字开关扳到上升位置(即向上),触点SA1b闭合,接触器KM4吸合,摇臂升降电动机起动正转。这时候,摇臂还不会移动,电动机通过传动机构,先使一个辅助螺母在丝杠上旋转上升,辅助螺母带动夹紧装置使之松开。当夹紧装置松开的时候,带动行程开关SQ2,其常开触点SQ2(6-14)闭合,为接通接触器KM5做好准备。摇臂松开后,辅助螺母继续上升,带动一个主螺母沿着丝杠上升,主螺母则推动摇臂上升;摇臂升到预定高度,将十字开关扳到中间位置,触点SA1b断开,接触器KM4断电释放,电动机停转,摇臂停止上升。由于常开触点SQ2(6-14)仍旧闭合着,所以在KM4释放后,接触器KM5吸合,摇臂升降电动机反转,这时电动机只是通过辅助螺母使夹紧装置将摇臂夹紧。摇臂并不下降;当摇臂完全夹紧时,常开触点SQ2(6-14)断开,接触器KM5断电释放,电动机M4停转,如图2-37所示。

摇臂下降的过程与上述情况相同。

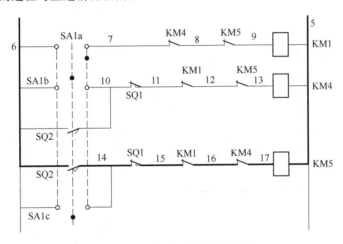

图2-37 摇臂上升后夹紧控制

SQ1是组合行程开关,它的两对常闭触点分别作为摇臂升降的极限位置控制,起终端保护作用。当摇臂上升或下降到极限位置时,由撞块使SQ1(10-11)或(14-15)断开,切断接触器KM4和KM5的通路,使电动机停转,从而起到了保护作用。

SQ1为自动复位的组合行程开关,SQ2为不能自动复位的组合行程开关。

摇臂升降机构除了电气限位保护以外,还有机械极限保护装置,在电气保护装置失灵时,机械极限保护装置可以起保护作用。

(4)立柱和主轴箱的夹紧控制

Z3040B摇臂钻床的立柱分内外两层,外立柱可以围绕内立柱做360°的旋转。内外立柱之间有夹紧装置。立柱的夹紧和放松由液压装置进行控制,电动机拖动一台齿轮泵。电动机正转时,齿轮泵送出压力油使立柱夹紧;电动机反转时,齿轮泵送出压力油使立柱放松。

立柱夹紧电动机用按钮SB1和SB2及接触器KM2和KM3控制,其控制为点动控制。按下按钮SB1或SB2,KM2或KM3就得电吸合,使电动机正转或反转,将立柱夹紧或放松;松开按钮,KM2或KM3就失电释放,电动机即停止。

立柱的夹紧松开与主轴箱的夹紧松开有电气上的联锁。立柱夹紧,主轴箱也夹紧,按下按钮SB1,KM2得电,立柱、主轴箱夹紧,如图2-38所示。立柱松开,主轴箱也松开,按下按钮SB2,KM3吸合,立柱松开,如图2-39所示。KM3(6-22)闭合,中间继电器KA得电,如

图2-40所示。KA(6-22)常开触点闭合并自保,KA的一个常开触点接通电磁阀YV,使液压装置将主轴箱松开,如图2-41所示。在立柱放松的整个时期内,中间继电器KA和电磁阀YV始终保持工作状态,如图2-42所示。按下按钮SB1,接触器KM2得电吸合,立柱被夹紧。KM2的常闭辅助触点(22-23)断开,KA失电释放,电磁阀YV失电,液压装置将主轴箱夹紧。

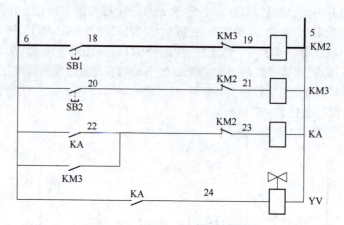

图2-38　立柱、主轴箱夹紧控制

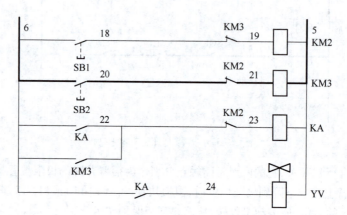

图2-39　立柱松开控制

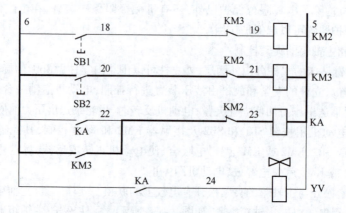

图2-40　主轴箱松开控制(1)

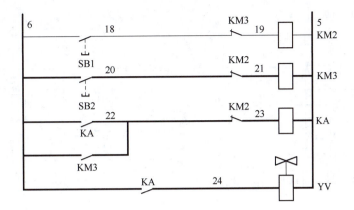

图 2-41 主轴箱松开控制（2）

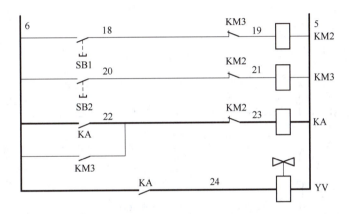

图 2-42 立柱松开时保持主轴箱松开控制

在控制电路里，不能用接触器 KM2 和 KM3 来直接控制电磁阀 YV。因为电磁阀必须保持得电状态，主轴箱才能松开。一旦 YV 失电，液压装置立即将主轴箱夹紧。KM2 和 KM3 均是点动工作方式，当按下 SB2 使立柱松开后放开按钮，KM3 失电释放，立柱不会再夹紧，这样为了使松开 SB2 后，YV 仍能始终得电就不能用 KM3 来直接控制 YV，而必须用一只中间继电器 KA，在 KM3 失电释放后，KA 仍能保持吸合，使电磁阀 YV 始终得电，从而使主轴箱始终松开。只有当按下 SB1，使 KM2 吸合，立柱夹紧，KA 才会释放，YV 才失电，主轴箱也被夹紧。

任务实现

Z3040B 钻床电气控制电路常见故障及排查

故障现象 1：摇臂钻床不能工作，电源无指示，所有电动机无反应。

故障可能原因：接触器 KM 主触点未闭合。FU3 烧断；SB4 或 SB3 接触不良，接触器 KM 线圈断线或烧毁。不应是 FU1 熔断，如果是 FU1 一相熔断，操作冷却泵应有缺相反应，除非是有两相同时熔断。故障范围如图 2-43 所示。

故障现象 2：按下起动按钮 SB3，主接触器闭合；松开按钮 SB3，主接触器断开。

故障可能原因：KM 不能自锁。KM(37-38) 常开触点接触不良或自锁回路有断线。故障范围如图 2-44 所示。

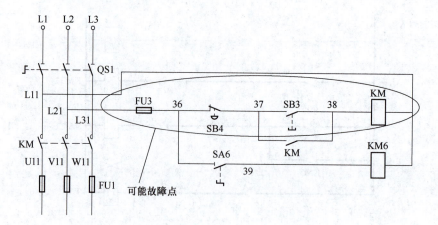

图 2-43　摇臂钻床不能工作故障范围

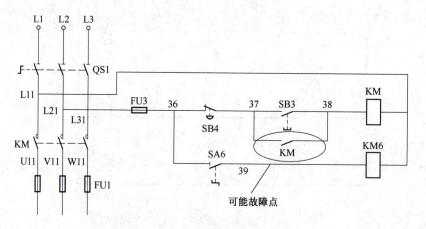

图 2-44　KM 不能自锁故障范围

故障现象 3：主接触器能闭合，控制电源无指示，不能工作。

故障可能原因：缺相。L1 或 L2 相上主接触器有触点接触不良或 FU1 有熔断。不能是 L3 相上缺相，如果是 L3 相上缺相，电源有指示，能操作，只是电动机缺相。故障范围如图 2-45 所示。

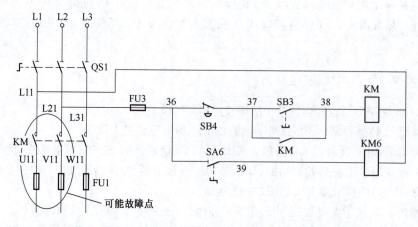

图 2-45　主接触器能闭合，控制电源无指示故障范围

故障现象 4：电源有指示，但所有电动机均不能工作，且伴有嗡嗡声。

故障可能原因：缺相。L3 相上主接触器触点接触不良或 FU1 熔断。故障范围如图 2-46 所示。

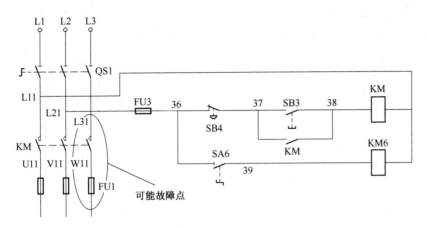

图 2-46 电源有指示缺相故障范围

故障现象 5：机床操作正常，但控制电源无指示。

故障可能原因：主接触器辅助常开触点 KM(34-35) 接触不良或指示灯 EL 损坏。故障范围如图 2-47 所示。

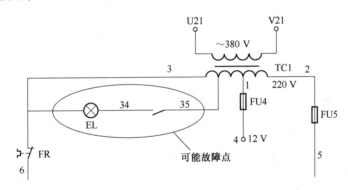

图 2-47 机床操作正常，控制电源无指示故障范围

故障现象 6：摇臂升降及夹紧电动机均不能工作，且伴有嗡嗡声，其他正常。

故障可能原因：缺相。FU2 有熔断。故障范围如图 2-48 所示。

故障现象 7：主轴电动机不能停转。

故障可能原因：KM1 主触点熔焊。故障范围如图 2-49 所示。

故障现象 8：机床无照明，其他正常。

故障可能原因：FU4 熔断、照明灯 HL 或开关 SA3 损坏。故障范围如图 2-50 所示。

故障现象 9：机床电源指示及照明正常，但机床不能工作。

故障可能原因：热继电器 FR 常闭触点接触不良或 FU5 熔断。故障范围如图 2-51 所示。

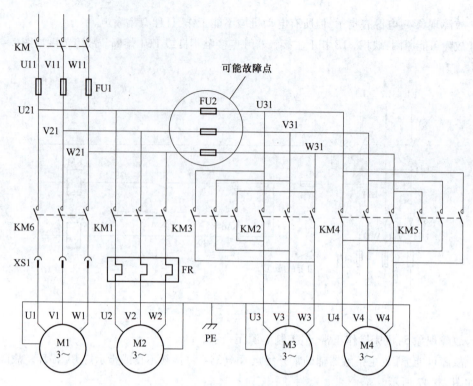

图 2-48 摇臂升降及夹紧电动机均不能工作且伴有嗡嗡声故障范围

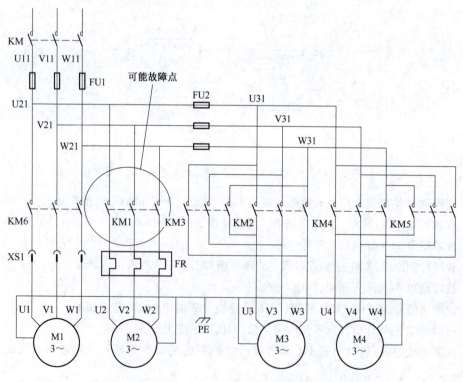

图 2-49 KM1 主触点熔焊故障范围

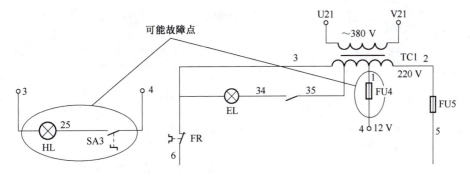

图 2-50　机床无照明故障范围

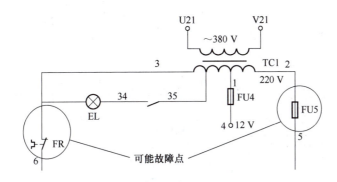

图 2-51　机床电源指示及照明正常,但机床不能工作故障范围

故障现象 10：主轴电动机不能起动。

故障可能原因：十字开关 SA1a 点接触不良；KM4（7-8）、KM5（8-9）常闭触点接触不良；KM1 线圈断线或烧毁。故障范围如图 2-52 所示。

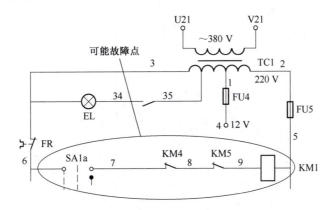

图 2-52　主轴电动机不能起动故障范围

故障现象 11：摇臂升降后,不能夹紧。

故障可能原因：SQ2 位置不当；SQ2 损坏；连到 SQ2 的 6、10、14 号线中有脱落或断路。故障范围如图 2-53 所示。

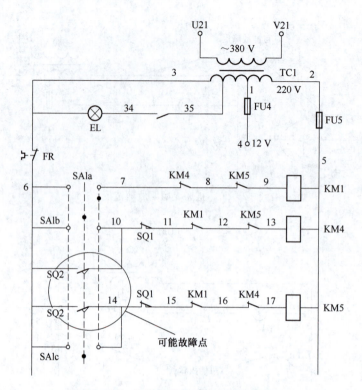

图 2-53　摇臂升降后不能夹紧故障范围

故障现象 12：摇臂升降方向与十字开关标志的扳动方向相反。

故障可能原因：摇臂升降电动机 M4 相序接反。故障范围如图 2-54 所示。

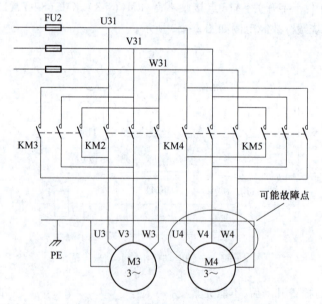

图 2-54　摇臂升降方向与十字开关标志的扳动方向相反故障范围

故障现象 13：立柱、主轴箱能夹紧但都不能松开。

故障可能原因：SB2(6-20)接触不良；KM2(20-21)常闭触点不通；KM3 线圈损坏。故障范围如图 2-55 所示。

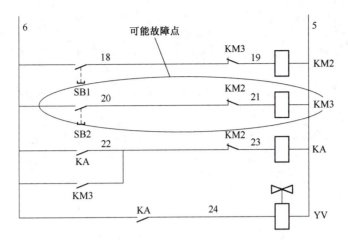

图 2-55 立柱主轴箱能夹紧但都不能松开故障范围

故障现象 14：立柱、主轴箱能夹紧，立柱能松开，但主轴箱不能松开。

故障可能原因：KM3(6-22)接触不良；KM2(22-23)常闭触点不通；KA 线圈损坏；YV 线圈开路；22、23、24 号线中有脱落或断路。故障范围如图 2-56 所示。

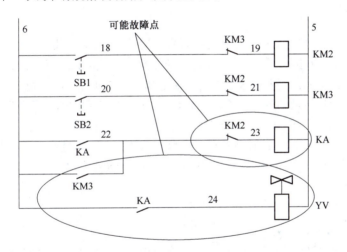

图 2-56 主轴箱不能松开故障范围

故障现象 15：立柱、主轴箱能夹紧，立柱、主轴箱都能松开，但松开按钮 SB3，主轴箱又立刻夹紧。

故障可能原因：KA 不能自锁；KA(6-22)常开触点可能接触不良。当按下按钮 SB3，KA 线圈得电，KA(6-24)闭合，电磁阀 YV 得电，主轴箱松开；松开按钮 SB3，由于 KA(6-22)不能自锁，KA 线圈失电，YV 失电，主轴箱立刻夹紧。故障范围如图 2-57 所示。

故障现象 16：主轴电动机刚起动运转，熔断器就熔断。

故障可能原因：机械机构卡住或钻头被铁屑卡住；负荷太重或进给量太大，使电动机堵转造成主轴电动机电流剧增，热继电器来不及动作；电动机故障或损坏。

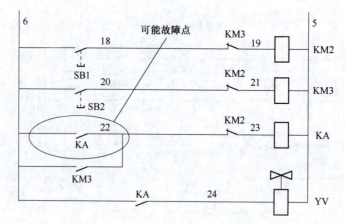

图 2-57　主轴箱松开后又夹紧故障范围

任务三　X62W 铣床电气控制线路运行维护

任务描述

X62W 铣床可用于工件的平面、斜面和沟槽等加工,安装分度头后可铣切直齿齿轮、螺旋面,若使用圆工作台还可以铣切凸轮和弧形槽,这是一种常用的通用机床,在机械制造和修理部门得到广泛应用。一般中小型铣床主拖动都采用三相笼型异步电动机,并且主轴旋转主运动与工作台进给运动分别由单独的电动机拖动。铣床主轴的主运动为刀具的切削运动,它有顺铣和逆铣两种工作方式;工作台的进给运动有水平工作台左右(纵向)、前后(横向)以及上下(垂直)方向的运动,还有圆工作台的回转运动。通过本任务学习,掌握 X62W 铣床电气控制工作原理,学会检查、分析、排除铣床电气故障的方法。

知识准备

1. X62W 铣床结构及运动形式

X62W 铣床的主要结构如图 2-58 所示。床身固定于底座上,用于安装和支承铣床的各部件,在床身内还装有主轴部件、主传动装置及其变速操纵机构等。床身顶部的导轨上装有悬梁,悬梁上装有刀杆支架。铣刀则装在刀杆上,刀杆的一端装在主轴上,另一端装在刀杆支架上。刀杆支架可以在悬梁上做水平移动,悬梁又可以在床身顶部的水平导轨上水平移动,因此可以适应各种不同长度的刀杆。床身的前部有垂直导轨,升降台可以沿导轨上下移动,升降台内装有进给运动和快速移动的传动装置及其操纵机构等。在升降台的水平导轨上装有滑座(横溜板),可以沿导轨做平行于主轴轴线方向的横向移动;工作台又经过回转盘装在滑座的水平导轨上,可以沿导轨做垂直于主轴轴线方向的纵向移动。这样,紧固在工作台上的工件,通过工作台、回转盘、滑座和升降台,可以在相互垂直的三个方向上实现进给或调整运动。在工作台与滑座之间的回转盘还可以使工作台左右转动 45°,因此工作台在水平面上除了可以做横向和纵向进给运动外,还可以实现在不同角度的各个方向上的进给,用以铣削螺旋槽。

由此可见,铣床的主运动是主轴带动刀杆和铣刀的旋转运动;进给运动包括工作台带动工件面的纵、横及垂直三个方向的运动;辅助运动则是工作台在三个方向的快速移动。

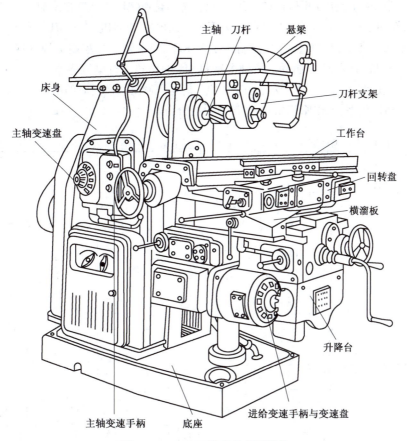

图 2-58 X62W 铣床的主要结构

2. X62W 铣床电力拖动和控制要求

机床主轴的主运动和工作台进给运动分别由单独的电动机拖动,并有不同的控制要求。

①主轴电动机 M1(功率 7.5 kW),空载直接起动,为满足顺铣和逆铣工作方式的要求,要求能够正反转;为提高生产率,采用反接制动进行停车制动,而主轴电动机要求能在两处实行起停控制操作。

②进给电动机 M2,直接起动,为满足纵向、横向、垂直方向的往返运动,要求电动机能正反转。为提高生产率,要求空行程时可快速移动,快速移动通过牵引电磁铁 YA 来实现。从设备使用安全考虑,各进给运动之间必须联锁,并由手柄操作机械离合器选择进给运动的方向。

③冷却泵电动机 M3 拖动冷却泵,在铣削加工时提供切削液。

④主轴与工作台的变速由机械变速系统完成。变速过程中,当选定啮合的齿轮没能进入正常啮合时,要求电动机能瞬时冲动至合适的位置,保证齿轮能正常啮合。

⑤加工零件时,为保证设备安全,要求主轴电动机起动以后,进给电动机方能启动工作。

3. X62W 铣床电气控制系统分析

X62W 铣床控制电路可划分为主电路、控制电路(含照明电路)两部分。

铣床主电路分析

1) 主电路分析

X62W 铣床主电路原理图如图 2-59 所示。铣床是逆铣还是顺铣方式加工,开始工作前即已选定,在加工过程中是不可改变的。为简化控制电路,主轴电动机 M1 正转或反转接线是通过组合开关 SA5 手动选择的,控制接触器 KM1 的主触点只控制电源的接入与切断;KM2 用于电动机 M1 的反接制动。主轴电动机 M1 的正转运行电流通路如图 2-60 所示。反接制动电流通路如图 2-61 所示,电阻 R 的作用是限制反接制动时的电流。反转时,通过 SA5 改变电动机相序,工作原理相同,请读者自行分析。

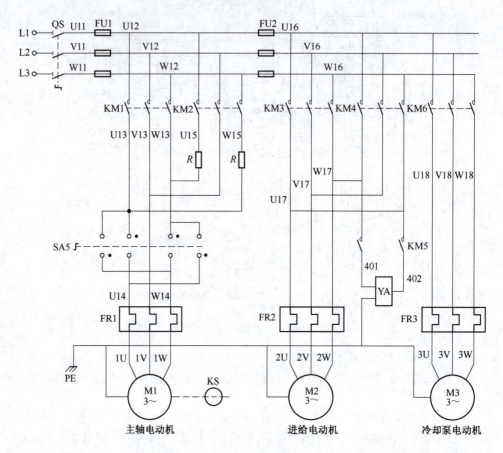

图 2-59 X62W 铣床主电路原理图

进给电动机 M2 在工作过程中可频繁变换转动方向,因而仍采用接触器正反转控制。

冷却泵电动机 M3 根据加工要求提供切削液,单向运行,由接触器 KM6 控制。

熔断器 FU1 作为机床总短路保护,也兼作 M1 的短路保护;FU2 作为 M2、M3 及控制变压器 TC、照明灯 EL 的短路保护;热继电器 FR1、FR2、FR3 分别作为 M1、M2、M3 的过载保护。

2) 控制电路分析

X62W 铣床控制电路原理图如图 2-62 所示。

(1) 主轴电动机 M1 的控制

主轴电动机 M1 空载直接起动。起动前,先由组合开关 SA5 选定电动机的转向,然后再按起动按钮 SB3 或 SB4,接通接触器 KM1 的线圈电路,其主触点闭合,主轴电动机 M1 按给

铣床控制电路分析

定方向起动旋转。常开触点 KM1(8-9)闭合自锁。M1 起动后,当 M1 的转速高于 120 r/min 时,速度继电器 KS 的一副常开触点闭合,为主轴电动机的停转制动做好准备。主轴运行时控制电路电流通路如图 2-63 所示。停车时,按停止按钮 SB1 或 SB2 切断 KM1 电路,接通 KM2 电路,改变 M1 的电源相序进行串电阻反接制动,电流通路如图 2-64 所示。当 M1 的转速低于 100 r/min 时,速度继电器 KS 的一副常开触点恢复断开,切断 KM2 电路,M1 停转,制动结束。按钮 SB1 与 SB3、SB2 与 SB4 分别位于两个操作板上,从而实现主轴电动机的两地操作控制。

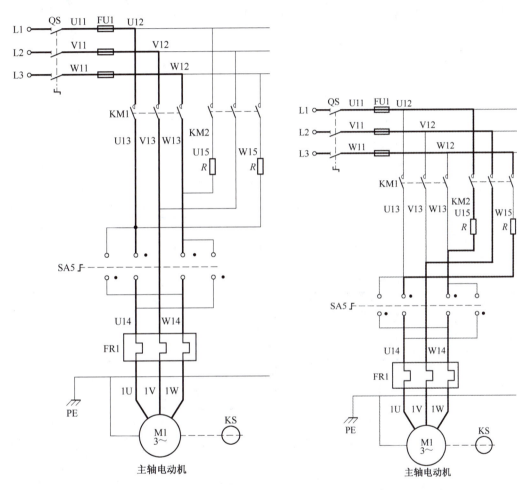

图 2-60 主轴电动机 M1 的正转运行电流通路 　　图 2-61 主轴电动机 M1 的正转运行反接制动电流通路

(2)主轴变速时的瞬时冲动控制

变速时,变速手柄被拉出,然后转动变速手轮选择转速,转速选定后将变速手柄复位。因为变速是通过机械变速机构实现的,变速手轮选定应进入啮合的齿轮,齿轮啮合到位即可输出选定转速,但是当齿轮不能正常进入啮合状态时,则需要主轴有瞬时冲动的功能,以调整齿轮位置,使齿轮正常啮合。实现瞬时冲动控制是采用复位手柄与行程开关 SQ7 组合构成的冲动控制电路。变速手柄在复位的过程中压动行程开关 SQ7,SQ7 的常开触点闭合,使接触器 KM2 的线圈得电,主轴电动机 M1 转动,SQ7 的常闭触点切断 KM2 线圈电路的自锁,

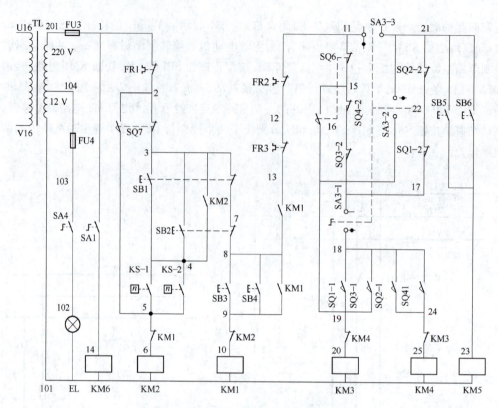

图 2-62 X62W 铣床控制电路原理图

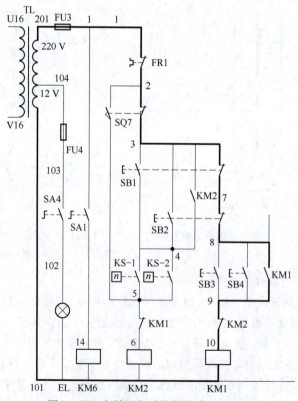

图 2-63 主轴运行时控制电路电流通路

使电路随时可被切断。变速手柄复位后,松开行程开关SQ7,电动机M1停转,完成一次瞬时冲动。主轴变速时的瞬时冲动控制电路电流通路如图2-65所示。

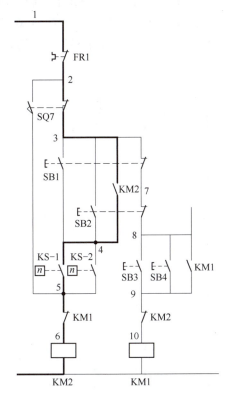

图2-64 主轴反接制动时控制
电路电流通路

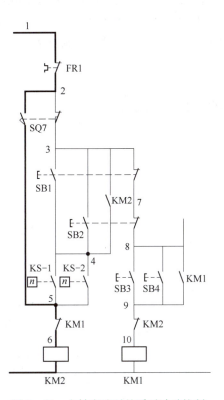

图2-65 主轴变速时的瞬时冲动控制
电路电流通路

手柄复位时要求动作迅速、连续,一次不到位应立即拉出,以免行程开关SQ7没能及时松开,电动机转速上升,在齿轮未啮合好的情况下打坏齿轮。如果瞬时冲动一次不能实现齿轮良好的啮合时,应立即拉出复位手柄,重新进行复位瞬时冲动的操作,直至完全复位,齿轮正常啮合工作为止。

(3) 进给电动机M2的控制

进给电动机M2的控制电路分为三部分:第一部分为顺序控制部分,当主轴电动机起动后,接触器KM1(8-13)辅助常开触点闭合,进给用接触器KM3与KM4的线圈电路方能通电工作;第二部分为工作台各进给运动之间的联锁控制部分,实现水平工作台各运动之间的联锁,也可实现水平工作台与圆工作台工作之间的联锁;第三部分为进给电动机正反转接触器线圈电路部分。

① 水平工作台纵向进给运动控制。选择开关SA3选择水平工作台工作或是圆工作台工作。SA3-1与SA3-3触点闭合构成水平工作台运动联锁电路,SA3-2触点断开,切断圆工作台工作电路。

水平工作台纵向进给运动由操作手柄与行程开关SQ1、SQ2组合控制。纵向操作手柄有左右两个工作位和一个中间不工作位。手柄扳到工作位时,带动机械离合器,接通纵向进给运动的机械传动链,同时压动行程开关,行程开关的常开触点闭合使接触器 KM3 或 KM4 线圈得电,其主触点闭合,进给电动机正转或反转,驱动工作台向左或向右移动进给,行程开关的常闭触点在运动联锁控制电路部分构成联锁控制功能。工作台纵向进给的控制过程是电路由 KM1(8-13)辅助常开触点开始,工作电流经 SQ6-2→SQ4-2→SQ3-2→SA3-1→SQ1-1→KM4 常闭触点到 KM3 线圈,电流通路如图 3-66 所示。或者反方向,由 SA3-1 经 SQ2-1→KM3 常闭触点到 KM4 线圈。

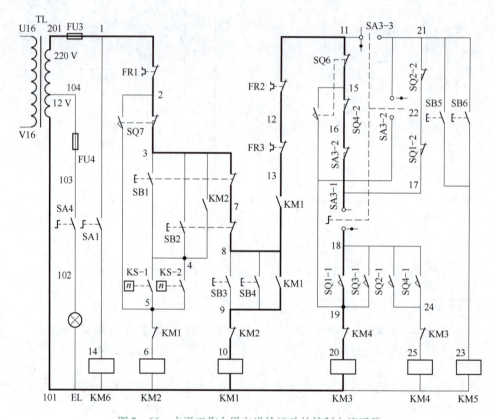

图 2-66　水平工作台纵向进给运动的控制电流通路

手柄扳到中间位时,纵向机械离合器脱开,行程开关 SQ1 与 SQ2 不受压,因此进给电动机不转动,工作台停止移动。工作台的两端安装有限位撞块,当工作台运行到达终点位时,撞块撞击手柄,使其回到中间位置,实现工作台的终点停车。

②水平工作台横向和升降进给运动控制。水平工作台横向和升降进给运动的选择和联锁是通过十字复式手柄和行程开关 SQ3、SQ4 的组合控制来实现的,操作手柄有上、下、前、后四个工作位和中间一个不工作位。扳动手柄到选定运动方向的工作位,即可接通该运动方向的机械传动链,同时压动行程开关 SQ3 或 SQ4,行程开关的常开触点闭合使控制进给电动机转动的接触器 KM3 或 KM4 的线圈得电,电动机 M2 转动,工作台在相应的方向上移动;行程开关的常闭触点如纵向行程开关一样,在联锁电路中,构成运动的联锁控制。工作台横向与垂直方向进给控制过程是:控制电路由主轴接触器 KM1 的辅助常开触点开始,工作电流经 SA3-3→SQ2-2→SQ1-2→SA3-1,然后经 SQ3-1→KM4 到 KM3 线圈,电流通路如图 2-67 所示。或者反方向,由 SA3-1 经 SQ4-1→KM3 到 KM4 线圈。

十字复式操作手柄扳在中间位时,横向与垂直方向的机械离合器脱开,行程开关SQ3与SQ4均不受压,因此进给电动机停转,工作台停止移动。固定在床身上的挡块在工作台移动到极限位置时,撞击十字手柄,使其回到中间位,切断电路,使工作台在进给终点停车。

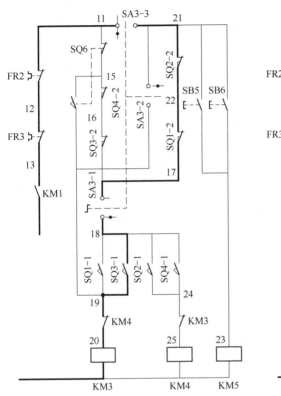 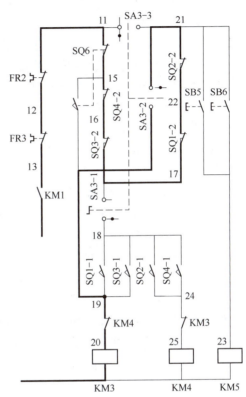

图 2-67　水平工作台横向和升降进给运动控制电流通路　　　　图 2-68　圆工作台运动控制电流通路

③水平工作台进给运动的联锁控制。由于操作手柄在工作时,只存在一种运动选择,因此铣床直线进给运动之间的联锁满足两操作手柄之间的联锁即可实现。联锁控制电路如前面联锁电路所述,由两条电路并联组成,纵向手柄控制的行程开关SQ1、SQ2常闭触点串联在一条支路上,十字复式手柄控制的行程开关SQ3、SQ4常闭触点串联在另一条支路上,扳动任一操作手柄,只能切断其中一条支路,另一条支路仍能正常通电,使接触器KM3或KM4的线圈不失电,若同时扳动两个操作手柄,则两条支路均被切断,接触器KM3或KM4线圈失电,工作台立即停止移动,从而防止机床运动干涉造成设备事故。

④水平工作台的快速移动。为提高劳动生产率,要求铣床在不做铣切加工时,工作台能快速移动。工作台快速进给也是由进给电动机M2来驱动,在纵向、横向和垂直三种运动形式六个方向上都可以实现快速进给控制。

主轴电动机起动后,将进给操纵手柄扳到所需位置,工作台按照选定的速度和方向做常速进给移动时,再按下快速进给按钮SB5或SB6,使接触器KM5得电吸合,接通牵引电磁铁YA,电磁铁通过杠杆使摩擦离合器合上,减少中间传动装置,使工作台按运动方向做快速进给运动。当松开快速进给按钮时,电磁铁 YA 失电,摩擦离合器断开,快速进给运动停止,工作台仍按原常速进给时的速度继续运动。

⑤圆工作台运动控制。SA3-2 触点闭合,构成圆工作台控制电路,此时水平工作台的操作手柄均扳在中间不工作位。控制电路由主轴接触器 KM1 的辅助常开触点开始,工作电流经 SQ6 常闭触点→SQ4-2→SQ3-2→SQ1-2→SQ2-2→SA3-2→KM4 到 KM3 线圈,KM3 主触点闭合,进给电动机 M2 正转,拖动圆工作台转动,圆工作台只能单方向旋转,电流通路如图 2-68 所示。圆工作台的控制电路串联了水平工作台工作行程开关 SQ1~SQ4 的常闭触点,因此水平工作台任一操作手柄扳到工作位置,都会压动行程开关,切断圆工作台的控制电路,使其立即停止转动,从而起着水平工作台进给运动和圆工作台转动之间的联锁保护控制作用。

⑥水平工作台变速时的瞬时冲动。水平工作台变速时的瞬时冲动控制原理与主轴变速瞬时冲动相同。变速手柄拉出后选择转速,再将手柄复位,变速手柄在复位的过程中压动瞬时冲动行程开关 SQ6,SQ6 的常开触点闭合接通接触器 KM3 的线圈电路,使进给电动机 M2 转动,常闭触点切断 KM2 线圈电路的自锁。变速手柄复位后,松开行程开关 SQ6。与主轴瞬时冲动操作相同,也要求变速手柄复位时迅速、连续,一次不到位,要立即拉出变速手柄,再重复瞬时冲动的操作,直到实现齿轮处于良好啮合状态,进入正常工作为止。水平工作台变速时的瞬时冲动控制电流通路如图 2-69 所示。

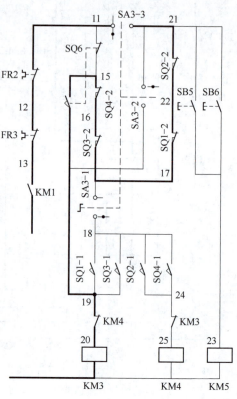

图 2-69 水平工作台变速时的瞬时
冲动控制电流通路

(4)冷却泵电动机 M3 的控制

合上开关 SA1,接触器 KM6 线圈得电,起动冷却泵;断开开关 SA1,接触器 KM6 线圈失电,冷却泵停止。

(5)照明电路分析

照明灯 EL 由照明变压器 TC 提供 12 V 的工作电压,SA4 为灯开关,FU4 提供短路保护。

任务实现

X62W 铣床电气控制电路常见故障及排查

故障现象 1:按下主轴停车按钮后主轴电动机不能停车。

故障可能原因:KM1 的主触点熔焊。故障范围如图 2-70 所示。

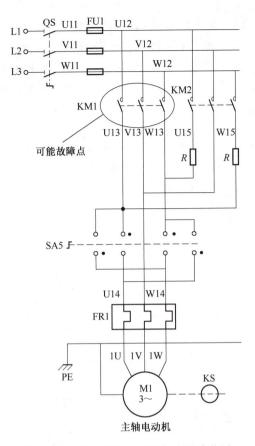

图 2-70 主轴电动机不能停车故障范围

故障现象 2：主轴不能起动，伴有嗡嗡声。

故障可能原因：缺相。主接触器 KM1 某一触点接触不良，或电动机有一相断线。故障范围与故障现象 1 相同。

故障现象 3：控制电路不能工作，也无照明。

故障可能原因：L1 或 L2 相上的 FU1、FU2 熔断器有熔断，控制变压器损坏。故障范围如图 2-71 所示。

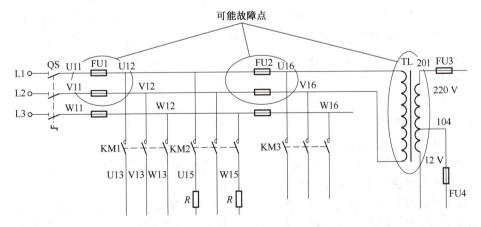

图 2-71 控制电路不能工作故障范围

故障现象4：主轴、进给、冷却泵均不能起动,并都伴有嗡嗡声。

故障可能原因：缺相。因为三电动机同时缺相,所以故障点应在三电动机总的电源部分,即 L3 相上的 QS 开关触点接触不良、FU1 熔断器熔断或该相上有断线等。不能是 L1、L2 相上故障,因为如果这两相有故障,控制电源将不能工作,也就不会从电动机上发现缺相。故障范围如图 2-72 所示。

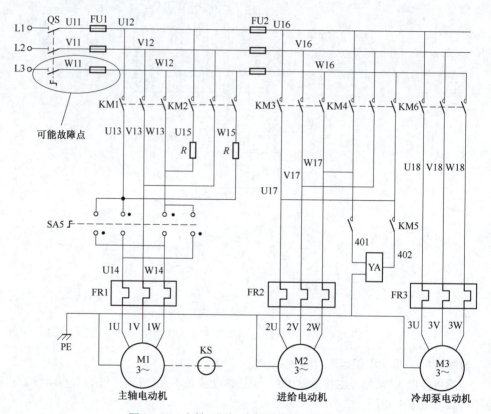

图 2-72 主轴、进给、冷却泵均缺相故障范围

故障现象5：主轴不能起动。

故障可能原因：热继电器触点 FR1(1-2)、变速冲动开关 SQ7(2-3)、SB1(3-7)、SB2(7-8)、KM2(9-10) 等常闭触点接触不良,接触器 KM1 线圈损坏。这里不能考虑起动按钮 SB3 和 SB4 同时故障,这种可能性很小。也不能是 FU3 熔断器有熔断,因为如果 FU3 熔断,冷却泵也将不能工作。所以,如果故障现象是主轴和冷却泵同时不能工作,可直接判断是 FU3 熔断,因为冷却泵和主轴工作都要经过 FU3,是两者的公共部分。故障范围如图 2-73 所示。

故障现象6：主轴不能自锁。

故障可能原因：KM1(8-9)触点接触不良。故障范围如图 2-74 所示。

故障现象7：主轴正向工作无制动。

故障可能原因：KS-1(4-5)触点接触不良。故障范围如图 2-75 所示。

故障现象8：主轴正反向均无制动。

故障可能原因：速度继电器损坏,KM1(5-6)常闭触点接触不良,KM2 线圈损坏。故障范围如图 2-76 所示。可进一步判断,试一下主轴有无变速冲动,若有,说明是速度继电器损坏;若无,说明故障在 KM1(5-6)常闭触点和 KM2 线圈。

项目二 典型机床电气控制电路运行维护

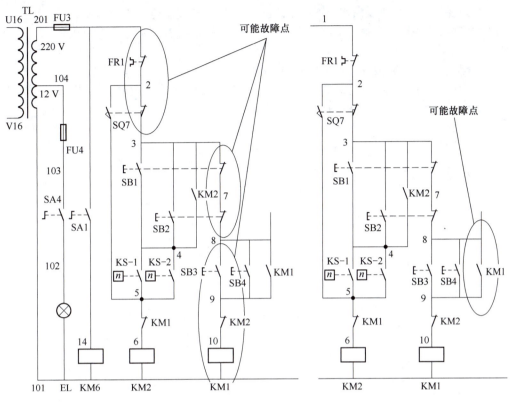

图 2-73 主轴不能启动故障范围　　图 2-74 主轴不能自锁故障范围

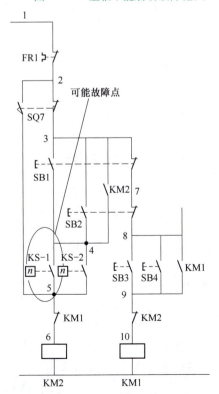

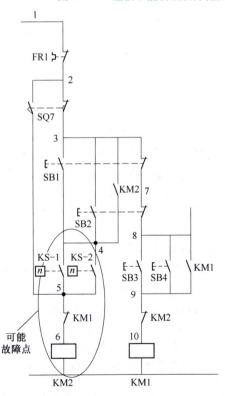

图 2-75 主轴正向工作无制动故障范围　　图 2-76 主轴正反向均无制动故障范围

故障现象 9:主轴正反向均按下停止按钮有制动,松开按钮无制动。

故障可能原因:反接制动不能自锁。KM2(3-4)触点接触不良。故障范围如图 2-77 所示。

故障现象 10:主轴变速无低速冲动(瞬时转动)。

故障可能原因:行程开关 SQ7 经常受到频繁冲击,使开关位置改变、开关底座被撞碎或 SQ7(2-5)接触不良。故障范围如图 2-78 所示。

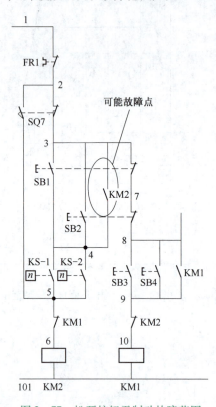

图 2-77 松开按钮无制动故障范围

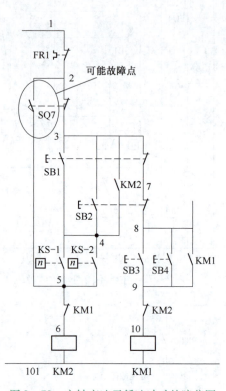

图 2-78 主轴变速无低速冲动故障范围

故障现象 11:进给及快速不能工作。

故障可能原因:接触器 KM1(8-13)常开触点不能闭合;热继电器常闭触点 FR2(11-12)、FR3(12-13)接触不良。故障范围如图 2-79 所示。

故障现象 12:非圆工作台纵向不能工作。

故障可能原因:行程开关 SQ6(11-15)、SQ3(15-16)或 SQ4(16-17)常闭触点接触不良。故障范围如图 2-80 所示。

故障现象 13:非圆工作台纵向不能向左工作。

故障可能原因:行程开关 SQ1(18-19)触点接触不良。故障范围如图 2-81 所示。

故障现象 14:非圆工作台上下前后(十字手柄)不能工作。

故障可能原因:行程开关 SQ2(21-22)或 SQ1(22-17)常闭触点接触不良。故障范围如图 2-82 所示。

故障现象 15:非圆工作台上下前后(十字手柄)不能向上向前工作。

故障可能原因:行程开关 SQ3-1(18-19)触点接触不良。故障范围如图 2-83 所示。

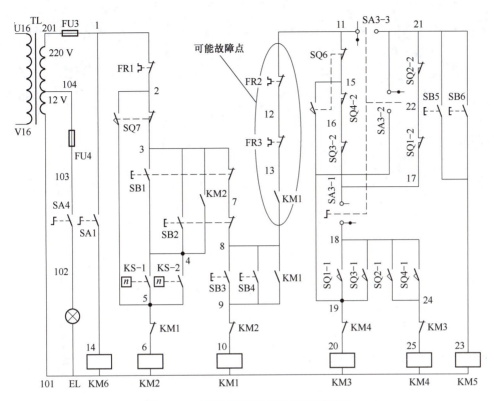

图 2-79 进给及快速不能工作故障范围

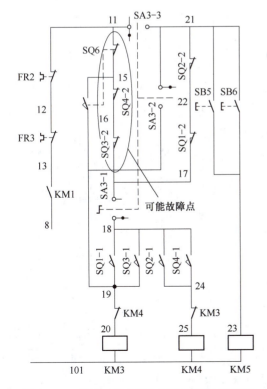

图 2-80 非圆工作台纵向不能工作故障范围

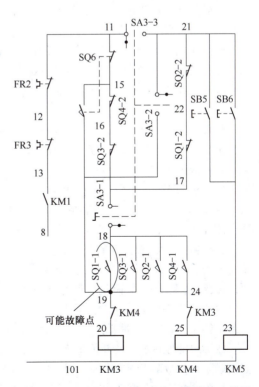

图 2-81 非工作台纵向不能向左工作故障范围

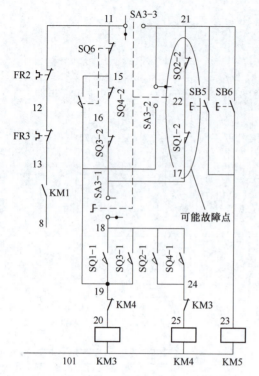

图2-82 非圆工作台上下前后(十字手柄)不能工作故障范围

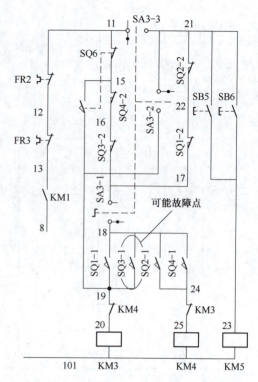

图2-83 非圆工作台上下前后(十字手柄)不能向上向前工作故障范围

故障现象16：圆形工作台不能工作，非圆工作台工作正常，能进给冲动。

故障可能原因：转换开关SA3-2(21-19)触点接触不良。故障范围如图2-84所示。

故障现象17：进给电动机不能冲动(瞬时转动)。

故障可能原因：行程开关SQ6经常受到频繁冲击，使开关位置改变、开关底座被撞碎或接触不良。故障范围如图2-85所示。

故障现象18：工作台不能快速移动。

故障可能原因：KM5线圈断路或短路烧毁。故障范围如图2-86所示。另外，电磁阀YA由于冲击力大，操作频繁，经常造成铜制衬垫磨损严重，产生毛刺，划伤线圈绝缘层，引起匝间短路，烧毁线圈；线圈受振动，接线松脱。

故障现象19：圆工作台工作正常，非圆工作台不能工作，能进给冲动。

故障可能原因：转换开关SA3-1(17-18)触点接触不良。故障范围如图2-87所示。

故障现象20：非圆工作台上下前后(十字手柄)不能工作，纵向(一字手柄)能工作，但不能快速移动。

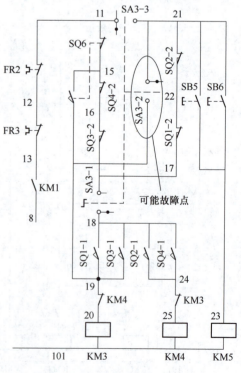

图2-84 圆形工作台不能工作故障范围

故障可能原因:转换开关SA3-1(11-12)触点接触不良。故障范围如图2-88所示。

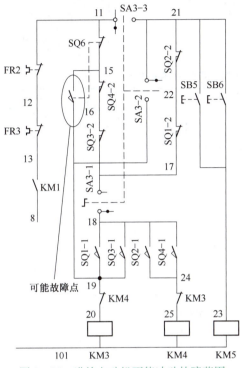

图2-85 进给电动机不能冲动故障范围

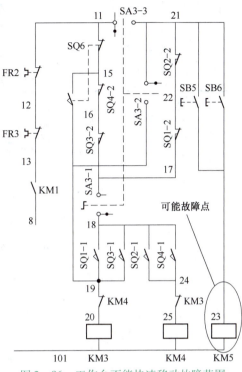

图2-86 工作台不能快速移动故障范围

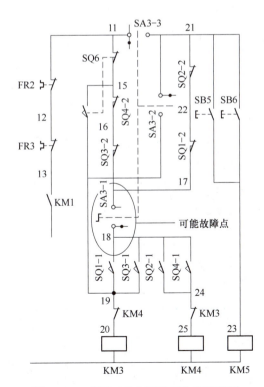

图2-87 非圆工作台不能工作故障范围

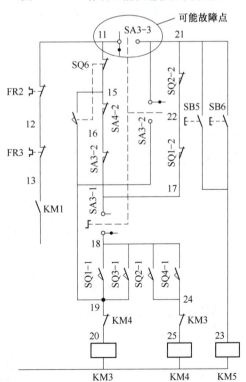

图2-88 非圆工作台上下前后(十字手柄)不能工作故障范围

任务工单

机床排故训练任务工单见表 2-1。

表 2-1 典型机床电气控制电路运行维护任务工单

序号	内容	要求
1	任务准备	(1) 机床电气排故训练实训柜。 (2) 电工维修工具及测量仪表。 (3) 机床电气排故实训指导书。 (4) 收集相关资料及网上课程资源
2	工作内容	(1) 知识准备:熟悉机床电气控制电路图工作原理。 (2) 认识机床实训柜相关电气元件及作用。 (3) 分别设置不同的电气故障。 (4) 观察故障现象。 (5) 分析故障原因,在图样上确定故障范围。 (6) 使用测量仪表,用电阻法或电压法确定具体故障点。 以上工作要求小组合作完成
3	工期要求	两名学生为一个工作小组。学生应充分发挥团队协作精神,合理分配工作任务及时间,在规定的时间内完成训练任务,本工作任务占用 8 学时(含训练结束考核时间)
4	文明生产	按维修电工(中级)国家职业技能要求规范操作。完成实训任务的所有操作符合安全操作规程、职业岗位要求;遵守实训课堂纪律;爱惜实训设备及器材,实训后工位整洁
5	考核	对学生的学习准备、学习过程和学习态度三个方面进行评价,考核学生的知识应用能力和分析问题、解决问题的能力

考核标准

机床故障排查评分标准见表 2-2。

表 2-2 典型机床电气控制电路运行维护考核标准

序号	内容	评 分 标 准	配分	扣分	得分
1	观察故障现象	设置两个故障。观察不出故障现象,每个扣 10 分	20		
2	分析故障	分析和判断故障范围,每个故障占 20 分。每个故障,范围判断不正确每次扣 10 分;范围判断过大或过小,每超过一个元器件或导线标号扣 5 分,扣完 20 分为止	40		
3	排除故障	不能排除故障,每个扣 20 分	40		
4	其他	不能正确使用仪表扣 10 分;排查故障过程中超时,每超时 5 min 扣 5 分;违反电气安全操作规程,酌情扣分	从总分倒扣		
	开始时间	结束时间	总分		

习题二

1. 填空题

(1) C650-2 车床主电路包括四部分:(　　　　)驱动电路、(　　　　)驱动电路、(　　　　)电路及(　　　　)供电电路。

(2) C650-2 车床的三台电动机为(　　　　)电动机、冷却泵电动机和(　　　　)电动机。

(3) C650-2 车床点动工作时需串入(　　　　),防止连续的点动起动电流造成电动机(　　　　)。

(4) C650-2 车床 KM3 主触点闭合短接掉主电路中(　　　　),为主轴电动机直接起动做准备。

(5) 修理前的调查研究包括:(　　　　)、(　　　　)、(　　　　)、(　　　　)。

(6) Z3040B 钻床四台电动机为(　　　　)电动机、冷却泵电动机、液压泵电动机和(　　　　)电动机。

(7) 摇臂钻床的主运动与进给运动皆为(　　　　)的运动。

(8) 铣床工作台快速移动通过(　　　　)来实现。

(9) 铣床中电阻 R 的作用是限制(　　　　)时的电流。

2. 选择题

(1) 由于 C650-2 车床快速电动机为短时工作制,所以没有(　　)保护。
　　A. 短路　　　　　　B. 过载　　　　　　C. 失电压

(2) C650-2 车床主轴电路中电流表显示(　　)时电动机绕组中的电流。
　　A. 起动　　　　　　B. 运行　　　　　　C. 制动

(3) 与电动机主轴同轴相连的(　　)用于电动机的反接制动。
　　A. 速度继电器　　　B. 中间继电器　　　C. 电流表

(4) C650-2 车床按住停止按钮 SB1 不松手,主轴电动机处于(　　)工作状态。
　　A. 继续运行　　　　B. 制动　　　　　　C. 自由停车

(5) Z3040B 钻床用按钮和接触器来代替一般的电源开关,就可以具有(　　)保护作用。
　　A. 短路　　　　　　B. 过载　　　　　　C. 失电压

(6) Z3040B 钻床电磁阀 YV 必须保持通电状态,(　　)才能松开。
　　A. 主轴箱　　　　　B. 摇臂　　　　　　C. 内外立柱

(7) 铣床是逆铣还是顺铣方式加工是由(　　)控制的。
　　A. KM1、KM2　　　　B. SA3　　　　　　C. SA5

(8) 铣床主轴电动机和工作台电动机起动顺序为(　　)。
　　A. 主轴先起动工作台后起动
　　B. 工作台先起动主轴后起动
　　C. 同时起动

3. 判断题

(1) C650-2 车床主轴采用串电阻降压起动。　　　　　　　　　　　　　　　　(　　)

(2) C650-2 车床起动时电流表被短接掉,不显示电流。　　　　　　　　　　　(　　)

(3) C650-2 车床控制电路中 KA(3-9) 常闭触点用于主轴电动机的自锁。　　　(　　)

(4) C650-2 车床控制电路中 KA(3-8) 常开触点用于主轴电动机的反接制动。　(　　)

(5) 当需要更换熔断器的熔体时,必须选择与原熔体型号相同的熔体,不得随意更改,以免造成意外事故或留下更大的隐患。   (   )
(6) 若热继电器烧毁,要求先查明过载原因,再修复。   (   )
(7) 机床故障排除后,一切要恢复原样。   (   )
(8) Z3040B钻床因立柱夹紧松开电动机M3和摇臂升降电动机M4都是短时工作的,故不需要用熔断器来作短路保护。   (   )
(9) Z3040B钻床如果三相电源的相序接错了,电动机的旋转方向就要与规定的方向不符,在开动机床时容易发生事故。   (   )
(10) SQ1是组合行程开关,它的两对常闭触点分别作为摇臂升降的极限位置控制,起终端保护作用。   (   )
(11) 行程开关SQ2的作用是用于摇臂的自动夹紧。   (   )
(12) 在Z3040B钻床中,摇臂升降的联锁是利用电气方法实现的。   (   )
(13) 在C650-2车床中,KM3和KA的触点可以换用。   (   )
(14) 铣床主轴的主运动和工作台进给运动都是由主轴电动机拖动的。   (   )
(15) 铣床主轴电动机要求能在两处实行起停控制操作。   (   )
(16) 铣床要求工作台电动机起动以后,主轴电动机方能起动工作。   (   )
(17) 主轴与工作台电动机能瞬时冲动至合适的位置,保证齿轮能正常啮合。   (   )
(18) 铣床控制电路KM1(8-13)触点断开,工作台将不能工作。   (   )
(19) 铣床圆工作台工作时将SQ1、SQ2、SQ3、SQ4的常开触点串联起来。   (   )

4. 简答题

(1) 请叙述C650-2车床在按下反向起动按钮SB4后的起动工作过程。
(2) 在C650-2车床电气控制电路中,可以用KM3的辅助触点替代KA的触点吗? 为什么?
(3) C650-2车床主轴电动机,若发生下列故障,请分别分析其故障原因。
① 主轴电动机不能点动及正转,且反转时无反接制动。
② 主轴电动机正反转均不能自锁。
(4) Z3040B钻床控制电路中,行程开关SQ1、SQ2各有何作用?
(5) Z3040B钻床控制电路中,中间继电器KA的作用是什么?
(6) Z3040B钻床控制电路中,若发生下列故障,请分别分析其故障原因。
① 电源有指示,但所有电动机均不能工作,且伴有嗡嗡声。
② 主轴箱能夹紧,立柱、主轴箱都能松开,但松开按钮SB3,主轴箱又立刻夹紧。
(7) 在X62W铣床电路中,电磁阀YA的作用是什么?
(8) 在X62W铣床电路中,行程开关SQ1、SQ2、SQ3、SQ4、SQ6、SQ7的作用是什么? 它们与机械手柄有何联系?
(9) X62W铣床电气控制具有哪些联锁与保护? 是如何实现的?
(10) 请叙述X62W铣床控制电路中圆工作台控制过程及联锁保护原理。
(11) X62W铣床控制电路中,若发生下列故障,请分别分析其故障原因。
① 主轴不能起动。
② 主轴停车时,正、反方向都没有制动作用。

拓展阅读

安全用电与预防措施

(1)思想重视。自觉提高安全用电意识和觉悟,坚持"安全第一,预防为主"的思想,确保生命和财产安全,从内心真正重视安全,促进安全生产。

(2)不私自拉线与违章使用电器。不能私拉私接电线;不能在电线上或其他电器设备上悬挂衣物和杂物;不能私自加装使用大功率或不符合国家安全标准的电器设备,如有需要,应向有关部门提出申请,由专业电工进行安装。

(3)不能私拆灯具、开关、插座等电器设备,不要使用灯具烘烤衣物或挪作其他用途;当漏电保护器(俗称"漏电开关")出现跳闸现象时,不能私自重新合闸。

(4)在浴室或湿度较大的地方使用电器设备(如电吹风),应确保室内通风良好,避免因电器的绝缘变差而发生触电事故。

(5)确保电器设备良好散热(如电视机、电热开水器、计算机、音响等),不能在其周围堆放易燃易爆物品及杂物,防止因散热不良而损坏设备或引起火灾。

(6)带有机械传动的电器设备,必须装护盖、防护罩或防护栅栏进行保护才能使用,不能将手或身体部位放入运行中的设备机械传动位置;对设备进行清洁时,须确保切断电源,机械停止工作并确保安全的情况下才能进行,防止发生人身伤亡事故。

(7)湿手或赤脚不要接触开关、插座、插头和各种电源接口,不要用湿布抹照明用具和电器设备。

(8)移动电器设备时,必须切断电源。

(9)发现电器设备冒烟或闻到异味(焦味)时,要迅速切断电源,通知电工检查和维修,避免扩大故障范围和发生触电事故。

(10)发现电线破损要及时更换或用绝缘胶布扎好,严禁用普通医用胶布或其他胶带包扎。

(11)电气设备的安装、维修应由持证电工负责。

(12)操作者应十分熟悉设备的总闸和所操作设备的性能。

(13)操作者在电工维修设备的时候,不能擅自离开,要进行监护,等待维修完毕后的试车。

(14)熟悉自己生产现场或宿舍主空气断路器(俗称"总闸")位置(如车间、施工现场、办公室、宿舍等),一旦发生火灾、触电或其他电气事故时,应第一时间切断电源,避免造成更大的财产损失和人身伤亡事故。

(15)未经有关部门的许可不能擅自进入电房或电气施工现场。

(16)对规定使用接地的用电器具金属外壳做好接地保护或加装漏电保护器,不要忘记用三线插座、插头和安装接地线。

(17)珍惜电力资源,养成安全用电和节约用电的良好习惯。当要长时间离开或不使用时,要确定切断电源(特别是电热电器)的情况下才能离开。

项目三 PLC 基本指令应用

PLC 是专为工业自动化控制而开发的装置,其主要使用对象是电气技术人员及操作人员。PLC 的生产厂家很多,所采用的指令也不尽相同。本项目以三菱公司生产的 FX 系列 PLC 的基本逻辑指令为例,说明指令的含义、梯形图的编制方法以及对应的指令表程序。

学习目标
① 了解 PLC 的发展、应用领域及常用品牌。
② 了解 PLC 的分类、主要特点及工作原理。
③ 掌握 PLC 控制系统的基本结构及控制流程。
④ 掌握三菱 FX 系列 PLC 型号及特点。
⑤ 掌握三菱 FX 系列 PLC 输入、输出端子的接线原理及注意事项。
⑥ 掌握梯形图的编程规则。
⑦ 具有一定的自学、创新的能力。

任务一 认识 PLC

任务描述

通过本任务学习,对 PLC 控制系统进行总体认识,了解 PLC 的产生和发展、PLC 的应用领域及特点,了解 PLC 的常见品牌,掌握 PLC 的基本结构与工作原理,能够对 PLC 控制系统进行结构和功能分析。

知识准备

1. PLC 的诞生

1968 年,通用汽车公司(GM 公司)为了适应生产工艺不断更新的需要,提出要用一种新型的工业控制器取代继电器-接触器控制装置,并要求把计算机控制的优点(功能完备、灵活性、通用性好)和继电器-接触器控制的优点(简单易懂、使用方便、价格便宜)结合起来,设想将继电器-接触器控制的硬接线逻辑转变为计算机的软件逻辑编程,且要求编程简单,使得不熟悉计算机的人员也能很快掌握其使用技术,具体从用户角度提出了十大条件:
① 编程简单方便,可在现场直接编写程序。
② 硬件维护方便,采用插件式结构。
③ 可靠性高于继电器-接触器控制装置。
④ 体积小于继电器-接触器控制装置。
⑤ 可将数据直接送入计算机。
⑥ 用户程序存储器容量至少可以扩展到 4 KB。

⑦输入可直接用 115 V 交流电。
⑧输出为交流 115 V,2 A 以上,能直接驱动电磁阀、交流接触器等。
⑨通用性强,扩展方便。
⑩成本上可与继电器-接触器控制系统竞争。

1969 年,美国数字设备公司(DEC 公司)研制出了第一台可编程控制器 PDP-14,在美国通用汽车公司的自动装配线上试用成功,并取得满意的效果,可编程控制器自此诞生。

可编程序逻辑控制器(programmable logic controller,PLC)是以微处理器为基础,综合了计算机技术、自动控制技术和通信技术而发展起来的一种新型、通用的自动控制装置。它是"专为在工业环境下应用而设计"的计算机。这种工业计算机采用"面向用户的指令",因此编程方便。它能完成逻辑运算、顺序控制、定时、计数和算术操作,它还具有"数字量或模拟量的输入/输出控制"的能力。

早期产品主要替代传统的继电器-接触器控制系统。

1980 年,美国电气制造商协会(NEMA)给它一个新的名称 programmable controller,简称 PC。

为了避免与个人计算机(personal computer,PC)的简写混淆,仍沿用早期的 PLC 表示可编程序逻辑控制器,但此 PLC 并不意味只具有逻辑控制功能。

2. PLC 的主要功能、应用领域及发展

PLC 自问世以来发展极为迅速。在工业控制方面正逐步取代传统的继电器-接触器控制系统,成为现代工业自动化生产的三大支柱之一。主要功能有:

1) 顺序逻辑控制

这是 PLC 最基本的功能,它正逐步取代传统的继电器顺序控制。

2) 运动控制

PLC 和计算机数控(CNC)设备集成在一起,可以完成机床的运动控制。

3) 定时和计数控制

定时和计数精度高,设置灵活,且高精度的时钟脉冲可用于准确的实时控制。

4) 模拟量控制

PLC 能完成数/模转换或者模/数转换,控制大量的物理参数,例如、温度、压力、速度和流量等。

5) 数据处理

能完成数据运算、逻辑运算、比较传送及转换等。

6) 通信和联网

PLC 之间、PLC 和上级计算机之间有很强的通信功能。作为实时控制系统,不仅对 PLC 数据通信速率要求高,而且要考虑出现停电、故障时的对策等。

PLC 也适合现代控制的需要,从控制规模来说,由小型机到超大型机品种齐全;从控制能力来说,有各种各样的特殊功能模块单元,用于压力、温度、转速、位移、数/模、模/数转换等控制场合;从品种配套能力来说,有各种人机界面单元、通信单元,使应用 PLC 的工业配套更加容易,伴随着工业以太网、现场总线的发展,PLC 在工业控制网络的各个层面上发挥着重要的作用。PLC 在机械制造、石油化工、冶金、汽车、轻工业等领域中得到广泛应用。

为了适应现代化生产需求,扩大 PLC 在工业领域的应用范围,PLC 的发展趋势一是向超小型、专用化和低价格的方向发展;二是向大型化、高速、多功能和分布式全自动化网络方向发展,以适应现代企业自动化的需要。

3. PLC 的特点

1）可靠性高，抗干扰能力强

这是选择控制装置的首要条件。可编程控制器生产厂家在硬件方面和软件方面上采取了一系列抗干扰措施。（无触点控制）

硬件措施：屏蔽、滤波、隔离。

软件措施：故障检测、信息保护和恢复、警戒时钟（死循环报警）、程序检验。

2）使用灵活，通用性强

产品均成系列化生产，多数采用模块式的硬件结构，用户可灵活选用。软接线逻辑使得PLC能简单轻松地实现各种不同的控制任务，且系统设计周期短。

3）编程方便，易于掌握

采用与继电器电路极为相似的梯形图语言，直观易懂；后来又发展了面向对象的顺控流程图语言（sequential function chart，SFC），又称功能图，使编程更加简单方便。

4）接口简单，维护方便

可编程控制器可直接与现场强电设备相连接，接口电路模块化。

有完善的自诊断和监视功能。可编程控制器对于其内部工作状态、通信状态、异常状态和I/O点的状态均有显示。可以方便地查出故障原因，迅速做出处理。

5）功能完善，性价比高

除基本的逻辑控制、定时计数、算术运算外，配合特殊功能模块可以实现点位控制、PID运算、过程控制、数字控制等功能，还可与上位机通信、远程控制等。

4. PLC 的分类

目前PLC的品种很多，规格性能不一，且没有一个权威的统一分类标准。一般按下面几种情况大致分类：

①按结构分类，PLC可分为整体式和机架模块式两种。

a. 整体式：整体式结构的PLC是将中央处理器、存储器、电源部件、输入和输出部件集中配置在一起，结构紧凑、体积小、质量小、价格低。小型PLC常采用这种结构，适用于工业生产中的单机控制，如 FX3U、S7-1200 等。

b. 机架模块式：机架模块式PLC是将各部分单独的模块分开，如CPU模块、电源模块、输入模块、输出模块等。使用时可将这些模块分别插入机架底板的插座上，配置灵活、方便，便于扩展。可根据生产实际的控制要求配置各种不同的模块，构成不同的控制系统，一般大、中型PLC采用这种结构，如西门子的 S7-300、S7-400，三菱的 Q 系列 PLC 等。

②按PLC的I/O点数、存储容量和功能来分，PLC大体可以分为大、中、小三个等级。

a. 小型PLC的I/O点数在120点以下，用户程序存储器容量为2 K字（1 K = 1 024，存储一个"0"或"1"的二进制码称为1位，一个字为16位）以下，具有逻辑运算、定时计数等功能。也有些小型PLC增加了模拟量处理、算术运算功能，其应用面更广，主要适用于对开关量的控制，可以实现条件控制，定时、计数控制，顺序控制等。

b. 中型PLC的I/O点数在120～512点之间，用户程序存储器容量达2 K～8 K字，具有逻辑运算、算术运算、数据传送、数据通信、模拟量输入/输出等功能，可完成既有开关量又有模拟量较为复杂的控制。

c. 大型PLC的I/O点数在512点以上，用户程序存储器容量达到8K字以上，具有数据运算、模拟调节、联网通信、监视、记录、打印等功能，能进行中断控制、智能控制、远程控制。在用于大规模的过程控制中，可构成分布式控制系统或整个工厂的自动化网络。

③PLC还可根据功能分为低档机、中档机和高档机。

5. PLC 的基本组成

PLC 的结构多种多样,但其组成的一般原理基本相同,都是以微处理器为核心的结构,其功能的实现不仅基于硬件的作用,更要靠软件的支持。实际上,PLC 就是一种新型的工业控制计算机。

PLC 结构示意图如图 3-1 所示。主要包括中央处理器(CPU)、存储器、输入/输出部件、电源、I/O 扩展接口、外围设备等。其内部采用总线结构进行数据和指令的传输。外部的各种信号送入 PLC 的输入部件,在 PLC 内部进行逻辑运算或数据处理,最后以输出变量的形式经输出部件,驱动输出设备进行各种控制。各部分的作用介绍如下:

1) 中央处理器(CPU)

中央处理器 CPU(central processing unit),主要由控制器、运算器等部分组成,是 PLC 的运算和控制中心。

PLC 常用的 CPU 有通用微处理器、单片机和双极型位片式微处理器。通用微处理器常用的是 8 位或 16 位,如 Z80A、8085、8086、M68000 等;单片机是将 CPU、存储器和 I/O 接口集成在一起,因此性价比高,多为中小型 PLC 采用,常用的单片机有 8051、8098 等;位片式微处理器的特点是运算速度快,以 4 位为一片,可以多片级联,组成任意字长的微处理器,因此多为大型 PLC 采用,常用的位片式微处理器有 AM2900、AM2901、AM2903 等。目前,PLC 的位数多为 8 位或 16 位,高档机已采用 32 位,甚至更高位数。

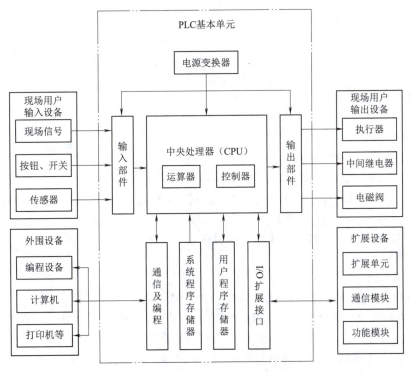

图 3-1 PLC 结构示意图

2) 存储器

存储器的功能是存放程序和数据,可分为系统程序存储器和用户程序存储器两大类。

①系统程序存储器。用来存放管理程序、监控程序以及内部数据,由 PLC 生产厂家设计提供,用户不能更改。

②用户程序存储器。主要存放用户已编制好或正在调试的应用程序。存放在 RAM 中的用户程序可方便地修改。

3) I/O 接口电路

I/O 接口电路的作用是将输入信号转换为 CPU 能够接收和处理的信号,并将 CPU 输出的弱电信号转换为外围设备所需要的强电信号,而且能有效地抑制干扰,起到与外部电路的隔离作用。

①输入接口电路。输入接口电路由光耦合器和输入电路组成,光耦合器输入电路的作用是隔离输入信号,防止现场的强电干扰进入微机。各种 PLC 的输入接口电路基本相同,输入接口电路通常有直流输入、交流输入两种基本类型。采用单向二极管光耦合器的直流输入接口电路如图 3-2 所示。

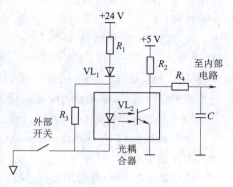

图 3-2 直流输入接口电路

采用双向二极管光耦合器的输入接口电路既可用于直流输入也可用于交流输入。

②输出接口电路。输出接口电路有继电器输出型、晶体管输出型和晶闸管输出型三种。其中,继电器输出型为有触点的输出,可用于直流或低频交流负载;晶体管输出型和晶闸管输出型都是无触点的输出,前者适用于高速、小功率直流负载,后者适用于高速、大功率交流负载。常用输出接口电路是继电器输出型和晶体管输出型,如图 3-3 所示。

4) PLC 通信及编程接口

PLC 通信及编程接口采用串行通信,有 RS-232、RS-422、RS-485 等接口形式,可以连接 PC,实现编程及在线监控;连接网络设备,实现远程通信;连接打印机等计算机外设。

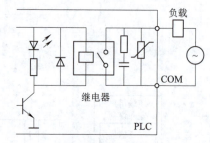

(a) 继电器输出型

5) I/O 扩展接口

I/O 扩展接口采用并行通信方式。当主机(基本单元)的 I/O 点数不能满足输入/输出设备点数需要时,可通过此接口用扁平电缆线将 I/O 扩展单元与主机相连,以增加 I/O 点数。A/D、D/A、运动控制、通信等各种功能模块也通过该接口与主机相接。

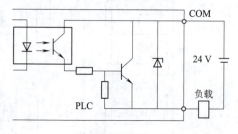

(b) 晶体管输出型

图 3-3 输出接口电路

6) 电源

在 PLC 中,为避免电源间干扰,输入与输出接口电路的电源彼此相互独立。小型 PLC 电源往往和 CPU 单元合为一体,中大型 PLC 都有专门的电源单元。直流电源常采用开关稳压电源,稳压性能好、抗干扰能力强,不仅可提供多路独立的电压供内部电路使用,而且还可为输入设备提供标准电源。

6. PLC 的基本工作原理

PLC 采用循环扫描的工作方式。从第一条指令开始,按顺序逐条地执行用户程序,直至遇到结束符,完成一次扫描,然后再返回第一条指令,开始新一轮扫描,这样周而复始地反复进行。PLC 每进行一次扫描循环所用的时间称为扫描周期。通常一个扫描周期约为几十毫秒。影响扫描周期的主要因素:一是 CPU 执行指令的速度;二是执行每条指令所占用的时间;三是程序中指令条数的多少。

在 PLC 的一个扫描周期中主要有输入采样、程序执行和输出处理三个阶段,如图 3-4 所示。

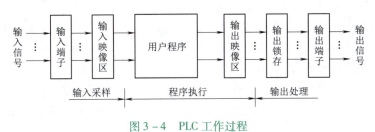

图 3-4　PLC 工作过程

1)输入采样阶段(输入刷新阶段)

PLC 在系统程序控制下以扫描方式顺序读取输入端口的状态(如开关的接通或断开),并写入输入状态寄存器(输入映像寄存器)内,此时输入状态寄存器被刷新。然后转入程序执行阶段,在程序执行期间,即使输入状态发生变化,输入状态寄存器的内容也不会改变。只能等到下一个扫描周期输入采样到来时,才能重新读入。

2)程序执行阶段

PLC 按照"先左后右、先上后下"的顺序扫描执行每一条用户程序。执行程序时所用的输入/输出变量,从相应的输入/输出状态寄存器中取用,并将运算结果写入输出状态寄存器(输出映像寄存器)。

3)输出处理阶段(输出刷新阶段)

CPU 在执行完所有的指令后,把输出状态寄存器中的内容转存到输出锁存器中,并通过输出接口电路将其输出,来驱动 PLC 的外部负载,控制设备的相应动作,形成 PLC 的实际输出。

实际上,在每个扫描周期内,CPU 除了执行用户程序外,还要进行系统自诊断和通信请求,并及时接收外来的控制命令,以提高 PLC 工作的可靠性,所占用时间很短。

由上可见,PLC 通过周期性循环扫描,并采取集中采样和集中输出的方式执行用户程序,这与计算机的工作方式不同。计算机在工作过程中,如果输入条件没有满足,程序将等待,直到条件满足才继续执行;而 PLC 在输入条件不满足时,程序照样往下执行,它将依靠不断的循环扫描,一次次通过输入采样捕捉输入变量。当然由此也带来一个问题,如果在本次扫描之后输入变量才发生变化,则只有等待下一次扫描时才能确认,这就造成了输入与输出响应的滞后,在一定程度上降低了系统的响应速度,但由于 PLC 的一个工作周期仅为数十毫秒,故这种很短的滞后时间对一般的工业控制系统影响不大。

7. PLC 的软件系统及编程语言

PLC 的软件系统由系统监控程序和用户程序组成,如图 3-5 所示。

系统监控程序由 PLC 制造厂商设计编写,并存入 PLC 的系统存储器中,用户不能直接读写与更改。系统监控程序一般包括管理程序、解释程序、标准程序模块及系统调用。管理程序又分为运行管理、生成用户元件、系统内部自检程序等。

PLC 的用户程序包括自动化系统控制程序和数据表格。自动化系统控制程序是用户利用 PLC 的编程语言,根据控制要求编制的程序。在 PLC 的应用中,最重要的是用 PLC 的编程语言来编写用户程序,以实现控制目的。由于 PLC 是专门为工业控制而开发的装置,其主要使用者是广大电气技术人员,为了满足他们的传统习惯和掌握能力,PLC 的主要编程语言采用比计算机语言相对简单、易懂、形象的专用语言。

PLC 编程语言是多种多样的，对于不同生产厂家、不同系列的 PLC 产品，采用的编程语言的表达方式不同，但基本上可归纳两种类型：一是采用字符表达方式的编程语言，如语句表等；二是采用图形符号表达方式的编程语言，如梯形图等。

以下简要介绍几种常见的 PLC 编程语言。

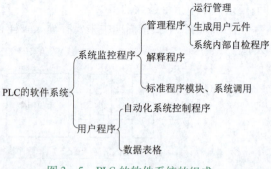

图 3-5　PLC 的软件系统的组成

1）梯形图语言

梯形图语言是在传统电器控制系统中常用的接触器、继电器等图形表达符号的基础上演变而来的。它与电器控制电路图相似，继承了传统电器控制逻辑中使用的框架结构、逻辑运算方式和输入/输出形式，具有形象、直观、实用的特点。因此，这种编程语言为广大电气技术人员所熟知，是应用最广泛的 PLC 编程语言，是 PLC 的第一编程语言。

PLC 的梯形图使用的内部继电器、定时/计数器等，都是由软件来实现的，使用方便，修改灵活，是原电器控制电路硬接线无法比拟的。

梯形图与电器控制系统的电路图很相似，很容易被工厂电气人员掌握，特别适用于开关量逻辑控制。梯形图常被称为电路或程序，梯形图的设计称为编程。

梯形图编程中，用到以下两个基本概念：

①软继电器。PLC 梯形图中的某些编程元件沿用了继电器这一名称，如输入继电器、输出继电器、内部辅助继电器等，但是它们不是真实的物理继电器，而是一些存储单元（软继电器），每一软继电器与 PLC 存储器中映像寄存器的一个存储单元相对应。如果该存储单元为"1"状态，则表示梯形图中对应软继电器的线圈"通电"，其常开触点接通，常闭触点断开，称这种状态是该软继电器的"1"或"ON"状态；如果该存储单元为"0"状态，对应软继电器的线圈和触点的状态与上述的相反，称这种状态是该软继电器的"0"或"OFF"状态。使用中也常将这些"软继电器"称为编程元件。

②母线。梯形图两侧的垂直公共线称为母线。在分析梯形图的逻辑关系时，为了借用继电器电路图的分析方法，可以想象左右两侧母线（左母线和右母线）之间有一个左正右负的直流电源电压。

梯形图程序由若干梯级组成，自上而下，从左向右编程。梯形图编程起于左母线—触点—线圈—止于右母线，右母线可省略，如图 3-6(a)所示。PLC 程序可以用指令助记符编程书写，形式为："步序号　指令助记符　操作元件号"，如图 3-6(b)所示。

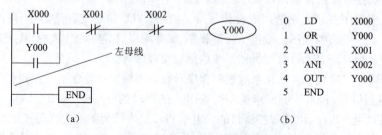

图 3-6　梯形图及指令程序

2)语句表语言

这种编程语言是一种与汇编语言类似的助记符编程表达方式。在 PLC 应用中,经常采用简易编程器,而这种编程器中没有 CRT 屏幕显示,或没有较大的液晶屏幕显示。因此,就用一系列 PLC 操作命令组成的语句表将梯形图描述出来,再通过简易编程器输入 PLC 中。

3)功能表图语言

功能表图语言(SFC 语言)是一种较新的编程方法,又称状态转移图语言。它将一个完整的控制过程分为若干阶段,各阶段具有不同的动作,阶段间有一定的转换条件,转换条件满足就实现阶段转移,上一阶段动作结束,下一阶段动作开始。用功能表图的方式来表达一个控制过程,对于顺序控制系统特别适用。

另外,还有逻辑功能图和高级语言等编程语言。

任务实现

识别 FX 系 PLC 类型及输入/输出端子

三菱公司的 PLC 是最早进入中国市场的产品。其小型机 FX 系列 PLC 具有庞大的家族。基本单元(主机)有 FX1N、FX1S、FX2N、FX2NC、FX3U、FX3UC、FX3G、FX3S、FX5U 等系列。每个系列又有 14、16、32、48、64、80、128 点等不同输入/输出点数的机型,每个系列还有继电器输出、晶体管输出、晶闸管输出三种输出形式。

FX 系列 PLC 型号命名的基本格式如下:

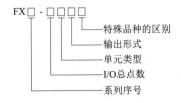

说明:

系列序号:1N、2N、2NC、3U、3UC、3G、3S、5U 等。

I/O 总点数:14~256。

单元类型:M 表示基本单元;   E 表示输入/输出混合扩展模块。
         EX 表示输入专用扩展模块;   EY 表示输出专用扩展模块。

输出形式:R 表示继电器输出;   T 表示晶体管输出;
         S 表示晶闸管输出。

特殊品种的区别:D 表示 DC 电源,DC 输入;   AI 表示 AC 电源,AC 输入;
         H 表示大电流输出扩展模块(1 A/点);   V 表示立式端子排的扩展模块;
         C 表示接插口输入/输出方式;   F 表示输入滤波器 1 ms 的扩展模块;
         L 表示 TTL 输入型扩展模块;   S 表示独立端子(无公共端)扩展模块。

例如:FX3U-48MT 含义是 FX3U 系列,输入/输出总点数为 48 点,晶体管输出的基本单元。

PLC 外形图如图 3-7 所示。编程接线插座边上有内置 RUN/STOP 开关。其内部采用总线结构进行数据和指令的传输。外部的各种信号送入 PLC 的输入接口,在 PLC 内部进行逻辑运算或数据处理,最后以输出变量的形式经输出接口,驱动输出设备进行各种控制。

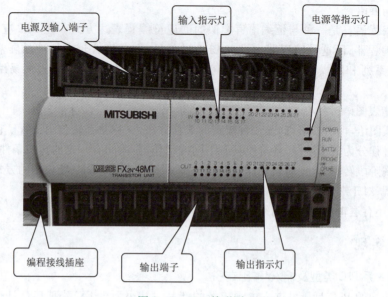

图 3-7 PLC 外形图

任务二 编程软件 GX Works2 的使用

任务描述

GX Works2 是三菱公司推出的应用于三菱 PLC 的综合编程软件,该软件可在 Windows XP 及以上操作系统中运行,用于 PLC 程序的设计、调试及维护。GX Works2 具有简单工程和结构化工程两种编程方式,支持梯形图、顺序功能图、结构化文本及结构化梯形图等编程语言,具有程序编辑、参数设定、网络设定、智能功能模块设置、程序监视、调试及在线更改等功能。

知识准备

双击桌面的 GX Works2 图标,或单击"开始"菜单中的 GX Works2,启动 GX Works2 软件,其界面如图 3-8 所示。GX Works2 的界面由标题栏、菜单栏、工具栏、导航窗口、工作窗口、部件选择窗口、管理窗口、状态栏等部分组成。在调试模式下,可打开远程运行窗口、数据监视窗口等。

1. 标题栏

标题栏标示编程软件的名称、打开的文件名及其路径。由于主界面中没有打开文件,所以没有显示文件名和路径。

2. 菜单栏

菜单栏给出了 GX Works2 的操作命令,包括工程、编辑、搜索/替换、转换/编译、视图、在线、调试、诊断、工具、窗口、帮助等菜单项。每个菜单包括各种命令和功能。

项目三 PLC基本指令应用

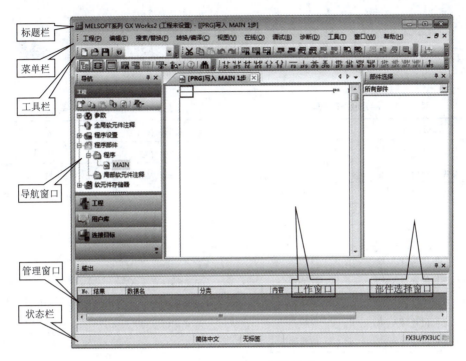

图3-8 GX Works2软件界面

3. 工具栏

工具栏中给出的是GX Works2的常用的快捷工具按钮。包括常用工具栏、PLC操作工具栏、PLC编程工具栏。

1) 常用工具栏

常用工具栏包含一些常常用到的指令,比如新建、打开、保存、剪切、复制、粘贴及向前后退等,如图3-9所示。

图3-9 常用工具栏

2) PLC操作工具栏

PLC操作工具栏包括操作PLC的常用工具,如PLC程序的写入读出、程序运行监视、转换、程序软件模拟等,如图3-10所示。

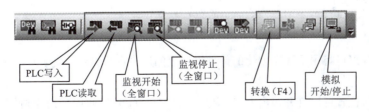

图3-10 PLC操作工具栏

3) PLC编程工具栏

PLC编程工具栏如图3-11所示,包括编辑程序用的梯形图符号,各符号的含义见表3-1、表3-2。编辑PLC程序中的各种注释命令和操作命令,如图3-12所示。

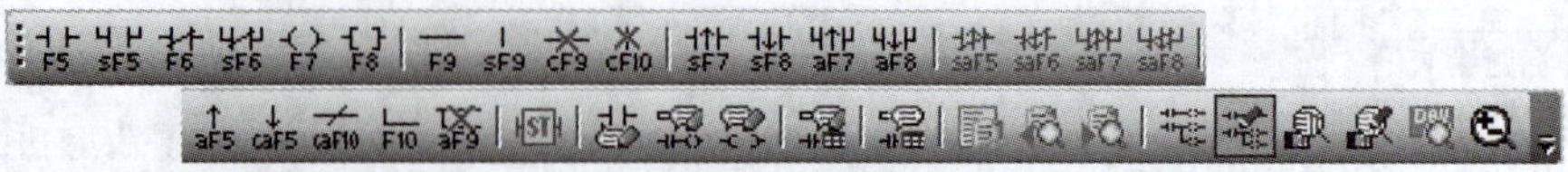

图 3-11 PLC 编程工具栏

表 3-1 梯形图符号含义

梯形图符号	含 义
在光标位置写入 F5	常开触点
在光标位置写入 F6	常闭触点
在光标位置写入 sF5	常开触点 OR
在光标位置写入 sF6	常闭触点 OR
在光标位置写入 F7	线圈
在光标位置写入 F8	应用指令
在光标位置写入 sF9	竖线输入
在光标位置写入 F9	横线输入
在光标位置写入 cF10	竖线删除
在光标位置写入 cF9	横线删除

表 3-2 脉冲触点符号含义

脉冲触点符号	含 义
在光标位置写入 sF7	上升沿脉冲
在光标位置写入 sF8	下降沿脉冲
在光标位置写入 aF7	并联上升沿脉冲
在光标位置写入 aF8	并联下降沿脉冲
在光标位置写入 saF5	上升沿脉冲否定
在光标位置写入 saF6	下降沿脉冲否定
在光标位置写入 saF7	并联上升沿脉冲否定
在光标位置写入 saF8	并联下降沿脉冲否定
在光标位置写入 caF10	运算结果取反
在光标位置写入 aF5	运算结果上升沿脉冲化
在光标位置写入 caF5	运算结果下降沿脉冲化

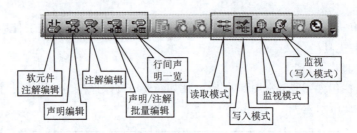

图 3-12 编辑 PLC 程序中的各种注释命令和操作命令

4. 导航窗口

导航窗口是将工程内容以树的形式显示的画面,可以通过导航窗口进行数据的新建及编辑画面的显示等。包括两部分:视窗内容显示区域,根据当前选择的视窗显示视窗的内容;视窗选择区域,对显示的视窗进行选择。

5. 工作窗口

工作窗口是进行程序编辑、参数设置、监视等的主画面。

6. 部件选择窗口

部件选择窗口将用于程序创建的部件以列表的形式进行显示。

7. 管理窗口

管理窗口位置可以打开输出窗口、交叉参照窗口、软元件使用列表窗口、监视窗口等窗口,用于支持工作窗口中执行的作业的画面。

8. 状态栏

状态栏在软件界面的底部,显示编辑中工程的相关信息,如所使用的 PLC 的系列信息、程序的步数等。

任务实现

1. 创建新工程

执行"工程"→"新建工程"命令,或单击工具栏中"新建"图标,在弹出的"新建工程"对话框中,如图3-13所示,在"工程类型"栏选择"简单工程",在"PLC系列"栏选择"FX-CPU",在"PLC 类型"栏选择"FX3U/FX3UC",在"程序语言"栏选择"梯形图",单击"确定"按钮,如图3-14所示,工程创建完毕。

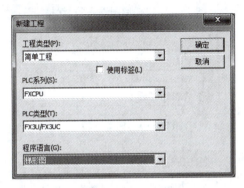

图3-13 "新建工程"对话框

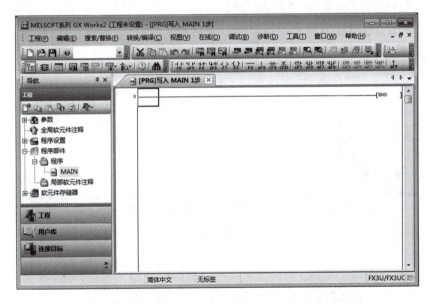

图3-14 新建工程

2. 梯形图程序的编制

梯形图程序的编制有梯形图输入法和指令输入法两种。指令输入法是直接在编辑区输入指令,因此录入速度较快,比较适合熟练者及程序的初次录入。这里只介绍梯形图输入法。有三种方法可以打开编辑放置程序的"梯形图输入"对话框:一是单击工具栏上的梯形图符号图标;二是按键盘上的快捷键,如【F5】键为常开触点;三是双击光标位置,打开梯形图输入对话框,再选择相应的触点或线圈。"梯形图输入"对话框如图3-15所示。输入所需的继电器符号,单击"确定"按钮,或按【Enter】键即可。程序编辑完成后,要选择菜单栏中的"转换/编译"→"转换"命令,如图3-16所示,或单击工具栏中的 图标,或按键盘上的【F4】键,对程序进行转换,程序编辑部分由灰色转换为白色才可。输入并编辑好的程序如图3-17所示,该程序为自锁电路。对程序的"转换"也是对程序的检查,如果程序有错误则不能进行"转换",直到查出错误并修正好程序才能正常"转换"。

图3-15 "梯形图输入"对话框

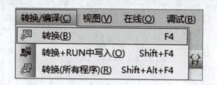

图3-16 梯形图转换

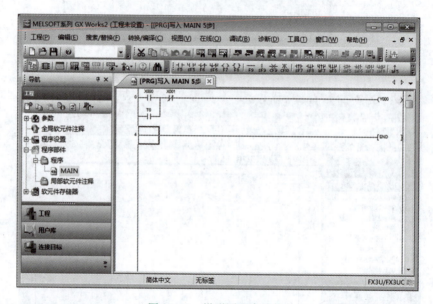

图3-17 梯形图程序编辑

定时器、计数器、基本指令的输入如图3-18所示。**注意**:符号之间要有空格。

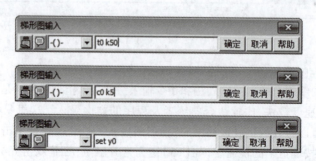

图3-18 定时器、计数器、基本指令输入

定时器、计数器、基本指令输入后在程序中的样式如图 3-19 所示。

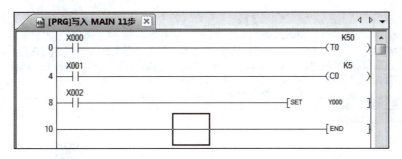

图 3-19　定时器、计数器、基本指令输入后在程序中的样式

3. 程序仿真模拟的使用方法

编制完程序之后可以在软件里模拟运行一下,看所编制的程序能否正常运行。GX Works2 具有仿真模拟功能。选择菜单栏中"调试"→"模拟开始/停止"命令,或单击工具栏"模拟开始/停止"按钮,启动仿真,在计算机上模拟运行 PLC 程序,如图 3-20 所示。

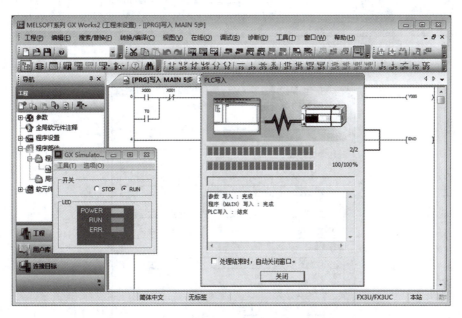

图 3-20　启动软件仿真

关闭"PLC 写入"对话框,RUN 指示灯亮起,程序进入模拟运行状态。从工作窗口可以看到程序中的常闭触点为蓝色状态,表明程序已进入监视状态,蓝色表示此点为接通状态。在工作窗口右击,弹出快捷菜单,如图 3-21 所示,选择"调试"→"当前值更改"命令,弹出"当前值更改"对话框,如图 3-22 所示。在"软元件/标签"栏输入 X0,或者单击工作窗口程序中的 X000 触点,该触点就会出现在"软元件/标签"栏,然后单击对话框中的 ON 按钮,再单击 OFF 按钮,相当于按了一次起动按钮,会看到程序中 Y000 线圈变蓝色,表示该线圈得电,并且 Y000 常开触点闭合自锁。单击工作窗口程序中的 X001 触点,该触点出现在"软元件/标签"栏,然后单击对话框中的 ON 按钮,再单击 OFF 按钮,相当于按了一次停止按钮,程序中 Y000 线圈变成无色,表示该线圈失电。完成了程序的仿真模拟,程序运行正常。

再次单击工具栏"模拟开始/停止"按钮，停止仿真。

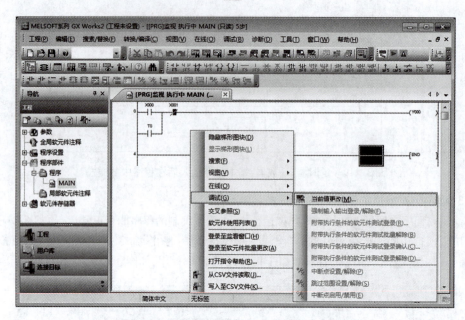

图 3-21 右击工作窗口弹出快捷菜单

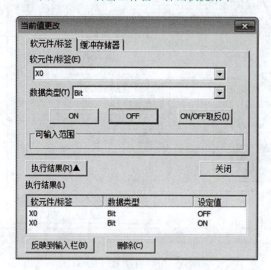

图 3-22 "当前值更改"对话框

4. 通信设置

编制完程序之后，需要将程序写入 PLC 里运行。首先把计算机与 PLC 通信线连接好。这里 PLC 采用的是 RS-232 转 USB 通信接口，所以，先要确定所连接的计算机通信接口。右击屏幕上的计算机图标，在弹出的快捷菜单中选择"管理"→"设备管理器"命令，双击"设备管理器"下的"端口"，在展现的端口中可以看到 PLC 所连接的计算机端口 COM1（随插入计算机的不同 USB 端口而变化，也可能是 COM3、COM5 等其他端口），如图 3-23 所示。

然后返回到 GX Works2 软件界面，单击导航栏下部的"连接目标"按钮，如图 3-24 所示。

项目三 PLC 基本指令应用

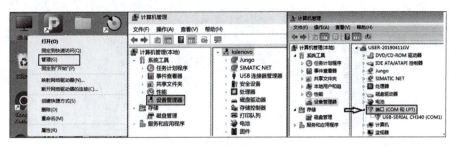

图 3-23 查找 PLC 所连计算机端口

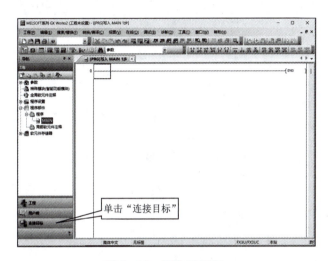

图 3-24 连接 PLC(1)

在导航栏上部展开"连接目标"页，双击"当前连接目标"下的"Connection1"，如图 3-25 所示。

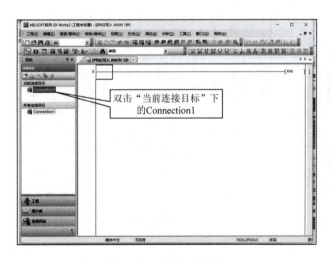

图 3-25 连接 PLC(2)

在打开的"连接目标设置"对话框中，双击左上角的 Serial USB 按钮，如图 3-26 所示。
在打开的"计算机侧 I/F 串行详细设置"对话框中，在"COM 端口"下拉，选中 COM1，然后单击"确定"按钮，如图 3-27 所示。返回到"连接目标设置"对话框。

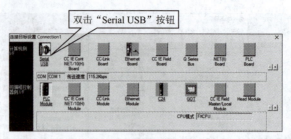

图 3-26 连接 PLC(3)

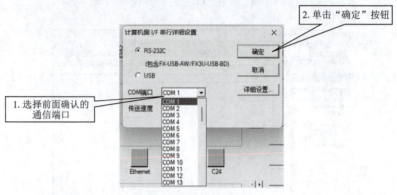

图 3-27 连接 PLC(4)

再单击下部的"确定"按钮,如图 3-28 所示,自动关闭"连接目标设置"对话框,完成计算机和 PLC 的通信连接设置。下一步就可以将所编程序写入 PLC 中去了。

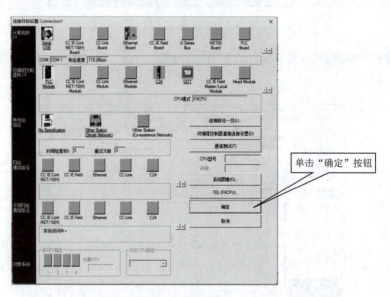

图 3-28 连接 PLC(5)

5. 程序写入

PLC 与计算机连接完成之后,选择菜单栏的"在线"→"PLC 写入"命令,或单击工具栏中的"PLC 写入"按钮,如图 3-29 所示。打开"在线数据操作"对话框,选择"程序",然后单击"执行"按钮,如图 3-30 所示。打开"PLC 写入"对话框,在其上的"MELSOFT 应用程序"页,问"执行远程停止后,是否执行 PLC 写入?",单击"是"按钮,如图 3-31 所示。

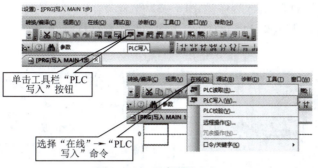

图 3-29　程序写入(1)

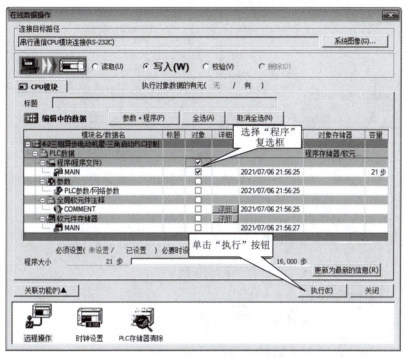

图 3-30　程序写入(2)

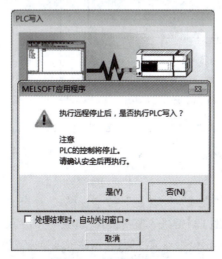

图 3-31　程序写入(3)

开始从计算机往 PLC 写入程序,如图 3-32 所示。

弹出对话框,问"PLC 处于停止状态。是否执行远程运行?",单击"是"按钮,如图 3-33 所示。

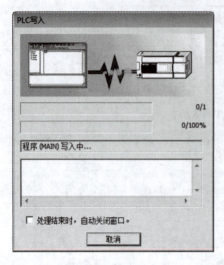 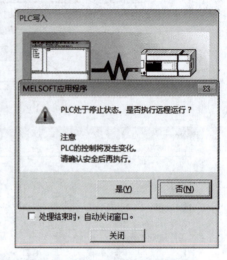

图 3-32 程序写入(4)　　　　图 3-33 程序写入(5)

PLC 程序写入完成。选中"处理结束时,自动关闭窗口"复选框,或单击"关闭"按钮,关闭"PLC 写入"对话框,如图 3-34 所示。

关闭"PLC 写入"对话框后,弹出已完成的对话框,单击"确定"按钮,如图 3-35 所示,结束程序写入。关闭"在线数据操作"对话框。

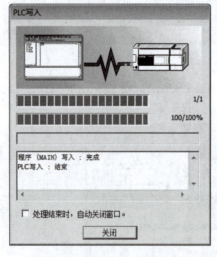 

图 3-34 程序写入(6)　　　　图 3-35 程序写入(7)

6. 监视

完成程序写入后,选择"在线"→"监视"→"监视模式"命令,如图 3-36 所示,或单击工具栏中的  按钮,或按键盘【F3】键进入监视模式,如图 3-37 所示,就可以监视程序的运行情况,便于程序调试。其中,深色触点或线圈,表示该触点接通或线圈得电。

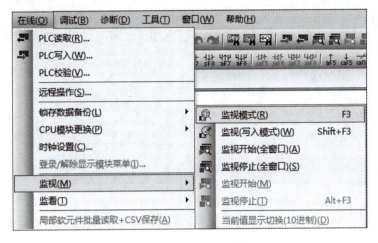

图 3-36　程序监视命令

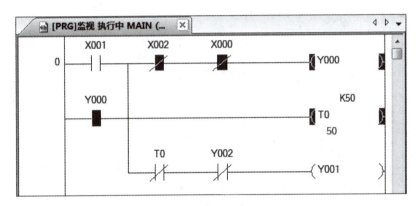

图 3-37　PLC 程序监视模式

7. 程序修改

监视状态无法修改程序,若想修改程序必须进入写入模式。单击工具栏中的  按钮或按键盘【F2】键,程序就进入写入模式,就可以修改程序了。

任务三　双速异步电动机 PLC 控制

任务描述

最常见的单绕组双速异步电动机,转速比等于磁极对数反比,如 2 极/4 极、4 极/8 极,从定子绕组△接法变为丫接法,磁极对数从 $p=2$ 变为 $p=1$,如图 3-38 所示。控制任务:当按下低速运行按钮 SB1 时,双速异步电动机低速运行(KM1 接通);当按下高速运行按钮 SB2 时,双速异步电动机先低速运行,5 s 后双速异步电动机进入高速运行(KM2、KM3 接通);当按下停止按钮 SB3 时,双速异步电动机停车。双速异步电动机电气控制原理图如图 3-39 所示。现将其改造为 PLC 控制电路。

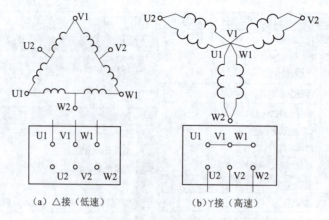

图 3-38 三相双速异步电动机定子绕组接线图

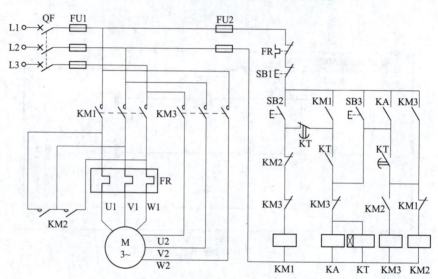

图 3-39 双速异步电动机电气控制原理图

知识准备

1. 输入/输出继电器(X,Y)

输入/输出继电器(X,Y)电路如图 3-40 所示。

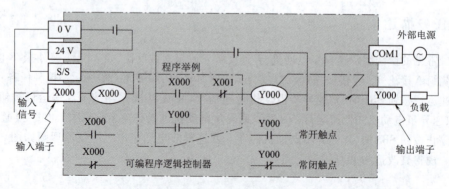

图 3-40 输入/输出继电器(X,Y)电路

1）输入继电器（X000~X007，X010~X017，X020~X027，…）

输入继电器用于 PLC 接收外界的输入信号，不能用程序驱动，只能由输入信号驱动。输入继电器的地址编号采用八进制，符号为 X，编号范围为 0~267。其常开触点和常闭触点的使用次数不限，在 PLC 内可以自由使用。

2）输出继电器（Y000~Y007，Y010~Y017，Y020~Y027，…）

输出继电器的功能用于供 PLC 将程序执行结果传送给外部负载。输出继电器只能用程序驱动。输出继电器地址编号采用八进制，符号为 Y，编号范围为 0~267。其常开触点和常闭触点的使用次数不限，在 PLC 内可以自由使用，但外部输出触点（输出元件）与内部触点的动作有所不同。

在 PLC 控制中，输入继电器 X 的线圈是虚拟的，并不真实存在，无论是在 PLC 实物上，还是在 PLC 梯形图中都是看不见的，是想象中的线圈。一旦外部控制点闭合，如按钮、行程开关等，虚拟线圈得电，用于梯形图程序控制的输入继电器 X 的常开触点闭合，常闭触点断开。而且在梯形图程序中使用的输入继电器的常开触点及常闭触点的数量不受限制。在梯形图程序中，其他继电器的常开触点及常闭触点使用数量同样不受限制，这给梯形图程序设计带来极大的方便。

当梯形图中输出继电器的线圈 Y 得电时，除梯形图中的输出继电器的常开触点闭合和常闭触点断开外，输出继电器的线圈 Y 控制的外部触点接通，外部控制灯点亮或外部接触器线圈得电。PLC 外部控制触点是真实存在的，或是继电器的触点，或是晶体管的集电结。

2. 辅助继电器（M）

辅助继电器（M）用于 PLC 内部编程，其线圈和触点只能在程序中使用，不能直接对外输入/输出，经常用作状态暂存等。辅助继电器采用十进制地址编号，符号为 M。

辅助继电器分为以下几类：

①通用辅助继电器 M0~M499（500 点）。

②断电保持辅助继电器 M500~M1023（524 点）。装有后备电池，用于保存停电前的状态，并在运行时再现该状态的情形。

③特殊辅助继电器 M8000~M8255（256 点）。系统规定了专门用途，使用时查产品说明书即可。线圈由 PLC 自行驱动，用户可直接利用触点，如 M8000（运行监控）、M8002（初始脉冲）、M8013（1 s 时钟脉冲）等。用户驱动线圈后，PLC 做特定的动作，如 M8033 指 PLC 停止时输出保持，M8034 指 PLC 禁止全部输出等。

3. 定时器（T）

定时器用于定时操作，起延时接通和断开电路的作用。定时器就是对 PLC 中的 1 ms、10 ms、100 ms 等时钟脉冲进行加法计算，当驱动线圈的信号接通时，当前值开始计时，当计时结果达到设定值时，相应的定时器软元件就动作。定时器结构由地址编号线圈、内部触点、设定值寄存器（字）或当前值寄存器（字）组成。定时器地址编号采用十进制，符号为 T。设定值等于计时脉冲的个数，用常数 K 设定（1~32 767）。分为通用型定时器和累计型定时器。

1）通用型定时器

通用型定时器的特点是不具备断电保持功能，即当输入电路断开或停电时定时器复位。工作原理如图 3-41 所示。

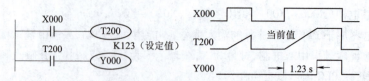

图 3－41　通用型定时器工作原理

①100 ms 通用型定时器(T0～T199)共 200 点,其中 T192～T199 为子程序和中断服务程序专用定时器。这类定时器是对 100 ms 时钟累积计数,设定值为 1～32 767,所以,其定时范围为 0.1～3 276.7 s。

②10 ms 通用型定时器(T200～T245)共 46 点。这类定时器是对 10 ms 时钟累积计数,设定值为 1～32 767,所以,其定时范围为 0.01～327.67 s。

③1 ms 通用型定时器(T256～T511)共 256 点。这类定时器是对 1 ms 时钟累积计数,设定值为 1～32 767,所以,其定时范围为 0.01～32.767 s。

2) 累计型定时器

累计型定时器具有计数累积的功能,又称积算定时器。在定时过程中如果断电或定时器线圈 OFF,积算定时器将保持当前的计数值(当前值),通电或定时器线圈 ON 后继续累积,即其当前值具有保持功能,只有将积算定时器复位,当前值才变为 0。工作原理如图 3－42 所示。

①1 ms 积算定时器(T246～T249)共 4 点,是对 1 ms 时钟脉冲进行累积计数的,定时的时间范围为 0.001～32.767 s。

②100 ms 积算定时器(T250～T255)共 6 点,是对 100 ms 时钟脉冲进行累积计数的,定时的时间范围为 0.1～3 276.7 s。

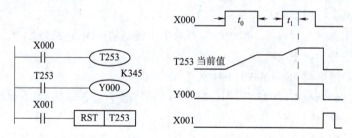

图 3－42　累计型定时器工作原理

4. FX 系列 PLC 基本指令

1) LD/LDI(取/取反指令)

功能:单个常开/常闭触点与母线(左母线、分支母线等)相连接,如图 3－43 所示。

操作元件:X、Y、M、T、C、S。

2) OUT[驱动线圈(输出)指令]

功能:驱动线圈。

操作元件:Y、M、T、C、S。

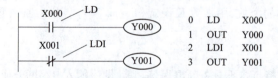

图 3－43　LD/LDI/OUT 指令的用法

3) AND/ANI(与/与反指令)

功能:串联单个常开/常闭触点,如图 3-44 所示。

4) OR/ORI(或/或反指令)

功能:并联单个常开/常闭触点,如图 3-44 所示。

5) END(结束指令)

放在全部程序结束处,程序运行时执行第一步至 END 之间的程序,如图 3-44 所示。

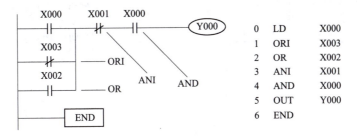

图 3-44　AND/ANI、OR/ORI、END 指令的用法

6) ANB(与块指令)

功能:串联一个并联电路块,无操作元件,如图 3-45 所示。

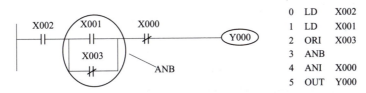

图 3-45　ANB 指令的用法

7) ORB(或块指令)

功能:并联一个串联电路块,无操作元件,如图 3-46 所示。

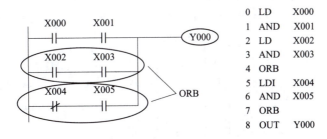

图 3-46　ORB 指令的用法

8) MPS/MRD/MPP[多重输出指令(堆栈操作指令)]

PLC 中有 11 个堆栈存储器,用于存储中间结果,如图 3-47 所示。

堆栈存储器的操作规则:先进栈的后出栈,后进栈的先出栈。

MPS(进栈指令):数据压入堆栈的最上面一层,栈内原有的数据依次下移一层。

MRD(读栈指令):用于读出最上层的数据,栈中各层内容不发生变化。

MPP(出栈指令):弹出最上层的数据,其他各层的内容依次上移一层。

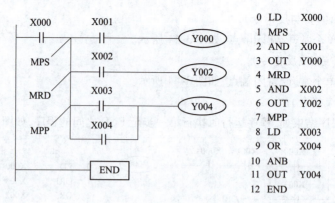

图 3-47 堆栈操作指令的用法

任务实现

1. I/O 分配

输入：

X000——停止按钮 SB1；

X001——低速运行按钮 SB2；

X002——高速运行按钮 SB3；

X003——热继电器 FR。

输出：

Y000——低速运行（△接）接触器 KM1；

Y001——高速运行（YY接）接触器 KM2；

Y002——高速运行（电源）接触器 KM3。

2. 绘制双速异步电动机控制 PLC 的 I/O 接线图

双速异步电动机控制 PLC 的 I/O 接线图如图 3-48 所示。这里主电路未绘出，PLC 取代的是继电器-接触器的控制电路，不是主电路，本书后面也将省略主电路。双速异步电动机的低速和高速控制不允许同时工作，所以 PLC 外部接线采用了互锁控制。

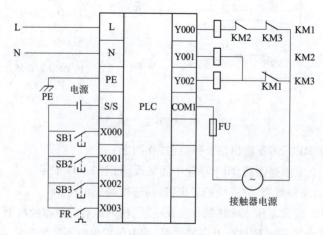

图 3-48 双速异步电动机控制 PLC 接线图

3. 编制双速异步电动机 PLC 控制的梯形图程序

双速异步电动机 PLC 控制梯形图程序如图 3-49 所示。

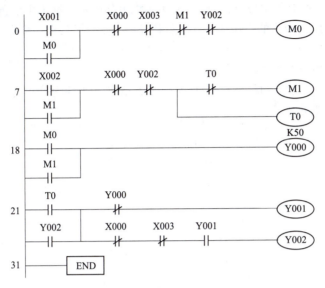

图 3-49 双速异步电动机 PLC 控制梯形图程序

4. 程序分析

①步 0～步 7，按下低速运行按钮 SB2，X001 接通，M0 得电并自锁，步 19～步 22 中 M0 常开触点闭合，Y000 得电，双速异步电动机低速运行。

②步 7～步 18，按下高速运行按钮 SB3，X002 接通，M1 得电并自锁，步 19～步 22 中 M1 常开触点闭合，Y000 得电，双速异步电动机低速运行。同时，定时器 T0 得电工作。

③步 18～步 21，低速运行或高速起动时，M0 或 M1 常开触点闭合，Y000 得电，双速异步电动机低速运行。

④步 21～步 31，定时器 T0 时间到，步 8～步 19 中的 M1 常闭触点断开，M1 失电，M1 常开触点断开，Y000 失电，双速异步电动机停止低速运行。T0 常开触点闭合，Y001 得电，Y001 常开触点闭合，Y002 得电并自锁，双速异步电动机高速运行。

⑤按下停止按钮 SB0，X000 断开或电动机过载，热继电器 FR 接通，X006 断开，M0、M1、Y000、Y001、Y002 失电，双速异步电动机停止低速或高速的运行。

双速电动机
PLC控制

5. 程序调试

接好线，下载好程序，调试时，将 PLC 软件界面设置为监控状态。调试中每一步要注意监控程序中各个点及线圈的变化。调试时，一定要软硬件对照调试，这样才能发现问题，及时修改程序。调试步骤中，触点为蓝色的开关为接通状态，否则为断开状态；继电器为蓝色的状态为通电状态，否则为断电状态。通过扫描书中的二维码可以获得调试步骤参考视频。后续项目中的程序调试皆如此。

任务四 全自动洗衣机 PLC 控制系统

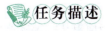 任务描述

全自动洗衣机控制示意图，如图 3-50 所示。按下起动按钮，洗衣机的进水阀门打开，

开始进水。当水位达到高水位时,高水位开关动作,停止进水,洗衣机开始正转洗涤,正转洗涤 10 s 后,暂停 3 s,然后反转洗涤 10 s,暂停 3 s 后,重新开始正转洗涤,这样循环 30 次后,开始排水。水位下降到低水位时,低水位开关动作,开始脱水并继续排水,60 s 后脱水结束,即完成一次从进水到脱水的大循环过程。重新开始上水、洗涤,大循环完成 3 次后,进行洗涤结束报警,报警 5 s 后结束全部过程,自动停机。

按下停止按钮或发生过载,所有动作立刻停止。

按下排水按钮,只进行脱水动作。低水位开关动作,开始脱水并排水,60 s 后脱水结束并报警,报警 5 s 后自动停机。

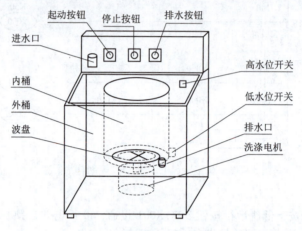

图 3-50 全自动洗衣机示意图

知识准备

1. 置位、复位指令

SET:置位指令;RST:复位指令。

功能:SET 使操作元件置位(接通并自保),RST 使操作元件复位。工作原理如图 3-51 所示。

注意:当 SET 和 RST 信号同时接通时,RST 指令有效。

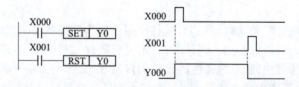

图 3-51 SET/RST(置位/复位)指令基本编程应用

2. PLC 的计数器 C

计数器的功能是对内部元件 X、Y、M、S、T、C 的信号进行计数。计数器由线圈、触点、设定值寄存器、当前值寄存器构成。计数器地址编号采用十进制,符号为 C,计数器地址编号为 C0~C255。计数器设定值等于计数脉冲的个数,用常数 K 设定。

原理:计数信号每接通一次(上升沿到来),加计数器的当前值加 1,当前值达到设定值时,计数器触点动作;复位信号接通时计数器复位。

计数器处于复位状态时,当前值清 0,触点复位且不计数。

1)16 位低速计数器

通用加计数器:C0~C99(100 点);设定值区间为 K1~K32767。通用 16 位加计数器计数过程如图 3-52 所示。

停电保持加计数器:C100~C199(100 点);设定值区间为 K1~K32767。

特点:停电保持加计数器在外界停电后能保持当前计数值不变,恢复来电时能累计计数。

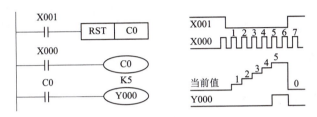

图 3-52　通用 16 位加计数器计数过程

2)32 位加减双向计数器

通用加减双向计数器:C200~C219(20 点)。

保持加减双向计数器:C220~C234(15 点)。

32 位加减双向计数器,设定值 -K2147483648~K2147483647,计数方向由特殊辅助继电器 M8200~M8234 设定。

加减计数方式设定:对于 C△△△,当 M8△△△接通(置1)时,为减计数器;断开(置0)时,为加计数器。(△△△表示加减双向计数器和特殊继电器后三位编号)

计数值设定:直接用常数 K 或间接用数据寄存器 D 的内容作为计数值。间接设定时,要用元件号紧连在一起的两个数据寄存器。32 位加减双向计数器梯形图及计数过程如图 3-53、图 3-54 所示。

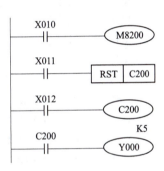

图 3-53　32 位加减双向计数器梯形图

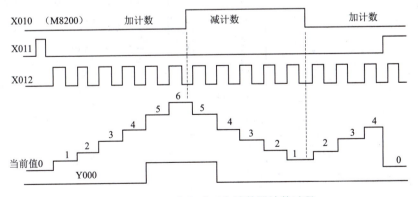

图 3-54　32 位加减双向计数器计数过程

3)通用计数器

通用计数器的自复位电路如图 3-55 所示。

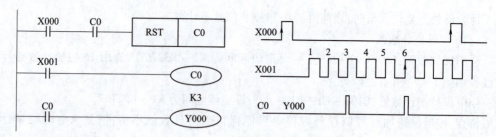

图 3-55 通用计数器的自复位电路

任务实现

1. I/O 地址分配

输入：

X000——起动按钮 SB1；

X001——停止按钮 SB2；

X002——排水按钮 SB3；

X003——高水位开关 SQ1；

X004——低水位开关 SQ2；

X005——过载保护 FR。

输出：

Y000——电动机正转控制接触器 KM1；

Y001——电动机反转控制接触器 KM2；

Y002——进水电磁阀 YV1；

Y003——排水电磁阀 YV2；

Y004——报警蜂鸣器 HA。

2. 全自动洗衣机控制系统 PLC 的 I/O 接线图

全自动洗衣机控制系统 PLC 的 I/O 接线图如图 3-56 所示。

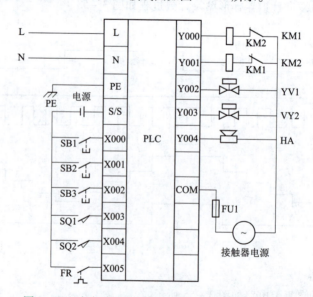

图 3-56 全自动洗衣机控制系统 PLC 的 I/O 接线图

3. 全自动洗衣机控制系统 PLC 梯形图程序

全自动洗衣机控制系统 PLC 梯形图程序如图 3-57 所示。

4. 程序分析

①步 0～步 3，按下起动按钮 SB1，X000 常开触点接通，M0 置位，M1 复位，洗衣机起动。

②步 3～步 12，按下停止按钮 SB2，X001 常开触点接通；或发生过载，X005 常开触点接通；或洗涤结束，定时器 T5 常开触点接通，均使 M0 复位，M1 置位，计数器 C0、C1 复位，洗衣机停止工作。

③步 12～步 16，按下脱水按钮 SB3，X002 常开触点接通，M3 置位，M1 复位，洗衣机只进行脱水工作。如果在洗涤期间，M0 常闭触点断开，不能进行单独脱水工作。

④步 16～步 18，T4 定时时间到，T4 常开触点接通，单独脱水工作结束，M3 复位。

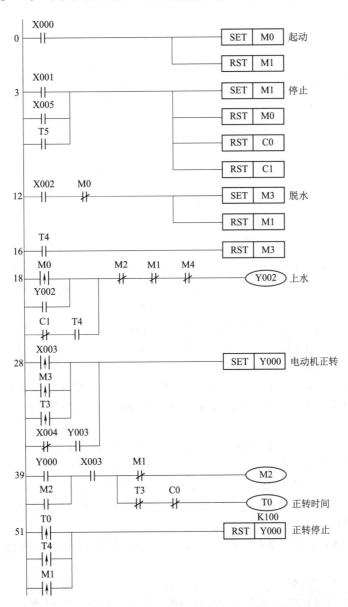

图 3-57 全自动洗衣机控制系统 PLC 梯形图程序

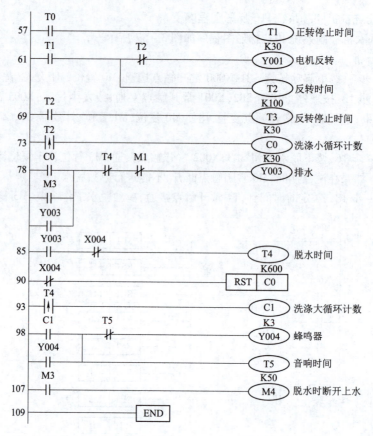

图 3-57　全自动洗衣机控制系统 PLC 梯形图程序(续)

⑤步 18～步 28,按下起动按钮后,M0 置位,M0 常开触点接通,Y002 得电,打开上水电磁阀 YV1,洗衣机开始上水,Y002 常开触点闭合自锁。按下停止按钮,M1 置位,M1 常闭触点断开,停止上水。上水结束,电动机工作,M2 常闭触点断开,停止上水。单独脱水期间,M4 常闭触点断开,禁止上水。洗涤未结束,亦即大循环未结束,C1 常闭触点闭合,当脱水定时器时间到,T4 常开触点接通,再次起动上水,继续洗涤。大循环未结束,亦即洗涤未结束,C1 常闭触点断开,不能再继续上水。

⑥步 28～步 39,上水结束,水位上限开关 SQ1 动作,X003 常开触点接通;或者,按下脱水按钮脱水时,M3 常开触点接通;或者,脱水定时器时间到,T4 常开触点接通,置位 Y000,接触器 KM1 得电,电动机正转,洗衣机进行洗涤或排水。

⑦步 39～步 51,上水结束,Y000、X003 常开触点接通,M2 得电自锁。步 18～步 28 中的 M2 常闭触点断开,停止上水。T0 得电,为电动机正转洗涤时间控制。

⑧步 51～步 57,正转洗涤时间到,T0 常开触点接通;或者,脱水定时器时间到,T4 常开触点接通;或者,按下停止按钮,M1 置位,M1 常开触点接通,复位 Y000,电动机停止工作,洗衣机停止洗涤或排水。

⑨步 57～步 61,正转洗涤时间到,T0 常开触点接通,T1 定时器得电,控制正转洗涤停止时间。

⑩步 61～步 69,正转停止时间到,T1 常开触点接通,Y001 得电,电动机反转,洗衣机进行反转洗涤。T2 定时器得电,控制反转洗涤时间,反转洗涤时间到,T2 常闭触点断开,Y001 失电,电动机停止反转,洗衣机停止反转洗涤。

⑪步69～步73，反转洗涤时间到，T2常开触点接通，T3定时器得电，控制反转洗涤停止时间。

⑫步73～步78，T2常开触点接通，C0计数，C0为洗衣机单次洗涤电动机正反转循环次数控制。

⑬步78～步85，洗衣机单次洗涤循环计数结束，C0计数到；或者，按下脱水按钮，M3常开触点接通，Y003得电，排水电磁阀YV2动作，洗衣机开始排水。脱水时间到，T4常闭触点断开；或者，按下停止按钮，M1置位，M1常闭触点断开，洗衣机停止排水。

⑭步85～步90，Y000得电，洗衣机排水降到低水位，低水位开关SQ2复位，X004常闭触点接通，脱水定时器T4得电，控制洗衣机脱水时间。

⑮步90～步93，洗衣机排水降到低水位，X004常闭触点接通，对计数器C0复位。

⑯步93～步98，脱水时间到，定时器T4常开触点接通，C1计数，C1为洗衣机洗涤循环次数控制。

⑰步98～步107，C1计数次数到，洗衣机洗涤结束，接通Y004并自锁，蜂鸣器报警，提示洗涤结束。定时器T5得电，控制蜂鸣器报警时间。T5时间到，T5常闭触点断开，Y004失电，结束报警。

⑱步107～步109，按下脱水按钮，M3常开触点接通，M4得电。步18～步28中的M4常闭触点断开，断开Y002，防止洗衣机脱水时上水。

5. 程序调试

按照程序图编写和调试程序。

任务五　锅炉房小车送煤PLC控制

任务描述

锅炉房小车送煤示意图如图3-58所示。控制要求：手动控制时，按下正向起动按钮时小车正向向煤场运行，按下停止按钮或碰到行程开关SQ1，小车停止；按下反向起动按钮时小车反向向锅炉房运行，按下停止按钮或碰到行程开关SQ2，小车停止。自动控制时，无论按下正向起动按钮还是按下反向起动按钮，小车首先均向煤场方向运行，碰到SQ1，小车停止，开始装煤。装煤完成后向锅炉房方向运行，碰到SQ2，小车停止，开始卸煤，卸完煤又开始向煤场运行，周而复始。装煤和卸煤由时间来控制。无论小车运行到何位置，向何方向运行，按下停止按钮，小车都会停止。自动控制时，按起动按钮，小车连续运行5次后自动停止。

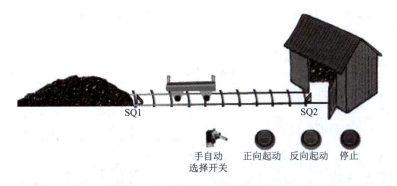

图3-58　锅炉房小车送煤示意图

知识准备

1. 主控及主控复位指令 MC、MCR

主控指令(MC)用于公共串联触点的连接。主控复位指令(MCR)用于公共串联触点的清除。

主控指令后,母线移到主控触点后,MCR 为将其返回原母线的指令。通过更改软元件地址号 Y,M,可多次使用主控指令,但不同的主控指令不能使用同一软件号,否则就双线圈输出。MC、MCR 指令的应用如图 3-59 所示,当 X000 未接通时,不执行从 MC 到 MCR 的指令;当 X000 接通时,直接执行从 MC 到 MCR 的指令。输入 X000 断开时,能保持当前状态是积算定时器、计数器、用置位/复位指令驱动的软元件。变为 OFF 的是非积算定时器、用 OUT 指令驱动的软元件。

在没有嵌套结构时,通用 N0 编程。N0 的使用次数没有限制。有嵌套结构时,嵌套级 N 的地址号增大,即 N0→N1→N2→N3→N4→N5→…→N7。在将指令返回时,采用 MCR 指令,则从大的嵌套级开始消除,如图 3-60 所示。

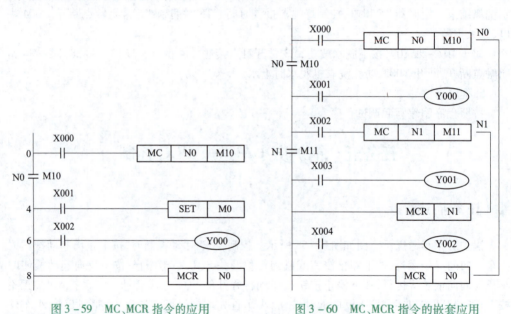

图 3-59　MC、MCR 指令的应用　　　　图 3-60　MC、MCR 指令的嵌套应用

2. 微分指令

脉冲输出指令:PLS(上升沿微分指令)、PLF(下降沿微分指令)。

功能:当驱动信号的上升沿到来时,执行 PLS 指令时,操作元件接通一个扫描周期。当驱动信号的下降沿到来时,执行 PLF 指令时,操作元件接通一个扫描周期。工作原理如图 3-61 所示。

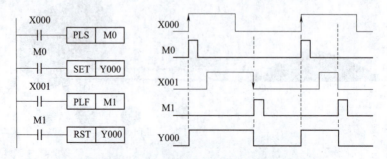

图 3-61　脉冲输出指令 PLS/PLF 编程应用

另外,脉冲输出触点 ─|↑|─ 、─|↓|─ ,使该触点具有接通一个扫描周期的功能。

任务实现

1. I/O 分配
输入:
X000——手动、自动切换开关 SA;
X001——正向起动按钮 SB1;
X002——反向起动按钮 SB2;
X003——停止按钮 SB3;
X004——煤场停车行程开关 SQ1;
X005——锅炉房停车行程开关 SQ2。
输出:
Y000——电动机正转接触器(向煤场运行)KM1;
Y001——电动机反转接触器(向锅炉房运行)KM2。

2. 绘制锅炉房小车送煤控制 PLC 的 I/O 接线图
锅炉房小车送煤控制 PLC 的 I/O 接线图如图 3-62 所示。

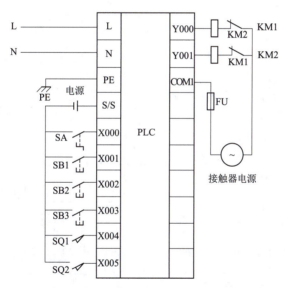

图 3-62　锅炉房小车送煤控制 PLC 的 I/O 接线图

3. 编写锅炉房小车送煤控制 PLC 梯形图程序
锅炉房小车送煤控制 PLC 梯形图程序,如图 3-63 所示。

4. 程序分析
①步 0 ~ 步 4,合上开关 SA,输入继电器 X000 常开触点接通延时,执行主控指令 MC N0 至 MCR N0 之间程序段,该段为手动控制程序段。

②步 4 ~ 步 10,小车手动正向运行控制。按下 SB1,输入继电器 X001 常开触点接通,辅助继电器 M1 得电并自锁,控制小车正向运行。

③步 10 ~ 步 16,小车手动反向运行控制。按下 SB2,输入继电器 X002 常开触点接通,辅助继电器 M2 得电并自锁,控制小车反向运行。

锅炉房小车送煤

无论正向运行还是反向运行,按下停止按钮 SB3,X003 常闭触点断开,或发生过载,热继电器 FR 动作,X004 常闭触点断开,或行程到终点,行程开关 SQ1 动作,X005 常闭触点断开,M1 失电,小车停止运行。

④步 16 ~ 步 18,执行 MCR N0 指令,N0 主控程序段结束。

⑤步 18 ~ 步 22,断开开关 SA,输入继电器 X000 常闭触点接通,执行主控指令 MC N1 至 MCR N1 之间程序段,该段为自动控制程序段。

⑥步 22 ~ 步 30,按下停止按钮 SB3,X003 常开触点接通,或系统循环工作结束,C0 常开触点接通,复位 M11、M12、M13、M14、C0 等辅助继电器和计数器,小车停止运行。

⑦步 30 ~ 步 35,无论按下正向起动按钮 SB1 还是按下反向起动按钮 SB2,X001 常开触点或 X002 常开触点接通,置位 M13,系统起动,小车都正向运行。

⑧步 35 ~ 步 42,M13 常开触点接通,或在 M13 触点接通的情况下,小车在锅炉房位置卸煤时间到,T1 常开触点接通,置位 M14,小车正向运行。

⑨步 42 ~ 步 45,小车正向运行到终点,碰到 SQ1,X004 常开触点接通,复位 M11,小车停止正向运行。

⑩步 45 ~ 步 50,X004 常开触点接通,系统自动工作运行时,M13 触点接通,小车开始装煤,装煤由定时器 T0 控制,时间为 3 s。

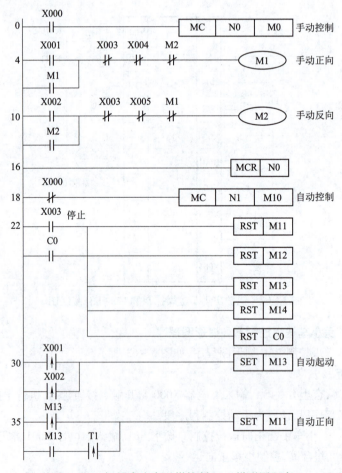

图 3-63 锅炉房小车送煤控制 PLC 梯形图程序

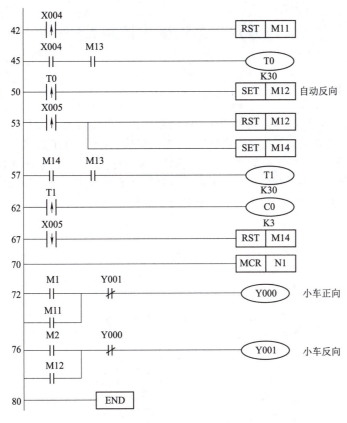

图 3-63 锅炉房小车送煤控制 PLC 梯形图程序(续)

⑪步 50～步 53,T0 延时时间到,亦即小车装煤完成,T0 常开触点接通,置位 M12,小车自动反向向锅炉房方向运行。

⑫步 53～步 57,小车反向运行到终点,碰到 SQ2,X005 常开触点接通,复位 M12,小车停止正向运行。同时置位 M14。

⑬步 57～步 62,X005 常开触点接通,M14 触点接通,小车开始卸煤,卸煤由定时器 T1 控制,时间为 3 s。

⑭步 62～步 67,T1 延时时间到,T1 常开触点接通,计数器 C0 加 1,表示小车完成一次运煤工作。T1 延时时间到,T1 常开触点接通,在步 38～步 45 计数器中置位 M11,小车再次正向运行。

⑮步 67～步 70,小车正向运行,离开 SQ2,X005 常开触点断开,复位 M14。

⑯步 70～步 72,执行 MCR N1 指令,N1 主控程序段结束。

⑰步 72～步 76,M1 常开触点或 M11 常开触点接通,输出继电器 Y000 得电,小车正向运行。

⑱步 76～步 80,M2 常开触点或 M12 常开触点接通,输出继电器 Y001 得电,小车反向运行。

⑲步 80,程序结束。

5. 程序调试

按照程序图编写和调试程序。

任务六　燃油锅炉控制系统

任务描述

某燃油锅炉控制结构示意图如图3-64所示。燃油经燃油预热器预热,由喷油泵经喷油口打入锅炉进行燃烧。燃烧时鼓风机送风,喷油口喷油;点火变压器接通(子火燃烧),瓦斯阀打开(母火燃烧),将燃油点燃。点火完毕后,关闭子火与母火,继续送风和喷油,使燃烧继续进行。锅炉的进水和排水分别由进水阀和排水阀来执行。上、下水位分别由水位上限开关、水位下限开关来检测,水位上限及下限开关当液面淹没时为ON。

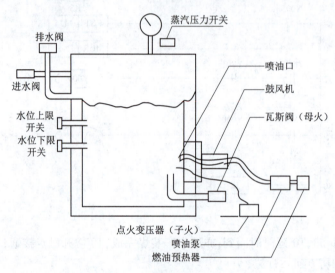

图3-64　燃油锅炉控制结构示意图

控制要求:
①起动。该锅炉的燃烧按一定的时间间隔顺序起燃,锅炉起燃顺序示意图如图3-65所示。

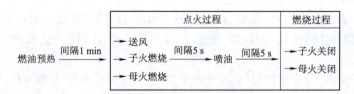

图3-65　锅炉起燃顺序示意图

②停止。停止燃烧时,就是清炉过程。清炉过程如图3-66所示。

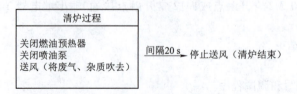

图3-66　清炉过程示意图

③异常情况自动关火。锅炉燃烧过程中,当出现异常情况时(即蒸汽压力超过允许值,或水位超过上限,或水位低于下限),能自动关火进行清炉。异常情况消失后,又能自动按起燃顺序重新点火燃烧。具体过程如图 3 – 67 所示。

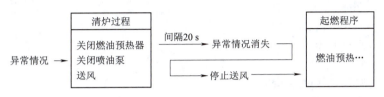

图 3 – 67 锅炉异常情况处理示意图

④锅炉水位控制。锅炉起动后,当水位低于下限时,进水阀门打开,排水阀门关闭。当水位高于上限时,排水阀门打开,进水阀门关闭。

知识准备

I/O 的选择方法

1) 确定 I/O 点数

有助于识别 PLC 的最低限制因素,要考虑未来扩充和备用(典型 10% ~20% 备用)的需要。

2) 离散输入/输出

标准的输入/输出接口可用于从传感器和开关(如按钮、限位开关等)及控制设备(如指示灯、报警器、电动机起动器等)接收信号。典型的交流输入/输出量程为 24 ~240 V,直流输入/输出为 5 ~240 V。

若输入/输出设备由不同电源供电,应当有带隔离的公共线路。

3) 模拟输入/输出

模拟输入/输出接口是用来感知传感器产生的信号的。这些接口测量流量、温度和压力的数量值,并用于控制电压或电流输出设备。典型接口量程为 –10 ~ +10 V,0 ~10 V,4 ~20 mA 或 10 ~50 mA。

4) 特殊功能输入/输出

在选择一个 PLC 时,用户可能会面临着需要一些特殊类型的且不能用标准 I/O 实现的 I/O 限定(如定位、快速输入、频率等)的情况。用户应当考虑厂家是否提供一些特殊的有助于最大限度减小控制作用的模块。

5) 智能式输入/输出

所谓智能式输入/输出模块,就是模块本身带有处理器,对输入或输出信号做预先规定的处理,将其处理结果送入中央处理机或直接输出,这样可提高 PLC 的处理速度和节省存储器的容量。

智能式输入/输出模块有:高速计数器、凸轮模拟器、带速度补偿的凸轮模拟器、单回路或多回路的 PID 调节器、RS-232/422 接口模块等。

任务实现

1. I/O 地址分配

输入:

X000——起动按钮 SB1;

X001——停止按钮 SB2;

X002——蒸汽压力开关 KP;

X003——水位上限开关 SL1；
X004——水位下限开关 SL2。
输出：
Y000——燃油预热器接触器 KM1；
Y001——鼓风机接触器 KM2；
Y002——点火变压器接触器 KM3；
Y003——瓦斯阀 YV1；
Y004——喷油泵接触器 KM4；
Y005——进水阀 YV2；
Y006——出水阀 YV3。

2. 绘制燃油锅炉控制系统 PLC 的 I/O 接线图

燃油锅炉控制系统 PLC 的 I/O 接线图如图 3 – 68 所示。

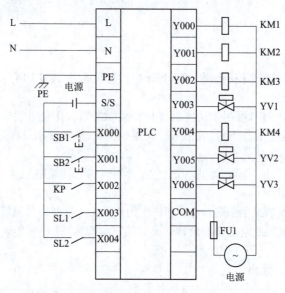

图 3 – 68　燃油锅炉控制系统 PLC 的 I/O 接线图

燃油锅炉控制系统

3. 编写燃油锅炉控制系统 PLC 梯形图程序

燃油锅炉控制系统 PLC 梯形图程序如图 3 – 69 所示。

4. 程序分析

①步 0 ~ 步 4，按下起动按钮 SB1，X000 接通，M0 得电并自锁。按下停止按钮 SB2，X001 接通，使 M0 失电。

②步 4 ~ 步 9，M0 常开触点接通，在正常情况下，即蒸汽压力不超过允许值，水位高于下限，低于上限，X002、X003 常闭触点、X004 常开触点接通，M1 得电，锅炉工作正常。

③步 9 ~ 步 16，M1 常开触点接通，Y000 得电，燃油开始预热，定时器 T0 开始计时，1 min 以后，T0 常开触点接通，M2 得电。

④步 16 ~ 步 26，M2 常开触点接通，Y001 得电，鼓风机开始送风；随即 Y002、Y003 得电，接通点火变压器和打开瓦斯阀，使子火燃烧和母火燃烧，定时器 T1 开始计时。

⑤步 26 ~ 步 31，T1 的计时时间到，T1 常开触点接通，Y004 得电，打开喷油泵，喷油燃烧，定时器 T2 开始计时。T2 的计时时间到，步 16 ~ 步 26 中 T2 的常闭触点断开，使 Y002 和 Y003 均失电，将子火和母火关闭，继续燃烧。

⑥步31～步41，出现异常情况时，蒸汽压力超过允许值，或水位超过上限，或水位低于下限时，M1 断开，M3 得电，T3 开始计时，Y000、Y002、Y003、Y004 均失电断开，停止子火燃烧、母火燃烧及喷油，只有 Y001 得电，进行清炉送风。当 T3 的计时时间到时，M3 失电断开，步 16～步 26 中的 M3 常闭触点断开，Y001 失电，停止清炉送风。待异常情况消失后，M1 得电，又从燃油预热开始，按起燃程序进行工作。

⑦步 41～步 50，锅炉水位控制。锅炉工作起动后，当水位低于下限时，SL2 断开，使 X004 断开，其常闭触点闭合，使 Y005 得电，断开排水阀，打开进水阀。当水位高于上限时，SL1 接通，使 X003 接通，其常开触点闭合，使 Y006 得电，断开进水阀，打开排水阀。

停止时，按下停止按钮，X001 接通，使 M0、M1 均失电，断开燃油预热接触器。停止燃油预热，定时器 T0、T1 复位，T3 开始计时。

当 X001 接通时，M3 得电，使 Y001 继续得电，进行清炉送风；使 Y004 断开失电，断开喷油泵，停止喷油。当 T3 的计时时间到，M3 断开，停止清炉送风，清炉完毕。

5. 程序调试

按照程序图编写和调试程序。

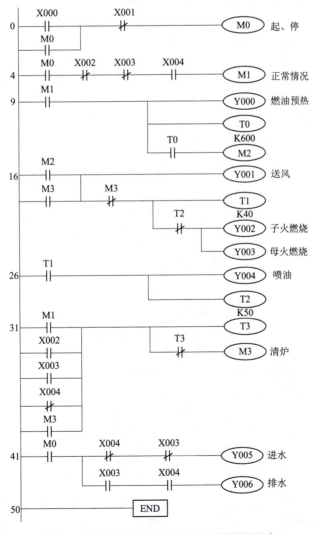

图 3-69　燃油锅炉控制系统 PLC 梯形图程序

任务七 多种液体自动混合装置的 PLC 控制

任务描述

如图 3-70 所示,初始状态容器是空的,YV1、YV2、YV3、YV4 电磁阀均为 OFF,搅拌电动机 M 停止,液面传感器 SL1、SL2、SL3 均为 OFF。

起动操作。按下起动按钮,开始下列操作:

①电磁阀 YV1 闭合(YV1 = ON),开始注入液体 A,至液面高度为 SL3(SL3 = ON)时,停止注入液体 A(YV1 = OFF),同时开启液体 B 电磁阀 YV2(YV2 = ON)注入液体 B,当液面高度为 SL2(SL2 = ON)时,停止注入液体 B(YV2 = OFF),同时开启液体 C 电磁阀 YV3(YV3 = ON)注入液体 C,当液面高度为 SL1(SL1 = ON)时,停止注入液体 C(YV3 = OFF)。

②停止液体 C 注入后,开启搅拌机 M(M = ON),搅拌混合时间为 30 s。

③停止搅拌后,电炉 EH 开始加热(EH = ON)。当混合液温度达到某一指定值时,温度传感器 ST 动作(ST = ON),加热器 H 停止加热(H = OFF)。

④开始放出混合液体(YV4 = ON),至液面高度降为 SL3 后,再经 4 s 停止放出(YV4 = OFF)。

停止操作。按下停止按钮后,系统并不立即停止工作,而是完成整体工作回到初始状态,只是不再循环。

本任务采用 PLC 实现多种液体自动混合装置的控制。用到了 PLC 辅助继电器 M。通过本任务,学习 PLC 辅助继电器 M 的使用及梯形图的编程规则。

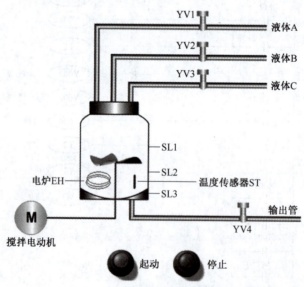

图 3-70 多种液体自动混合搅拌装置示意图

知识准备

梯形图的编程规则

尽管梯形图与继电器电路图在结构形式、元件符号及逻辑控制功能等方面相类似,但它们又有许多不同之处,梯形图具有自己的编程规则。

①每一逻辑行总是起于左母线,然后是触点的连接,最后终止于线圈或右母线(右母线可以不画出)。注意:左母线与线圈之间一定要有触点,而线圈与右母线之间则不能有任何触点。

②梯形图中的触点可以任意串联或并联,但继电器线圈只能并联而不能串联。

③触点的使用次数不受限制。

④一般情况下,在梯形图中同一线圈只能出现一次。如果在程序中,同一线圈使用了两次或多次,称为"双线圈输出"。对于"双线圈输出",有些 PLC 将其视为语法错误,绝对不允许;有些 PLC 则将前面的输出视为无效,只有最后一次输出有效;而有些 PLC,在含有跳转指令或步进指令的梯形图中允许双线圈输出。

⑤对于不可编程梯形图必须通过等效变换,变成可编程梯形图,如图 3-71 所示。

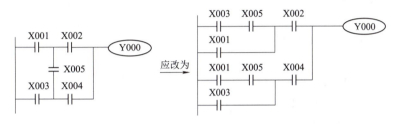

图 3-71　梯形图编程规则一

⑥在有几个串联电路相并联时,应将串联触点多的回路放在上方,如图 3-72(a)所示;在有几个并联电路相串联时,应将并联触点多的回路放在左方,如图 3-72(b)所示。这样所编制的程序简洁明了,语句较少。

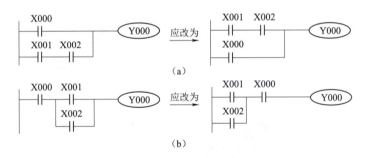

图 3-72　梯形图编程规则二

⑦在有两个并联电路相并联输出时,应将有串联触点的电路放在下方,如图 3-73 所示。这样所编制的程序不会用到多重输出指令,语句也相对较少。

图 3-73　梯形图编程规则三

另外,在设计梯形图时输入继电器的触点状态最好按输入设备全部为常开进行设计更为合适,不易出错。建议尽可能用输入设备的常开触点与 PLC 输入端连接,如果某些信号只能用常闭输入,可先按输入设备为常开来设计,然后将梯形图中对应的输入继电器触点取反(常开改成常闭、常闭改成常开)。

任务实现

1. I/O 地址分配

输入：

X000——SB1 起动按钮；

X001——SB2 停止按钮；

X002——SL1 液位计接点 K1；

X003——SL2 液位计接点 K2；

X004——SL3 液位计接点 K3；

X005——温度计接点 T。

输出：

Y000——YV1 电磁阀控制；

Y001——YV2 电磁阀控制；

Y002——YV3 电磁阀控制；

Y003——YV4 电磁阀控制；

Y004——KM1 搅拌电动机控制；

Y005——KM2 电炉控制。

2. 绘制多种液体自动混合装置 PLC 的 I/O 接线图

多种液体自动混合装置 PLC 的 I/O 接线图如图 3-74 所示。

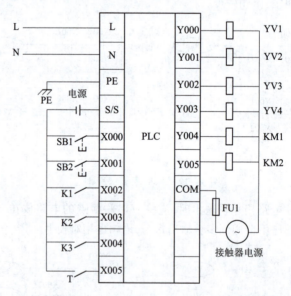

图 3-74　多种液体自动混合装置 PLC 的 I/O 接线图

3. 编写多种液体自动混合装置 PLC 梯形图程序

多种液体自动混合装置 PLC 梯形图程序如图 3-75 所示。

4. 程序分析

①步 0～步 7，按下起动按钮，Y000 得电，YV1 电磁阀接通，Y000 常开触点闭合自锁，放出液体 A；至液面高度为 SL3 时，X004 常闭触点断开停止注入液体 A。

多种液体自动混合装置

②步 7～步 12，X004 常开触点接通，Y001 得电，开启液体 B 电磁阀 YV2，注入液体 B，当液面高度为 SL2 时，X003 常闭触点断开停止注入液体 B。

③步 12～步 17，X003 常开触点接通，Y002 得电，开启液体 C 电磁阀 YV3，注入液体 C，当液面高度为 SL1 时，X002 常闭触点断开停止注入液体 C。

④步 17～步 27，上升沿触点 X002 常开触点接通，Y004 得电，搅拌电动机工作。同时，定时器 T0 得电开始延时工作，当 T0 时间到时，搅拌电动机停止工作。

⑤步 27～步 32，T0 常开触点接通，Y005 得电，混合液开始加热。

⑥步 32～步 37，当温度到时，X005 常闭触点断开，液体停止加热。X005 常开触点接通，Y003 得电，Y003 常开触点闭合自锁，打开电磁阀 YV4，放出混合液体。

⑦步 37～步 43，液面高度降至 SL3，X004 常闭触点闭合，定时器 T1 得电控制混合液体放出结束时间。当 T1 计时时间到，步 32～步 7 中的 T1 常闭触点断开，Y003 失电，关闭电磁阀 YV4，停止放出液体。步 0～步 7 中，T1 常开触点接通，Y000 再次得电，系统重新开始工作。

⑧步 43～步 47，按下停止按钮 SB2，M1 得电，M1 常开触点闭合自锁。步 0～步 7 中的 M1 常闭触点断开。当 T1 计时时间到，步 0～步 7 中的 T1 常开触点虽然接通，但 M1 常闭触点断开，Y000 不能再次得电，系统停止混合搅拌工作。

采用此种停止方式可以保证，按下停止按钮后，所有混合液体放出后系统才结束工作。

5. 程序调试

按照程序图编写和调试程序。

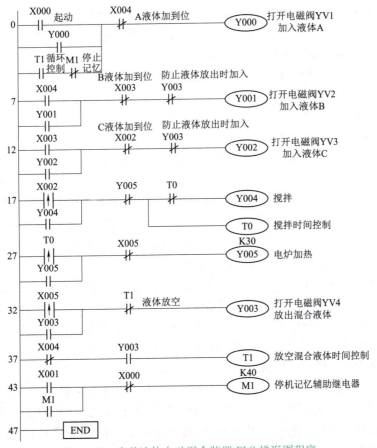

图 3-75 多种液体自动混合装置 PLC 梯形图程序

任务八　PLC 在 X62W 铣床电气控制系统中的应用

任务描述

X62W 铣床的主要结构如图 2-58 所示。前文项目二任务三中 X62W 铣床电气控制电路为继电器-接触器控制电路，X62W 铣床结构及控制要求参照项目二任务三。本任务用 PLC 实现对铣床的电气控制。PLC 控制系统克服了继电器-接触器控制系统的线路复杂、故障较多等缺点，大大降低了设备故障率，减轻了维修人员的工作量，提高了生产效率。

知识准备

1. 施工设计

PLC 控制系统施工设计要完成以下工作：

① 画出电动机主电路以及不进入 PLC 的其他电路。

② 画出 PLC 输入/输出端子接线图。

a. 按照现场信号与 PLC 软继电器编号对照表的规定，将现场信号线接在对应的端子上。

b. 输入电路一般由 PLC 内部提供电源，输出电路需根据负载额定电压外接电源。

c. 输出电路要注意每个输出继电器的触点容量及公共端（COM）的容量。

d. 接入 PLC 输入端带触点的电气元件一般尽量用常开触点。

e. 执行电器若为感性负载，交流要加阻容吸收回路，直流要加续流二极管。

f. 输出公共端应加熔断器保护，以免负载短路引起 PLC 的损坏。

③ 画出 PLC 的电源进线图和执行电器供电系统控制图。

a. 电源进线处应设置紧急停止 PLC 的外接继电器。

b. 若用户电网电压波动较大或附近有大的磁场干扰源，需在电源与 PLC 间加隔离变压器或电源滤波器。

④ 电气柜结构设计及画出柜内电器的位置图。PLC 的主机和扩展单元可以和电源断路器、变压器、主控继电器以及保护电器一起安装在控制柜内，既要防水、防尘、防腐蚀，又要注意散热。若 PLC 的环境温度大于 55 ℃时，要用风扇强制冷却。PLC 与柜壁间的距离不得小于 100 mm，与顶盖、底板间距离要在 150 mm 以上。

⑤ 画现场布线图。PLC 系统应单独接地，其接地电阻应小于 100 Ω，不可与动力电网共用接地线，也不可接在自来水管或房屋钢筋构件上，但允许多个 PLC 或与弱电系统共用接地线，接地极应尽量靠近 PLC 主机。敷设信号线时，要注意与动力线分开敷设（最好保持 200 mm 以上的距离），分不开时要加屏蔽措施，屏蔽要有良好接地。信号线要远离有较强的电气过渡现象发生的设备（如晶闸管整流装置、电焊机等）。

PLC 安装必须具备充足的空间，以便对流冷却。PLC 的输入电源前端要有保护。由于 PLC 有自诊断功能，在进行调试及运行中，可进行程序检查、监视。PLC 的输入、输出状态都有相对应地址的发光二极管显示，当输入信号接通及满足条件有输出信号时，相应发光二极管点亮，便于监视和维修。

2. 系统调试

系统调试步骤如下：

①使用I/O表在输出表中"强制"调试。即检查输出表中输出端口为"1"状态时，外围设备是否运行；为"0"状态时，外围设备是否真的停止。也可以交叉地对某些设备做"1"与"0"的"强制"，应考虑供电系统是否能保证准确而安全地起动或者停止。

②通过人机命令，在用户软件监视下考核外围设备的起动或停止。对于某些关键设备，为了能及时判断它们的运行状态，可以在用户软件中加入一些人机命令联锁，细心地检查它们，检查正确后，再将这些插入的人机命令拆除。这种做法类似于软件调试设置断点或语言调试的暂停。

③空载调试全部完成后，要对现场再做一次完整的检查，去掉多余的中间检查用的临时配线、临时布置的信号，将现场做成真正使用时的状态。

任务实现

1. I/O 地址分配

输入：

X000——主轴制动按钮 SB1、SB2；

X001——主轴起动按钮 SB3、SB4；

X002——主轴热继电器 FR1；

X003——速度继电器 KS1、KS2；

X004——主轴变速开关 SQ7；

X005——工作台、冷却泵热继电器 FR2、FR3；

X006——非圆工作台开关 SA3-1；

X007——圆工作台开关 SA3-2；

X010——工作台快速按钮 SB5、SB6；

X011——工作台向左开关 SQ1；

X012——工作台向右开关 SQ2；

X013——工作台向上（后）开关 SQ3；

X014——工作台向下（前）开关 SQ4；

X015——工作台变速开关 SQ6。

输出：

Y000——主轴运行接触器 KM1；

Y001——主轴制动接触器 KM2；

Y002——进给正转接触器 KM3；

Y003——进给反转接触器 KM4；

Y004——快速接触器 KM5。

2. 绘制 X62W 铣床电气控制 PLC 的 I/O 接线图

X62W 铣床电气控制 PLC 的 I/O 接线图如图 3-76 所示。X62W 铣床主电路如图 2-59 所示。

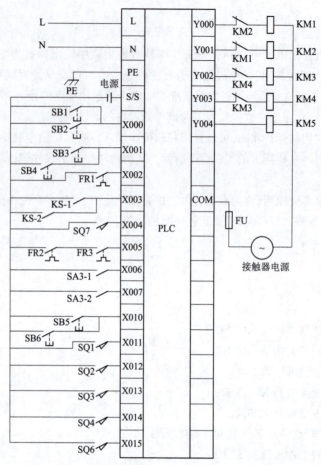

图 3 - 76　X62W 铣床电气控制 PLC 接线图

3. 编写 X62W 铣床电气控制 PLC 梯形图程序

X62W 铣床电气控制 PLC 梯形图程序如图 3 - 77 所示。

4. 程序分析

①步 0 ~ 步 5,按下主轴起动按钮 SB3 或者 SB4,X001 常开触点接通,Y000 得电,KM1 接触器线圈得电,主轴运行,Y000 常开触点闭合自锁;按下主轴停止按钮 SB1 或者 SB2,X000 常闭触点断开,或者主轴热继电器动作,X002 常闭触点断开,Y000 失电,主轴停止运行。

②步 5 ~ 步 10,当速度继电器转速超过 120 r/min,X003 常开触点接通,为主轴制动做准备。当按下主轴停止按钮 SB1 或者 SB2,X000 常开触点接通,M0 得电并自锁,产生主轴制动信号。

③步 10 ~ 步 13,扳动主轴变速手柄,SQ7 闭合,X004 常开触点接通,M1 得电,产生主轴变速信号。

④步 13 ~ 步 16,M0、M1 常开触点接通,Y001 得电,KM2 接触器线圈得电,主轴电动机制动或者变速。

⑤步 16 ~ 步 19,主轴起动后,Y000 常开触点接通,M2 得电,接通进给控制通路。

⑥步 19 ~ 步 46,在主轴起动后,M2 常开触点接通,非圆工作台开关 SA3 - 1 闭合,X006 常开触点接通,就可对工作台进行上下、左右、前后控制。向左或向右扳动纵向一字手柄,工作台向左开关 SQ1 或工作台向右开关 SQ2,X011 或 X012 常开触点闭合,M3 或 M5 得电,可控制工作台纵向左右运行。向上(后)或向下(前)扳动十字手柄,X013 或 X014 常开触点闭合,M4 或 M6 得电,可控制工作台上下、前后运行。扳动进给变速手柄,X015 常开触点闭合,

M7 得电,可进行工作台变速控制。

⑦步 46～步 54,M2 接通后,圆工作台开关 SA3 闭合,X007 常开触点接通,非圆工作台不工作,即 X011、X012、X013、X014、X015 等常闭触点均接通,M8 得电,圆工作台工作。

⑧步 54～步 59,M3、M5、M7、M8 某一点接通,Y002 得电,工作台将进行纵向向左、向上(后)、进给变速、圆工作台运行等工作。

⑨步 59～步 62,M4、M6 某一点接通,Y003 得电,工作台将进行纵向向右、向下(前)等工作。

⑩步 62～步 66,主轴运转后 M2 常开触点接通,非圆工作台开关 SA3-1 闭合,X006 常开触点接通,按下 SB5 或者 SB6,X010 常开触点接通,Y004 得电,工作台在选定的进给方向上快速移动。

5. 程序调试

按照程序图编写和调试程序。

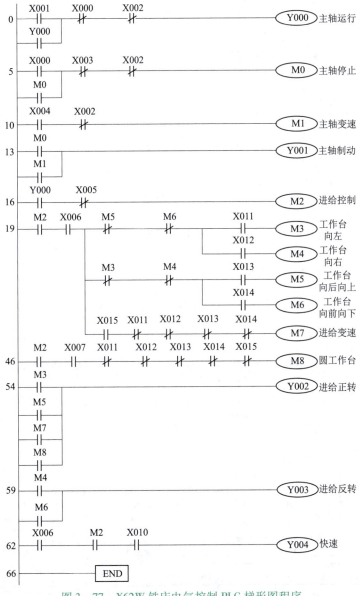

图 3-77　X62W 铣床电气控制 PLC 梯形图程序

任务工单

PLC 基本指令应用任务工单见表 3-1。

表 3-1 PLC 基本指令应用任务工单

序号	内容	要求
1	任务准备	(1) PLC 实训箱、连接调试用连接线若干。 (2) 编程计算机、通信电缆。 (3) PLC 实训指导书。 (4) 收集相关资料及网上课程资源
2	工作内容	(1) 知识准备:熟悉 PLC 编程及使用基本知识。 (2) 认识 PLC 实训箱面板相关电气元件及作用。 (3) 在计算机上用 PLC 编程软件编写 PLC 程序。 (4) 在 PLC 实训箱上根据实训项目的 PLC 接线图完成 PLC 的外部接线,并连接好 PLC 与计算机间的通信电缆。 (5) 将编好的 PLC 程序写入 PLC 中,并使程序处于监视状态。 (6) 进行软硬件调试,修改不正确的程序段及外部接线。 以上工作要求小组合作完成
3	工期要求	两名学生为一个工作小组。学生应充分发挥团队协作精神,合理分配工作任务及时间,在规定的时间内完成训练任务,本工作任务占用 16 学时(含训练结束考核时间)
4	文明生产	按维修电工(中级)国家职业技能要求规范操作
5	考核	对学生的学习准备、学习过程和学习态度三个方面进行评价,考核学生的知识应用能力和分析问题、解决问题的能力

考核标准

PLC 基本指令应用考核标准见表 3-2。

表 3-2 PLC 基本指令应用考核标准

序号	内容	评分标准	配分	扣分	得分
1	正确选择输入/输出设备及地址并画出 I/O 接线图	设备及端口地址选择正确,接线图正确、标注完整。输入/输出每错一个扣 5 分,接线图每少一处标注扣 1 分	20		
2	正确编制梯形图程序	梯形图格式正确,梯形图整体结构合理,每错一处扣 5 分;不会使用 PLC 软件编辑 PLC 程序,该项不得分	40		
3	外部接线正确	电源线、通信线及 I/O 信号线接线正确,每错一处扣 5 分	20		
4	写入程序并进行调试	操作步骤正确,动作熟练。(允许根据输出情况进行反复修改和完善。)不会写入程序,该项不得分;程序未监视,扣 5 分;调试未成功,扣 10 分	20		
5	其他	若有违规操作,每次扣 10 分;编程及调试过程中超时,每超时 5 min 扣 5 分;违反电气安全操作规程,酌情扣分	从总分倒扣		
	开始时间	结束时间	总分		

习题 三

1. 填空题

(1) 输出接口电路有(　　　)输出型、(　　　)输出型和(　　　)输出型三种。

(2) SET 使操作元件(　　　)，RST 使操作元件(　　　)。

(3) 当驱动信号的(　　　)到来时，执行 PLS 指令时，操作元件接通一个扫描周期。当驱动信号的(　　　)到来时，执行 PLF 指令时，操作元件接通一个扫描周期。

(4) 梯形图中的(　　　)可以任意串联或并联，但继电器(　　　)只能并联而不能串联。

(5) 计数器处于复位状态时，当前值(　　　)，触点(　　　)，且不计数。

(6) 定时器分为(　　　)型定时器和(　　　)型定时器。

(7) 输出继电器的功能用于供 PLC 将程序执行结果传送给(　　　)。输出继电器只能用(　　　)驱动。

(8) 梯形图程序由若干梯级组成，(　　　)，(　　　)编程。

2. 选择题

(1) (　　　)为 1 s 时钟，每 1 s 发出一个脉冲。
　　A. M800　　　　B. M8002　　　　C. M8013

(2) PLC 输出接口电路有继电器输出型、晶体管输出型和晶闸管输出型三种。如果输出口用于控制接触器线圈，则应选择(　　　)。
　　A. 继电器输出型　　B. 晶体管输出型　　C. 晶闸管输出型

(3) PLC 常用的编程语言是(　　　)。
　　A. 语句表　　　　B. 梯形图　　　　C. 高级语言

(4) PLC 采用(　　　)的工作方式。
　　A. 并行　　　　B. 串行　　　　C. 循环扫描

(5) 驱动线圈的信号断开或发生停电时，通用定时器(　　　)。
　　A. 复位　　　　B. 保持　　　　C. 状态未定

(6) 确定通用加减双向计数器 C200 计数方向的是(　　　)。
　　A. M200　　　　B. M8200　　　　C. T200

(7) 输入接口电路由(　　　)和输入电路组成，作用是隔离输入信号，防止现场的强电干扰进入微机。
　　A. 光耦合器　　　B. 晶闸管　　　C. 晶体管

(8) 输入继电器的地址编号采用(　　　)，符号为 X。
　　A. 十六进制　　　B. 十进制　　　C. 八进制

(9) 特殊辅助继电器 M8000～M8255(256 点)：系统规定了专门用途，线圈由(　　　)驱动，用户可直接利用触点。
　　A. 输入信号 X　　B. PLC 自行　　C. 不能确定

3. 判断题

(1) PLC 继电器常开触点和常闭触点使用次数受限制。　　　　　　　　　　(　　)

(2) PLC 的输入端子是从外部开关接收信号的窗口。　　　　　　　　　　　(　　)

(3) 梯形图常被称为电路或程序，梯形图的设计称为编程。　　　　　　　　(　　)

(4) PLC 输入接口电路由晶闸管、输入电路和微处理器输入接口电路组成。　(　　)

(5)32位加减双向计数器计数方向由特殊辅助继电器 M8200～M8234 设定。（   ）
(6)一般情况下,在梯形图中同一线圈只能出现一次。（   ）
(7)在含有跳转指令或步进指令的梯形图中允许双线圈输出。（   ）
(8)定时器用于定时操作,起延时接通和断开电路的作用。（   ）
(9)辅助继电器的线圈和触点能直接对外输入/输出。（   ）
(10)在 PLC 控制中,输入继电器 X 的线圈是真实存在的。（   ）

4. 简答题

(1)图3-78所示为一小车运动示意图。当小车处于后端,按下起动按钮,小车向前运行,压下前限位开关,翻斗门打开,7 s 后翻斗门关上,小车向后运行,到后端,即压下后限位开关后,打开小车底门 5 s,然后底门关上,完成一次动作。要求控制小车自动单周期运行。试完成梯形图设计,写出输入/输出分配,画出 PLC 接线图。

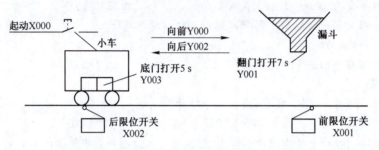

图 3-78 小车运动示意图

(2)图3-79所示为两组带机组成的原料运输自动化控制系统。该自动化控制系统的起动顺序为:盛料斗 D 中无料,先起动带机 C,5 s 后,再起动带机 B,经过 7 s 后再打开电磁阀 YV 放料,该自动化控制系统停机的顺序恰好与起动顺序相反。试完成梯形图设计,写出输入/输出分配,画出 PLC 接线图。

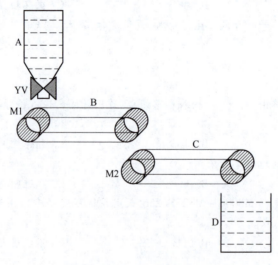

图 3-79 两组带机组成的原料运输自动化控制系统

(3)试设计一锅炉点火和熄火控制系统。控制要求如下:
①点火过程:先起动引风,5 min 后起动鼓风,2 min 后点火燃烧。
②熄火过程:先熄灭火焰,2 min 后停止鼓风,5 min 后停止引风。

(4) 完成(2)题、(3)题后,试比较(2)题和(3)题的PLC梯形图程序结构有何不同。

(5) 用PLC设计一个如图3-80所示的水塔自动供水系统。控制要求:水位浸过液面传感器S1、S2、S3、S4时,传感器状态为ON,否则为OFF。当水池水位低于低水位界时,S4为OFF,此时电磁阀YV打开进水;当水池水位高于高水位界时,S3为ON,则电磁阀YV关闭;当水塔水位低于低水位界(S2为OFF),而水池水位高于低水位界,则抽水机M打开;若水塔水位高于高水位界(S1为ON),则抽水机M关闭。若在抽水过程中,水池水位下降到低于水池水位界,则抽水机M也关闭。

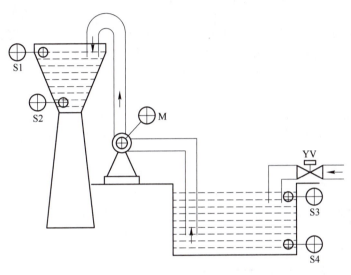

图3-80 水塔自动供水系统

> 拓展阅读

工匠精神

工匠精神,是一种职业精神,它是职业道德、职业能力、职业品质的体现,是从业者的一种职业价值取向和行为表现。"工匠精神"的基本内涵包括敬业、精益、专注、创新等方面的内容。

1. 敬业

敬业是从业者基于对职业的敬畏和热爱而产生的一种全身心投入的认认真真、尽职尽责的职业精神状态。中华民族历来有"敬业乐群""忠于职守"的传统,敬业是中国人的传统美德,也是当今社会主义核心价值观的基本要求之一。

2. 精益

精益就是精益求精,是从业者对每件产品、每道工序都凝神聚力、精益求精、追求极致的职业品质。所谓精益求精,是指已经做得很好了,还要求做得更好。正如老子所说,"天下大事,必作于细"。

3. 专注

专注就是内心笃定而着眼于细节的耐心、执着、坚持的精神,这是一切"大国工匠"所必须具备的精神特质。工匠精神意味着一种执着,即一种几十年如一日的坚持与韧性。

4. 创新

"工匠精神"还包括追求突破、追求革新的创新内蕴。古往今来,热衷于创新和发明的工匠们一直是世界科技进步的重要推动力量。

为火箭焊接"心脏"的人——高凤林

高凤林,中共党员,全国劳动模范,全国五一劳动奖章获得者,全国国防科技工业系统劳动模范,全国道德模范,全国技术能手,首次月球探测工程突出贡献者,中华技能大奖获得者,中国质量奖获奖者,2009年获国务院政府特殊津贴。2018年"大国工匠年度人物"。现为中国航天科技集团有限公司第一研究院211厂特种熔融焊接工、14车间高凤林班组组长、特级技师,被称为焊接火箭"心脏"的"中国第一人"。

发动机是火箭的"心脏",任何一个漏点,在火箭升空过程中都可能会引发毁灭性爆炸。高凤林就是能做到在0.01秒内精准控制焊枪停留在燃料管道上,上万次的操作都准确无误。40多年来,他一直奋战在航天制造一线,160多枚长征系列运载火箭,在他焊接的发动机助推下成功飞向太空,占总数一半以上。在载人航天、北斗导航、嫦娥探月、火星探测、国防建设等航天产品及发动机型号的重大攻关项目中,他攻克"疑难杂症"300多项,先后获得国家科技进步二等奖,全军科技进步二等奖,全国职工技术创新一等奖,德国纽伦堡国际发明展三项金奖,北京全国技术创新大赛特等奖,全国教学二等奖等多项科技奖项。著书3部,发表论文43篇,专利26项。在钛合金自行车、大型真空炉、超薄大型波纹管等多个领域,他用自己的高超技术填补了中国的技术空白。

项目四 PLC 功能指令应用

FX3U 系列 PLC 除了有逻辑指令和步进指令外,还有许多应用指令,可以实现工业自动化控制中的数学运算和处理、闭环控制与定位控制等,能提高控制精度,稳定运行状态,减少排故时间,提高工作效率,使 PLC 的应用范围更加广泛。

三菱 FX3U 系列小型 PLC 的应用指令数量较多,按照编号 FNC00 ~ FNC299 进行编排,根据其应用类别可划分为以下几个大类别:程序流程指令、传送和比较指令、四则运算指令、循环移位指令、数据处理指令、高速处理指令、方便指令、外围设备指令、浮点运算指令、触点比较类指令、定位指令等。由于篇幅有限,本项目只介绍部分常用的应用指令。

学习目标
①掌握数据寄存器的用法,了解其分类。
②掌握功能指令的格式。
③掌握常用功能指令的使用。
④会用功能指令解决实际工程控制问题。
⑤具有良好的职业道德和高度的职业责任感。

任务一 运料小车自动往返控制

任务描述

运料小车控制是行程控制的一个比较典型的应用,如图 4-1 所示。图中的 SQ1、SQ2 是运料小车到达地的行程开关,SQ3、SQ4 是极限位置的安全行程开关。控制要求:
①小车允许手动操作和自动控制。
②小车可在 A、B 两地分别起动与停止。A 地装料,B 地卸料。
③在自动情况下无论在何地起动,小车均先到 B 地卸料,停 30 s,然后运行到 A 地停 30 s 装料,装料结束后自动运行到 B 地停 30 s 等待卸料,如此往返循环。
④任何情况下均可使小车停止运行。

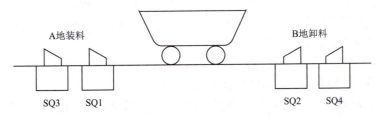

图 4-1 运料小车工作示意图

知识准备

1. PLC 通用数据寄存器 D

前面介绍了输入继电器 X、输出继电器 Y、辅助继电器 M 等软元件，这些软元件在可编程控制器内部反映的是"位"的变化，主要用于开关量的传递、变换及逻辑处理，称为"位软元件"。而在 PLC 内部，由于功能指令的引入，需要处理大量的数据信息，需设置大量的用于存储数值数据的软元件，这就是数据寄存器 D。

数据寄存器 D 用来存储数据和参数，可存储 16 位二进制数或 1 个字，两个数据寄存器合并起来可以存放 32 位数据（双字），在 D0 和 D1 组成的双字中，D0 存放低 16 位，D1 存放高 16 位。定时器 T、计数器 C 的当前值寄存器也可用作数据的存储。这些能处理数值数据的软元件称为"字软元件"。

数据寄存器 D 有以下几种类型：

①通用数据寄存器（D0～D199），共 200 点。将数据写入通用数据寄存器后，其值将保持不变，直到下一次被改写。PLC 从 RUN 状态进入 STOP 状态时，所有的通用数据寄存器的值被改写为 0（如果取得特殊辅助继电器 M8033，则可以保持）。

②断电保持数据寄存器（D200～D511），共 312 点。只要不改写，无论 PLC 是从运行到停止，还是停电时，断电保持数据寄存器保持原有数据不丢失。如果采用并联通信功能，当从主站到从站时，则 D490～D499 被作为通信占用；当从从站到主站时，D500～D509 被作为通信占用。

数据寄存器的断电保持功能也可通过外围设备设定，实现通用到断电保持或断电保持到通用的相互调整，以上的设定范围是出厂时的设定值。

③特殊数据寄存器（D8000～D8511），共 512 点。特殊数据寄存器供监控机内元件的运行方式用。例如，在 D8000 中，存有监视定时器的时间设定值。它的初始值由系统只读存储器在通电时写入。若要改变，用传送指令将目的时间送入 D8000。

④文件寄存器（D1000 以后），最大 7 000 点。D1000 号以上的数据寄存器为通用停电保持寄存器，利用参数设置可作为最多 7 000 点的文件寄存器使用。文件寄存器实际上是一类专用数据寄存器，用于集中存储大量的数据，例如采集数据、统计计算数据、多组控制参数。

2. 功能指令概述及基本规则

1）功能指令的意义

功能指令是 PLC 数据处理能力的标志。PLC 的基本指令是基于继电器、定时器、计数器类元件，主要用于逻辑处理的指令。作为工业控制计算机，PLC 仅有逻辑处理功能是远远不够的。现代工业控制的许多场合都需要数据处理。因此 PLC 中引入功能指令（function instruction），主要用于数据传送、运算、变换及程序控制等。这使得 PLC 成为真正意义的计算机。功能指令向综合方向迈进，以往需要大段程序完成的任务，现在一条指令就能实现，如 PID 功能、表功能等。这类指令实际上就是功能完整的子程序，大大提高了 PLC 的实用性。

2）功能指令的分类

①程序流程指令。用于程序流向和优先结构形式的控制。例如，CJ（条件跳转）、CALL（子程序调用）、EI（中断允许）、DI（中断禁止）等。

②传送与比较指令。用于数据在存储空间的传送和数据比较。例如，CMP（比较）、ZCP（区间比较）、MOV（传送）、BCD（码制转换）等。

③四则运算指令。用于整数的算术及逻辑运算。例如，ADD（二进制加法）、SUB（二进

制减法)、WOR(逻辑字或)、NEG(求补码)等。

④循环移位指令。用于数据在存储空间位置的调整。例如,ROR(循环右移)、ROL(循环左移)、SFTR(位右移)、SFTL(位左移)等。

⑤数据处理指令。用于数据的编码、译码、批次复位、平均值计算等数据运算处理。例如,ZRST(批次复位)、DECO(译码)、SQR(BIN开方运算)、FLT(BIN整数到二进制浮点数转换)等。

⑥高速处理指令。有效利用数据高速处理能力进行中断处理以获取最新I/O信息。例如,REF(输入/输出刷新)、MTR(矩阵输入)、PLSY(脉冲输出)、PWM(脉宽调制)等。

⑦方便指令。具有初始化状态、数据查找、凸轮控制、交替输出、斜坡输出等功能。例如,IST(初始化状态)、SFR(数据查找)、INCD(凸轮控制绝对方式)、ALT(交替输出)、RAMP(斜坡输出)等。

⑧外围设备指令。具有数字输入、七段译码、BFM读出、串行数据传送、电位器读出等功能。例如,TKY(数字键输入)、SEGD(七段译码)、FROM(BFM读出)、RS(串行数据传送)、VRRD(电位器读出)等。

⑨时钟运算指令。具有时钟数据比较、时钟数据加减运算、时钟读出写入等功能。例如,TCMP(时钟数据比较)、TADD(时钟数据加)、TRD(时钟读出)等。

其他还有浮点运算指令、触点比较类指令、定位指令等。

3) 功能指令的表示格式

功能指令表示格式与基本指令不同。功能指令可以用编号表示,也可用助记符(用英文名称或缩写)表示。例如,编号FNC45的助记符是MEAN(平均),编程大多使用助记符。

功能指令有1至4个操作数。如图4-2所示,为一个计算平均值指令,它有三个操作数,[S.]表示源操作数,[D.]表示目标操作数。当源操作数或目标操作数不止一个时,用[S1.]、[S2.]、[D1.]、[D2.]表示。用n和m表示其他操作数,它们常用来表示常数K和H,或作为源操作数和目标操作数的补充说明,当这样的操作数多时可用n1、n2和m1、m2等来表示。有的功能指令没有操作数。

图4-2中指令含义是:源操作数为D0、D1、D2,目标操作数为D4,K3表示有三个数,当X000接通时,执行的操作为[(D0)+(D1)+(D2)]÷3→(D4),运算结果送入D4中。

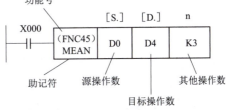

图4-2 功能指令表示格式

4) 功能指令的执行方式与数据长度

①执行方式。功能指令有连续执行和脉冲执行两种类型。如图4-3所示,指令助记符MOV后面有P,则表示脉冲执行,即该指令仅在X001接通(由OFF到ON)时执行,将D10中的数据送到D12中一次;如果没有P,则表示连续执行,即该指令在X001接通(ON)的每一个扫描周期该指令都要被执行。

②数据长度。功能指令可处理16位数据或32位数据。处理32位数据的指令是在助记符前加D标志,无此标志即为处理16位数据的指令。若MOV指令前面不带D,则当X001接通时,执行D10→D12(16位数据)传送;若MOV指令前面带D,则当X001接通时,执行D11D10→D13D12(32位数据)传送。

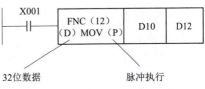

图4-3 功能指令的执行方式与数据长度的表示

在使用32位数据时,建议使用首编号为偶数的操作数,不容易出错。

注意:32位计数器(C200～C255)的一个软元件为32位,不可作为处理16位数据指令的操作数使用。

3. 位元件与字元件

X、Y、M、S等只处理ON/OFF信息的软元件称为位元件;而T、C、D等处理数值的软元件则称为字元件,一个字元件由16位二进制数组成。

位元件可以通过组合使用,四个位元件为一个单元,通用表示方法是由Kn加起始的软元件号组成,n为单元数。例如K2 M0表示M0～M7组成两个位元件组(K2表示两个单元),它是一个8位数据,M0为最低位。如果将16位数据传送到不足16位的位元件组合(n<4)时,只传送低位数据,多出的高位数据不传送,32位数据传送也一样。在进行16位数操作时,参与操作的位元件不足16位时,高位的不足部分均作0处理,这意味着只能处理正数(符号位为0),在进行32位数处理时也一样。被组合的元件首位元件可以任意选择,但为避免混乱,建议采用编号以0结尾的元件,如S10、X0、X20等。

4. 变址寄存器 V、Z

变址寄存器与数据寄存器的使用方法相同。它还可以通过在应用指令的操作数中组合使用其他的软元件编号和数值,从而在程序中更改软元件的编号和数值内容。

变址寄存器的编号为V0～V7Z,Z0～Z7Z,共16点。仅仅指定变址寄存器V或是Z的时候,分别作为V0、Z0处理。对于32位指令,V、Z自动组对使用,V作高16位、Z作低16位。用法如图4-4所示。K10传送到V0,K20传送答Z0,V0、Z0的内容分别为K10、K20。当执行(D5V0)+(D15Z0)→(D40Z0)时,即执行(D15)+(D35)→(D60)。若改变V0、Z0的值,则可完成不同数据寄存器的求和运算,这样,使用变址寄存器可以使编程简化。

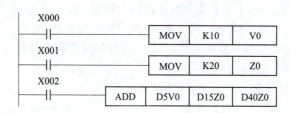

图4-4 变址寄存器应用案例

5. 指针

指针用作跳转、子程序、中断等程序的入口地址,与跳转、子程序、中断程序等指令一起应用。地址号采用十进制数分配。按用途可分为分支类指针P和中断用指针I两类,中断用指针又可分为输入中断、定时器中断及计数器中断三种。

(1)指针P。指针P用于分支指令,其地址号P0～P127,共128点。应用举例如图4-5所示。图4-5(a)所示的是在条件跳转时使用,图4-5(b)所示的是在子程序调用时使用。在编程时,指针编号不能重复使用。

(2)指针I。根据用途又可分为三种。

①输入中断用指针。输入中断用指针编号格式为I00□～I50□,共6点。6个输入中断用指针接收对应于输入口X000～X005外界信号触发引起的中断,它不受PLC扫描周期的影响。触发该输入信号,执行中断子程序。通过输入中断可以处理比扫描周期短的信号,因而可在顺控过程中做必要的优先处理或短时脉冲处理。脉冲可以是上升沿起作用,也可以是下降沿起作用。

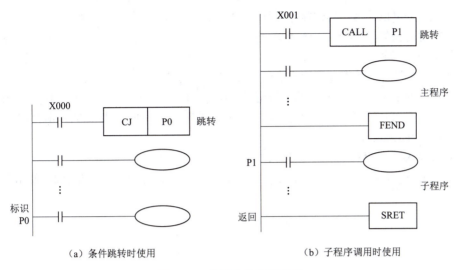

(a) 条件跳转时使用　　　　　　　(b) 子程序调用时使用

图 4-5　指针 P 的应用举例

例如：I001 为输入 X000 从 OFF 到 ON 变化上升沿中断时，执行由该指针作标号后面的中断程序，并在执行 IRET 指令时返回。

②定时器中断用指针。定时器中断用指针编号格式为 I6□□ ~ I8□□，共 3 点。定时器中断为机内信号中断。由指定编号为 6 ~ 8 的专用定时器控制。设定时间在 10 ~ 99 ms 间选取。每隔设定时间中断一次。用于不受 PLC 运算周期影响的循环中断处理控制程序。

例如：I610 为每隔 10 ms 就执行标号为 I610 的中断程序一次，在 IRET 指令执行时返回。

③计数器中断用指针。计数器中断用指针 I010 ~ I060，共 6 点。计数器中断可根据 PLC 内部的高速计数器比较结果执行中断程序。

6. 常用特殊辅助继电器

功能指令执行完毕后，常用到一些特殊的辅助继电器作为执行结果的标志。

M8020：零标志。

M8021：借位标志。

M8022：进位标志。

M8029：执行完毕标志。

M8064：参数出错标志。

M8065：语法出错标志。

M8066：电路出错标志。

M8067：运算出错标志。

7. 条件跳转指令 CJ(FNC00)

条件跳转指令 CJ(P) 的编号为 FNC00，是使从 CJ 指令开始到标记(P) 为止的顺控程序不执行的指令。可以缩短循环时间(运算周期)和执行使用双线圈的程序。如图 4-5(a) 所示，当 X000 接通时，程序由 CJ 位置跳到 P0 位置，从 CJ 到 P0 段程序不执行。如果 X000 断开，继续执行 CJ 后面的程序。

说明：

①CJ 指令跳过部分程序，可以缩短程序的运算周期。

②如果累计型定时器和计数器的 RST 指令在跳转程序之内，即使跳转程序生效，RST 指令仍然有效。

③该指令可以选用连续或脉冲执行方式。
④被跳过去的程序中,各元件的状态为:
Y、M、S 保持跳转前状态不变;
普通计数器停止计数并保持当前值,高速计数器继续计数;
未工作的定时器不动作,已动作的定时器保持当前值。T192～T199 跳转时仍然计时。
⑤可以在比 CJ 指令步号小的位置中编写标记,但是扫描时间超出 200 ms(默认设定)时,会发生看门狗定时器错误。
⑥可以从多个 CJ 指令向 1 个标记的跳转。
⑦标记(P)不能重复使用。标记编号包括后述的 CALL 指令用的标记,如果使用了重复编号时会程序错误。
⑧指针 P63 表示向 END 步跳转。请勿对 P63 编程。

任务实现

1. I/O 地址分配

输入:
X000——小车向 A 地运行,正转按钮 SB1;
X001——小车向 B 地运行,反转按钮 SB2;
X002——停止按钮 SB3;
X003——手动、自动切换开关 SA;
X004——A 地停车行程开关 SQ1;
X005——B 地停车行程开关 SQ2;
X006——A 地安全行程开关 SQ3;
X007——B 地安全行程开关 SQ4。
输出:
Y000——电动机正转接触器(向 B 地运行)KM1;
Y001——电动机反转接触器(向 A 地运行)KM2。

2. 绘制运料小车自动往返控制 PLC 的 I/O 接线图

运料小车自动往返控制 PLC 的 I/O 接线图如图 4-6 所示。

3. 编写运料小车自动往返控制的 PLC 梯形图程序

运料小车自动往返控制的 PLC 梯形图程序如图 4-7 所示。

运料小车自动往返控制

4. 程序分析

①步 0～步 4,断开 SA,X003 断开,程序不跳转,执行步 0～步 18 手动控制程序段。如果合上 SA,X003 接通,程序跳过步 0～步 18 手动控制程序段,从步 18 开始执行。

②步 4～步 11,按下正转按钮 SB1,X000 接通,辅助继电器 M0 得电,控制步 49～步 53 中 Y000 得电,电动机正转,运料小车由 A 地向 B 地运行。当小车碰到行程开关 SQ2 时,X005 常闭触点断开,小车停止运行。如果 SQ2 损坏,当小车碰到 SQ4 时,X007 常闭触点断开,小车停止,起到限位保护作用。

③步 11～步 18,按下反转按钮 SB2,X001 接通,辅助继电器 M1 得电,控制步 53～步 56 中 Y001 得电,电动机反转,运料小车由 B 地向 A 地运行。当小车碰到行程开关 SQ1 时,X004 常闭触点断开,小车停止运行。如果 SQ1 损坏,当小车碰到 SQ3 时,X006 常闭触点断开,小车停止,起到限位保护作用。

项目四　PLC 功能指令应用

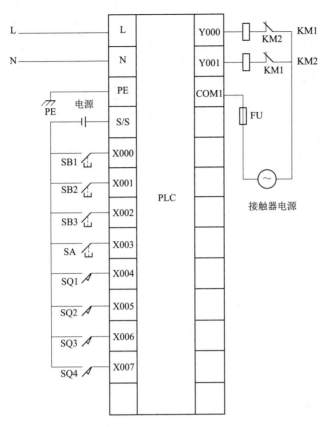

图 4-6　运料小车自动往返控制 PLC 的 I/O 接线图

无论运料小车前进还是后退，按下停止按钮 SB2，X002 常闭触点断开，M0 或 M1 失电，亦即 Y000 或 Y001 失电，小车停止运行。

在小车手动运行时，如果将手动/自动选择开关打到自动位置，X003 常闭触点断开，小车也会停止运行。

④步 18～步 23，合上 SA，X003 常闭触点断开，程序不跳转，执行步 18～步 49 自动程控制序段。如果断开 SA，X003 常闭触点接通，程序跳过步 18～步 49 自动控制程序段，从步 49 开始执行。

⑤步 23～步 32，按下正转按钮 SB1 或反转按钮 SB2，X000 或 X001 接通，都会使辅助继电器 M10 得电，控制步 49～步 53 中 Y000 得电，电动机正转，运料向 B 地运行。当小车碰到行程开关 SQ2 时，X005 常闭触点断开，小车停止运行。

⑥步 32～步 37，当小车碰到行程开关 SQ2 时，X005 常开点接通，小车在 B 地卸料，卸料时间由定时器 T0 确定。

⑦步 37～步 44，当 T0 计时时间到，T0 常开触点接通，辅助继电器 M11 得电，控制步 53～步 56 中 Y001 得电，电动机反转，运料小车由 B 地向 A 地运行。当小车碰到行程开关 SQ1 时，X004 常闭触点断开，小车停止运行。

⑧步 44～步 49，当小车碰到行程开关 SQ1 时，X004 常开触点接通，小车在 A 地装料，装料时间由定时器 T1 确定。

当 T1 时间到，步 23～步 32 中的 T1 常开触点接通，控制小车重新由 A 地向 B 地运行。

⑨步 49～步 53，M0 或 M10 接通时，Y000 得电，控制小车由 A 地向 B 地运行。

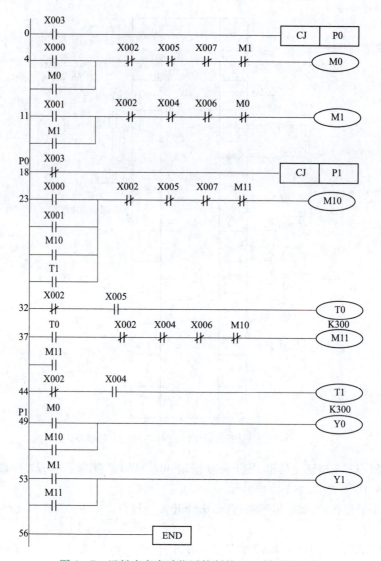

图4-7 运料小车自动往返控制的PLC梯形图程序

⑩步53~步56，M1或M11接通时，Y001得电，控制小车由B地向A地运行。

5. 程序调试

按照程序图编写和调试程序。

任务二　物流检测

任务描述

图4-8所示为物流检测工作示意图。图中三个光电传感器为BL1、BL2、BL3。BL1检测有无次品到来，有次品到来则"ON"。BL2检测凸轮的凸起，凸轮每转一圈则发一个移位脉冲。因为物品的间隔是一定的，故每转一圈就有一个物品到来，所以BL2实际上是一个检测物品到来传感器。BL3检测有无次品落下。手动复位按钮SB图中未画。当次品移到第4位

时，次品仓门控制电磁阀 YV 得电，打开仓门使次品落到次品箱。若无次品则正品移至传送带右端时自动掉入正品箱。用 PLC 功能指令完成正品和次品分开的设计任务。

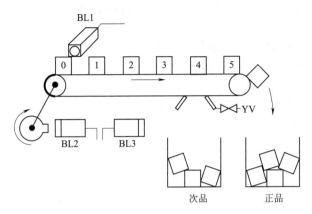

图 4-8 物流检测工作示意图

知识准备

1. 区间复位指令 ZRST

区间复位指令 ZRST(P) 的编号为 FNC40。它是将指定范围内的同类元件成批复位。指令格式如图 4-9 所示，当 X000 由 OFF→ON 时，位元件 M500～M599 成批复位，字元件 C235～C255 也成批复位。

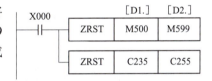

图 4-9 区间复位指令的格式

使用区间复位指令时应注意：

①[D1.] 和 [D2.] 可取 Y、M、S、T、C、D，且应为同类元件，同时 [D1.] 的元件号应小于 [D2.] 指定的元件号，若 [D1.] 的元件号大于 [D2.] 元件号，则只有 [D1.] 指定元件被复位。

②ZRST 指令只有 16 位处理，占 5 个程序步，但 [D1.] [D2.] 可以指定 32 位计数器。

2. 二进制加、减法指令

1）指令格式

加法指令　FNC20　ADD　[S1.]　[S2.]　[D.]
减法指令　FNC21　SUB　[S1.]　[S2.]　[D.]

其中，[S1.]、[S2.] 为参与运算的源操作数；[D.] 为保存运算结果的目标操作数。

源操作数 [S1.]、[S2.] 可取 K、H、KnX、KnY、KnM、KnS、T、C、D、V 和 Z。

目标操作数 [D.] 可取 KnY、KnM、KnS、T、C、D、V 和 Z。

2）指令用法

加、减法指令梯形图格式如图 4-10 所示。

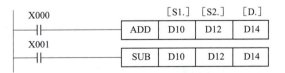

图 4-10 加、减法指令梯形图格式

①加法指令。当执行条件 X000 由 OFF→ON 时，(D10) + (D12)→(D14)。运算是代数运算，如 5 + (-8) = -3。

②减法指令。当执行条件 X001 由 OFF→ON 时，(D10) - (D12)→(D14)。运算是代数运算，如 5 - (-8) = 13。

加、减法指令有三个常用标志：M8020 为零标志，M8021 为借位标志，M8022 为进位标志。如果运算结果为 0，则零标志 M8020 置 1；如果运算结果超过 32 767（16 位）或 2 147 483 647（32 位），则进位标志 M8022 置 1；如果运算结果小于 −32 767（16 位）或 −2 147 483 647（32 位），则借位标志 M8021 置 1。

源操作数和目标操作数可以用相同的元件号。

3. 循环右移、左移指令

1）指令格式

循环右移指令　FNC30　ROR　[D.]　n

循环左移指令　FNC31　ROL　[D.]　n

其中，[D.] 为要移位目标软元件；n 为每次移动位数。

目标操作数可取 KnY、KnM、KnS、T、C、D、V 和 Z。移动位数 n 为 K 和 H 指定的常数。

2）指令用法

循环右移指令 ROR 的功能是将指定的目标软元件中的二进制数按照指令中 n 规定的移动的位数由高位向低位移动，最后移出的那一位将进入进位标志位 M8022。循环右移、左移指令梯形图格式如图 4−11 所示。

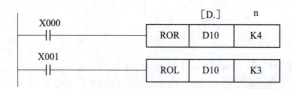

图 4−11　循环右移、左移指令梯形图格式

假设 D10 中的数据为 HFF00，当 X000 由 OFF→ON 时执行这条循环右移指令，如图 4−12 所示。由于指令中 K4 指示每次循环右移 4 位，所以最低 4 位被移出，并循环回补进入高 4 位中。所以，循环右移 4 位，D10 中的内容将变为 H0FF0。最后移出的是第 3 位的"0"，它除了回补进入最高位外，同时进入进位标志位 M8022 中。

循环左移指令 ROL 的执行类似于循环右移指令 ROR，只是移位方向相反。

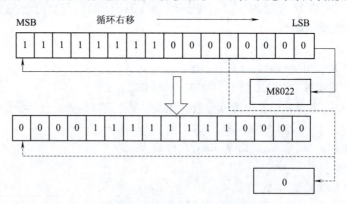

图 4−12　循环右移指令的示意图

任务实现

1. I/O 地址分配

输入：

X000——复位按钮 SB；

X001——次品检测传感器 BL1；
X002——物品到来传感器 BL2；
X003——次品落下传感器 BL3。
输出：
Y000——次品仓门电磁阀 YV。

2. 绘制物流检测控制 PLC 的 I/O 接线图

物流检测控制 PLC 的 I/O 接线图如图 4-13 所示。

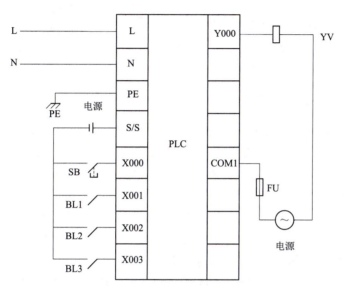

图 4-13　物流检测控制 PLC 的 I/O 接线图

3. 编写物流检测控制 PLC 梯形图程序

物流检测控制 PLC 梯形图程序如图 4-14 所示。

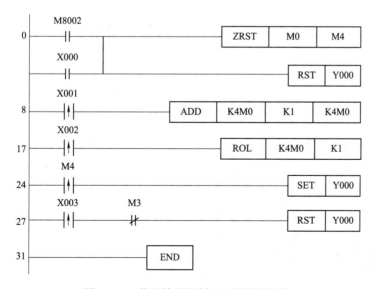

图 4-14　物流检测控制 PLC 梯形图程序

4. 程序分析

①步 0～步 8，PLC 送电初始或按下复位按钮 SB，M0～M4 复位，Y000 复位，次品箱位置仓门关闭。

②步 8～步 17，当无次品到来时，BL1 无动作，X001 总是断开的，于是在 K4M0 构成的数据寄存器中输入"0"。当有次品到来时，用加法指令在 K4M0 最低位，也就是 M0 位置 1，如图 4-15 所示。

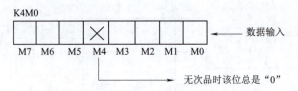

图 4-15 K4M0 与 M4 的关系

③步 17～步 24，每来一个物品，BL2 动作一次，则 X002 接通一次，数据寄存器 K4M0 左移一位。如果没有次品，数据寄存器的每一位都是"0"，移位后数据无变化。物品向前移动，直到掉到正品箱中。当有次品时，M0 为 1，每来一个物品，X002 接通一次，"1"向前移一位，亦即次品向前走一位。

④步 24～步 27，当移到第 4 位时，M4 为 1，置位 Y000，次品箱仓门打开，次品掉到次品箱中。

⑤步 27～步 31，当 BL3 检测到有次品落下时，X003 接通，复位 Y000，关闭次品箱仓门，保证正品继续向前移动到正品箱中。如果有连续的次品，M3 始终为 1，M3 常闭触点断开，X003 无法复位次品箱仓门，确保连续的次品都掉到次品箱中。

5. 程序调试

按照程序图编写和调试程序。

任务三　病床呼叫控制系统

任务描述

病床呼叫是医院病房广泛使用的一种管理系统，主要是病人有特殊需求时对护士和医生呼叫的一种手段。控制要求如图 4-16 所示，现有病房两间，每间配备病床三张，每张病床配备呼叫器一台，上面有呼叫按钮。总显示器设在护士站。当有病人呼叫时，护士站的显示器会发出蜂鸣报警，同时会显示病床号。护士按下消音按钮后停止声音报警，但数字仍显示，多人呼叫后会依次循环显示。护士或医生来到病人床前处理病人需求时，再次按下呼叫按钮，取消呼叫。病人也可以根据自己的需要，再次按下呼叫按钮，取消呼叫。

用功能指令完成此设计任务。

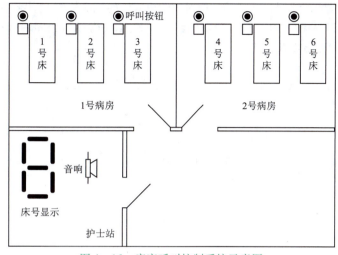

图 4-16 病床呼叫控制系统示意图

知识准备

1. 传送指令 MOV

MOV 指令的编号为 FNC12，该指令的功能是将源数据传送到指定的目标。如图 4-17 所示，当 X000 为 ON 时,则将[S.]中的数据 K100 传送到目标操作元件[D.]，即 D10 中。在指令执行时，常数 K100 会自动转换成二进制数。当 X000 为 OFF 时，则指令不执行，数据保持不变。

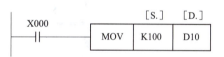

图 4-17 传送指令 MOV 的使用

使用 MOV 指令时应注意：

①源操作数可取所有数据类型，目标操作数可以是 KnY、KnM、KnS、T、C、D、V、Z。

②16 位运算时占 5 个程序步，32 位运算时占 9 个程序步。

2. 交替输出指令 ALT

ALT 指令的编号为 FNC66，该指令的功能是输入 X000 由 OFF 到 ON 变化时，使位软元件反转(ON↔OFF)，如图 4-18 所示。使用 ALT 指令编程时，每个运算周期都执行反转动作。希望通过指令的 ON/OFF 使其反转动作时，请使用 ALTP 指令(脉冲执行型)或是 LDP 指令(脉冲执行型)。

图 4-18 交替输出指令 ALT 的使用

使用 ALT 指令时应注意：

①操作元件是：S、Y、M、D□.b。

②程序步：占三个程序步。

3. 七段码译码指令

七段码译码指令 SEGD 的编号为 FNC73。如图 4-19 所示，将[S.]源操作数的低 4 位指定的 0~F(十六进制数)的数据译成七段码显示的数据存入目标操作数[D.]中，[D.]的高 8 位不变。

图 4-19 七段码译码指令的使用

七段显示器的 a~g 段分别对应于输出字节的第 0 位至第 6 位,若输出字节的某位为 1 时，其对应的段显示；输出字节的某位为 0 时，其对应的段不亮。字符显示与各段的关系见

表 4-1。例如要显示"5"时,a、c、d、f、g 段对应输出字节的相应位为 1,其余为 0。

使用七段码译码指令时应注意:源操作数可取 K、H、KnX、KnY、KnM、KnS、T、C、D、Z;目标操作数可取 KnY、KnM、KnS、T、C、D、Z。

表 4-1 七段码译码表

十六进制数	位组合格式	七段组合数字	g	f	e	d	c	b	a	表示的数字
0	0000		0	0	1	1	1	1	1	0
1	0001		0	0	0	0	0	1	1	0	1
2	0010		0	1	0	1	1	0	1	1	2
3	0011		0	1	0	0	1	1	1	1	3
4	0100		0	1	1	0	0	1	1	0	4
5	0101		0	1	1	0	1	1	0	1	5
6	0110		0	1	1	1	1	1	0	1	6
7	0111		0	0	1	0	0	1	1	1	7
8	1000		0	1	1	1	1	1	1	1	8
9	1001		0	1	1	0	1	1	1	1	9
A	1010		0	1	1	1	0	1	1	1	A
B	1011		0	1	1	1	1	0	0	b
C	1100		0	0	1	1	1	0	0	1	C
D	1101		0	1	0	1	1	1	1	0	d
E	1110		0	1	1	1	1	0	0	1	E
F	1111		0	1	1	1	0	0	0	1	F

4. 触点比较指令

LD、AND、OR 触点比较指令编号为 FNC220 ~ FNC246,对数据内容进行 BIN 比较,对应其结果执行后续的程序。

1) LD 触点比较指令

LD 触点比较指令形式与功能见表 4-2。

表 4-2 LD 触点比较指令形式与功能

指令编号	16 位指令	32 位指令	导通条件	非导通条件
FNC224	LD =	LD(D) =	S1 = S2	S1 ≠ S2
FNC225	LD >	LD(D) >	S1 > S2	S1 ≤ S2

续表

指令编号	16 位指令	32 位指令	导通条件	非导通条件
FNC226	LD <	LD(D) <	S1 < S2	S1 ≥ S2
FNC228	LD < >	LD(D) < >	S1 ≠ S2	S1 = S2
FNC229	LD ≤	LD(D) ≤	S1 ≤ S2	S1 > S2
FNC230	LD ≥	LD(D) ≥	S1 ≥ S2	S1 < S2

如图 4-20 所示，当计数器 C0 的当前值等于 200 时，Y010 得电。当寄存器 D0 内的数据大于 200，并且 X001 接通的情况下，置位 Y011。

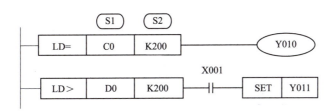

图 4-20 LD 触点比较指令编程举例

2) AND 触点比较指令

AND 触点比较指令形式与功能见表 4-3。

表 4-3 AND 触点比较指令形式与功能

指令编号	16 位指令	32 位指令	导通条件	非导通条件
FNC232	AND =	AND(D) =	S1 = S2	S1 ≠ S2
FNC233	AND >	AND(D) >	S1 > S2	S1 ≤ S2
FNC234	AND <	AND(D) <	S1 < S2	S1 ≥ S2
FNC236	AND < >	AND(D) < >	S1 ≠ S2	S1 = S2
FNC237	AND ≤	AND(D) ≤	S1 ≤ S2	S1 > S2
FNC238	AND ≥	AND(D) ≥	S1 ≥ S2	S1 < S2

如图 4-21 所示，当 X000 接通，且计数器 C10 的当前值为 200 时，Y010 得电。当 X000 接通，并且 D10 内的数据和 D0 内的数据不等时，置位 Y011。

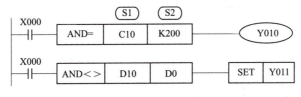

图 4-21 AND 触点比较指令编程举例

3) OR 触点比较指令

OR 触点比较指令形式与功能见表 4-4。

表 4-4 OR 触点比较指令形式与功能

指令编号	32 位指令	导通条件	非导通条件
FNC240	OR(D) =	S1 = S2	S1 ≠ S2
FNC241	OR(D) >	S1 > S2	S1 ≤ S2
FNC242	OR(D) <	S1 < S2	S1 ≥ S2
FNC244	OR(D) < >	S1 ≠ S2	S1 = S2
FNC245	OR(D) ≤	S1 ≤ S2	S1 > S2
FNC246	OR(D) ≥	S1 ≥ S2	S1 < S2

如图 4-22 所示，当 X000 接通，或者计数器 C0 的当前值等于 100 时，Y000 得电。

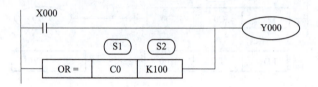

图 4-22 OR 触点比较指令编程举例

使用 OR 指令时应注意：

①当源数据的最高位（16 位指令为 b15，32 位指令为 b31）为 1 时，将该数据作为负数进行比较。

②32 位计数器（C200~C255）的比较，必须以 32 位指令来进行。若指定 16 位指令时，会导致程序出错或运算错误。

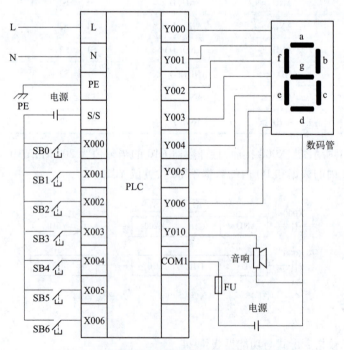

图 4-23 病床呼叫控制系统 PLC 的 I/O 接线图

任务实现

1. I/O 地址分配

输入：

X000——护士站消音按钮 SB0；
X001——1 号病床呼叫器按钮 SB1；
X002——2 号病床呼叫器按钮 SB2；
X003——3 号病床呼叫器按钮 SB3；
X004——4 号病床呼叫器按钮 SB4；
X005——5 号病床呼叫器按钮 SB5；
X006——6 号病床呼叫器按钮 SB6。

输出：

Y000——七段码 a 段；
Y001——七段码 b 段；
Y002——七段码 c 段；
Y003——七段码 d 段；
Y004——七段码 e 段；
Y005——七段码 f 段；
Y006——七段码 g 段；
Y010——呼叫音响。

2. 绘制病床呼叫控制系统 PLC 的 I/O 接线图

病床呼叫控制系统 PLC 的 I/O 接线图如图 4 – 23 所示。

3. 编写病床呼叫控制系统 PLC 梯形图程序

病床呼叫控制系统 PLC 梯形图程序如图 4 – 24 所示。

4. 程序分析

①步 0 ~ 步 4，病床 1 呼叫。按下 SB1，X001 接通，通过交替指令 M1 得电，启动呼叫。再按一次 SB1，M1 失电，取消呼叫。步 4 ~ 步 24，分别为病床 2 ~ 病床 6 的呼叫，方式与病床 1 相同。

②步 24 ~ 步 43，设置呼叫显示循环总时间，每一个病床呼叫显示时间为 2 s，存于数据寄存器 D10 中。

③步 43 ~ 步 62，呼叫显示循环总时间减少控制，每取消一个病床呼叫，显示循环总时间就减少 2 s，取消全部呼叫后，数据寄存器 D10 中的数为 0。

④步 62 ~ 步 72，振荡器输出，循环显示控制。

⑤步 72 ~ 步 86，病床 1 呼叫显示设置，病床号存于数据寄存器 D0 中。M11 和定时器 T1 用于有多个病床呼叫时的分时显示控制。步 86 ~ 步 170，分别为病床 2 ~ 病床 6 的呼叫显示设置，方式与病床 1 相同。

⑥步 170 ~ 步 176，显示呼叫的病床号。

⑦步 176 ~ 步 183，有病床呼叫时，置位 Y010，启动呼叫音响。

⑧步 183 ~ 步 186，护士站按下 SB0，X000 接通，复位 Y010，取消音响。置位 M20，断开音响呼叫。

⑨步 186 ~ 步 192，无人呼叫，复位 M20，以便进行下次呼叫。

⑩步 192 ~ 步 204，无人呼叫，数码管显示为 0，同时音响复位。

病床呼叫控制系统

5. 程序调试

按照程序图编写和调试程序。

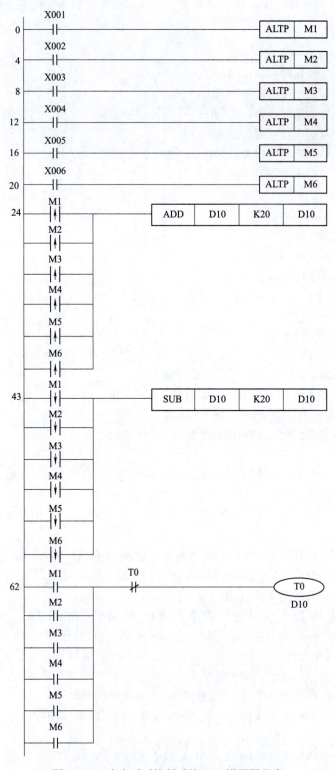

图 4-24　病床呼叫控制系统 PLC 梯形图程序

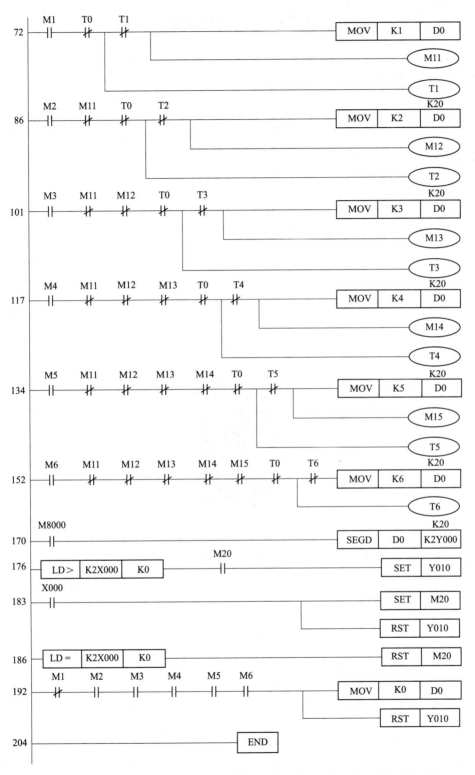

图 4-24 病床呼叫控制系统 PLC 梯形图程序(续)

任务四 六组抢答器控制

任务描述

用功能指令设计一个用七段数码管(简称 LED)显示的六组智力竞赛抢答器,抢答器结构示意图如图 4-25 所示。设有主持人总台及各参赛组分台。总台设有开始、复位按钮和音响,分台设有抢答按钮。控制要求如下:

①各组抢答器必须在主持人给出题目,说"开始"并同时按下了开始按钮后,各组才可开始抢答,数码管显示抢到组的组号,同时音响发声,时间持续 1 s。

②20 s 时间到无组抢答,抢答超时,音响持续发声,该题作废。

③在有组抢答情况下,抢答的组必须在 30 s 内完成答题。如 30 s 内还没有答完,则作答题超时处理,音响持续发声,不得分。

④在一个题目回答终了后,或者抢答超时,或者答题超时,主持人都按下复位按钮,抢答器恢复原始状态,为第二轮抢答做好准备。

⑤如果主持人未按下开始按钮即抢答为违例,音响断续发声,周期为 1 s,同时数码管显示字母 F。

⑥初始状态及主持人按下复位按钮后数码管显示 0。

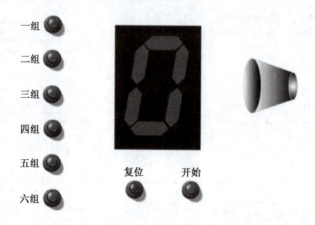

图 4-25 六组抢答器结构示意图

知识准备

1. 子程序调用与子程序返回指令

子程序调用指令 CALL 的编号为 FNC01。操作数为 P0~P127,此指令占用三个程序步。
子程序返回指令 SRET 的编号为 FNC02。无操作数,占用一个程序步。

如图 4-26 所示,如果 X000 接通,则转到标号 P0 处去执行子程序。当执行 SRET 指令时,返回到调用指令 CALL 的下一步执行。

使用子程序调用与子程序返回指令时应注意:

①转移标号不能重复,也不可与跳转指令的标号重复。

②子程序可以嵌套调用,最多可五级嵌套。

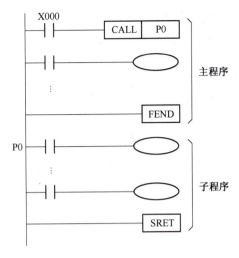

图 4-26　子程序调用与返回指令的使用

2. 主程序结束指令

主程序结束指令 FEND 的编号为 FNC06，无操作数，占用一个程序步。FEND 表示主程序结束，当执行到 FEND 时，PLC 进行输入/输出处理，监视定时器刷新，完成后返回起始步。

使用 FEND 指令时应注意：

①子程序和中断服务程序应放在 FEND 之后。

②子程序和中断服务程序必须写在 FEND 和 END 之间，否则出错。

任务实现

1. I/O 地址分配

输入：

X000——开始按钮 SB1；

X001——复位按钮 SB2；

X002——一组抢答键 S1；

X003——二组抢答键 S2；

X004——三组抢答键 S3；

X004——四组抢答键 S4；

X004——五组抢答键 S5；

X004——六组抢答键 S6。

输出：

Y000——七段码 a 段；

Y001——七段码 b 段；

Y002——七段码 c 段；

Y003——七段码 d 段；

Y004——七段码 e 段；

Y005——七段码 f 段；

Y006——七段码 g 段；

Y007——提示音响。

2. 绘制六组抢答器控制 PLC 的 I/O 接线图

六组抢答器控制 PLC 的 I/O 接线图如图 4-27 所示。

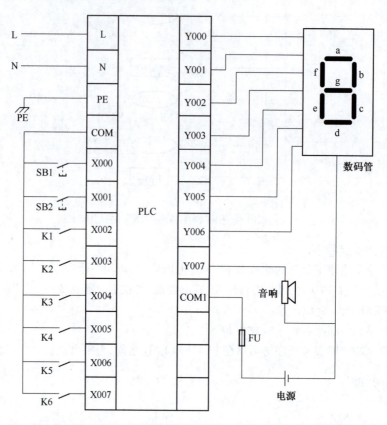

图 4-27　六组抢答器控制 PLC 的 I/O 接线图

3. 编写六组抢答器控制的 PLC 梯形图程序

六组抢答器控制的 PLC 梯形图程序如图 4-28 所示。

4. 程序分析

①步 0~步 4,按下开始按钮,X000 接通,置位 M1,复位 M0,允许抢答。

②步 4~步 14,PLC 送电初始或抢答结束及违例,数码管归零,M1~M9 复位。

③步 17~步 22,无人抢答时间控制。M1 接通后,T0 延时,T0 延时时间到,如无人抢答,则 T0 常闭触点断开步 22~步 72,不能抢答,此题作废,同时 T0 常开触点启动步 125~步 134 中的提示音响。

④步 22~步 72,抢答及数码管显示控制。任何组抢答到都将使 M2~M7 的一个置位,并将相应组号存入数据寄存器 D0 中。

⑤步 72~步 79,抢答确认控制。一旦某组抢答得到将置位 M8,M8 常闭触点断开步 22~步 72,则其他组不能再抢答,保证抢答的唯一性。同时步 117~步 125 中 M8 常开触点启动答题时间控制。

⑥步 79~步 103,违例号显示。M9 常开触点接通,数码管交替显示违例字母 F 和违例组号,T4、T5 控制显示频率周期为 2 s。

⑦步 103~步 112,违例控制。在主持人未按开始按钮就抢答则违例,置位 M9,将违例组号传送给 D1。同时,M9 常开触点启动步 125~步 134 中的提示音响断续发声。

项目四 PLC 功能指令应用

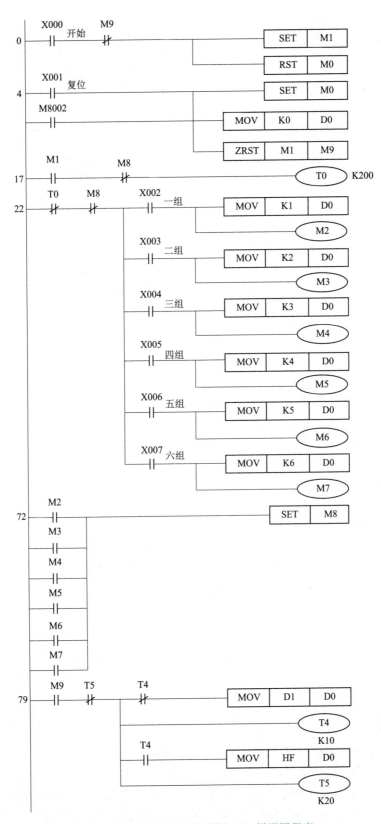

图 4-28 六组抢答器控制的 PLC 梯形图程序

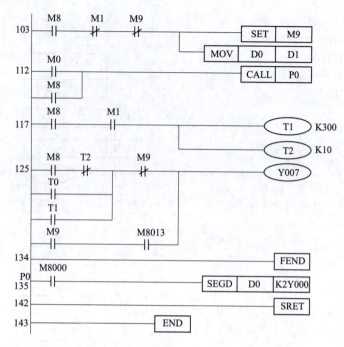

图 4-28 六组抢答器控制的 PLC 梯形图程序(续)

⑧步 112~步 117,调用数码管显示子程序。

⑨步 117~步 125,答题时间控制及正常抢答提示。如 30 s 未答完题,T1 常开触点启动步 125~步 134 中的提示音响表示答题超时。T2 常闭触点控制音响只响 1 s 表示抢答有效。

⑩步 134~步 135,主程序结束。

⑪步 135~步 142,数码管显示子程序。

⑫步 142~步 143,程序结束。

5. 程序调试

按照程序图编写和调试程序。

任务五　停车场车位控制

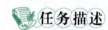任务描述

随着城市的汽车数量剧增,从而引发了停车管理问题。现在大多数停车场的车位管理已实现智能化管理。本任务利用 PLC 的功能指令实现对停车场车位管理的控制。图 4-29 所示为停车场车位控制示意图。

功能要求如下:

①假设该停车场共有 24 个车位。

②在入口两侧装设传感器,用来检测进车及车辆进入的数目。

③在出口两侧装设传感器,用来检测出车及车辆出去的数目。

④尚有车位时,入口闸栏才可以将门开启,让车辆进入停放,并有指示灯指示尚有车位。

⑤车位已满时,则有一指示灯显示车位已满,且入口闸栏不能开启让车辆进入。

⑥可从七段数码管上显示目前停车场共有几辆车。

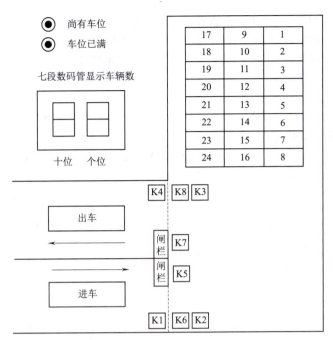

图 4-29　停车场车位控制示意图

其中 K1~K8 传感器作用如下：
K1：进车请求传感器。
K2：进车完成确认传感器。
K3：出车请求传感器。
K4：出车完成确认传感器。
K5：进车闸栏开门到位传感器。
K6：进车闸栏关门到位传感器。
K7：出车闸栏开门到位传感器。
K8：出车闸栏关门到位传感器。

知识准备

1. 加1指令、减1指令

1）指令格式

加 1 指令　FNC24　INC [D.]。
减 1 指令　FNC25　DEC [D.]。
其中，[D.]是要加1（或要减1）的目标软元件。
目操作数的软元件为 KnY、KnM、KnS、T、C、D、V 和 Z。

2）指令用法

INC 指令的功能是将指定的目标软元件的内容增加 1，DEC 指令的功能是将指定的目标软元件的内容减 1。指令说明如图 4-30 所示。

16 位运算时，如果 +32 767 加 1 变成 -32 768，标志位不置位；32 位运算时，如果 +2 147 483 647 加 1 变成 -2 147 483 648，标志位不置位。

在连续执行指令中，每个扫描周期都将执行运算，

图 4-30　INC 和 DEC 指令说明

必须加以注意。所以,一般采用输入信号的上升沿触发运算一次。

16 位运算时,如果 -32 768 再减 1,值变为 +32 767,标志位不置位;32 位运算时,如果 -2 147 483 648 再减 1,值变为 +2 147 483 647,标志位不置位。

2. BCD 码变换指令

1) 指令格式

指令编号及助记符:BCD 码变换指令编号为 FNC18,助记符为 BCD [S.] [D.]。其中,[S.] 为被转换的软元件;[D.] 为目标软元件。

源操作数可取 KnX、KnY、KnM、KnS、T、C、D、V 和 Z;目标操作数可取 KnY、KnM、KnS、T、C、D、V 和 Z。

2) 指令用法

BCD 码变换指令是将源操作数中的二进制数转换成 BCD 码并传送到目标操作数中去。BCD 码变换指令应用示例如图 4-31 所示。BCD 码变换指令将 PLC 内的二进制数变换成 BCD 码后,再译成 7 段码,就能输出驱动 LED 显示器。

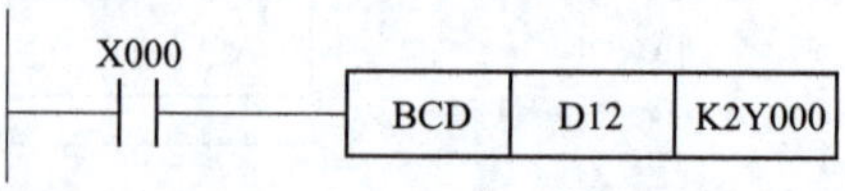

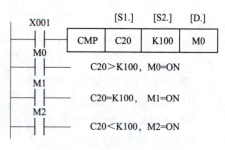

图 4-31 BCD 码变换指令应用示例

3. 比较指令 CMP

(D)CMP(P) 指令的编号为 FNC10,是将源操作数 [S1.] 和源操作数 [S2.] 的数据进行比较,比较结果用目标软元件 [D.] 的状态来表示。如图 4-32 所示,当 X001 接通时,把 C20 的当前值与常数 100 进行比较,比较的结果送入 M0~M2 中。X001 为 OFF 时不执行,M0~M2 的状态也保持不变。

图 4-32 比较指令的使用

任务实现

1. I/O 地址分配

输入:

X000——系统起动按钮 SB1;

X001——系统解除按钮 SB2;

X002——进车请求传感器 K1;

X003——进车完成确认传感器 K2;

X004——出车请求传感器 K3;

X005——出车完成确认传感器 K4;

X006——进车闸栏开门到位传感器 K5;

X007——进车闸栏关门到位传感器 K6;

X010——出车闸栏开门到位传感器 K7;

X011——出车闸栏关门到位传感器 K8。

输出:

Y000——七段码 a 段;

Y001——七段码 b 段;

Y002——七段码 c 段;

Y003——七段码 d 段;

Y004——七段码 e 段;

Y005——七段码 f 段;

Y006——七段码 g 段；
Y010——数码管十位选择；
Y014——数码管个位选择；
Y020——进车闸栏开门控制 KM1；
Y021——进车闸栏关门控制 KM2；
Y022——出车闸栏开门控制 KM3；
Y023——出车闸栏关门控制 KM4；
Y024——尚有车位指示灯 L1；
Y025——车位已满指示灯 L2。

2. 绘制停车场车位控制 PLC 的 I/O 接线图

停车场车位控制 PLC 的 I/O 接线图如图 4-33 所示。

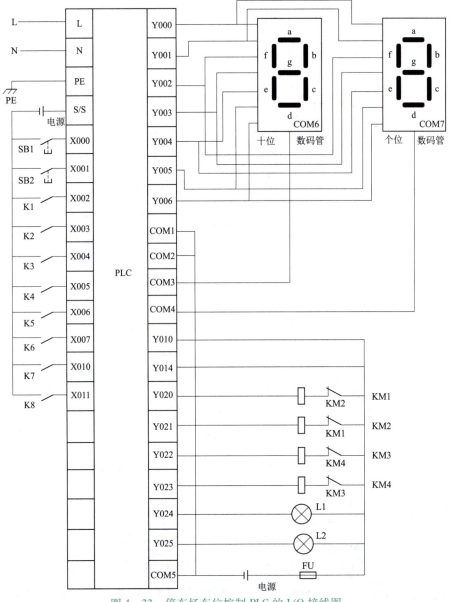

图 4-33　停车场车位控制 PLC 的 I/O 接线图

停车场车位控制

3. 编写停车场车位控制 PLC 梯形图程序
停车场车位控制 PLC 梯形图程序如图 4-34 所示。
4. 程序分析
①步 0 ~ 步 4,按下按钮 SB1,X000 接通,M0 得电并自锁,系统起动。按下停止按钮 SB2,X001 常闭触点断开,M0 失电,系统停止工作。

②步 4 ~ 步 11,车位显示数据清零。

③步 11 ~ 步 15,主控开始。

④步 15 ~ 步 22,有进车请求,M7 接通。进车完成,X003 接通,车位数据寄存器加 1。

⑤步 22 ~ 步 33,有出车请求,M8 接通。出车完成,X005 接通,车位数据寄存器减 1。

⑥步 33 ~ 步 39,将二进制数据转换为十进制数据。

⑦步 39 ~ 步 47,显示车位的个位数。

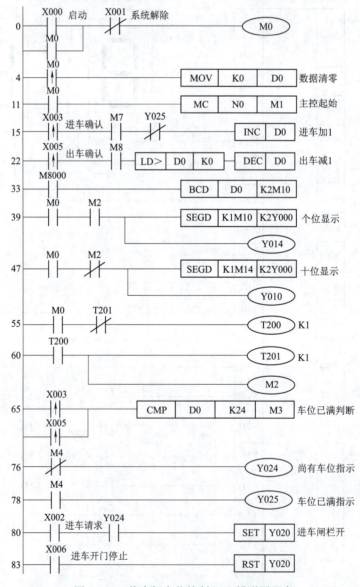

图 4-34 停车场车位控制 PLC 梯形图程序

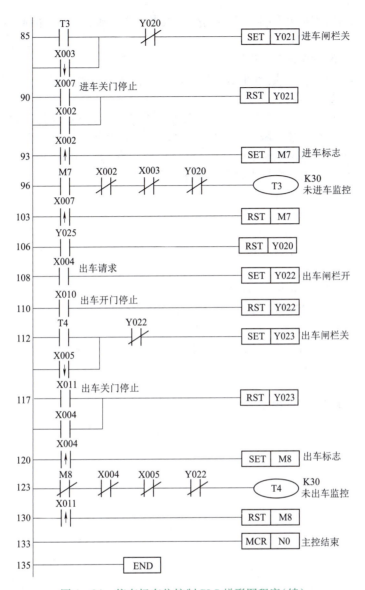

图 4-34 停车场车位控制 PLC 梯形图程序(续)

⑧步 47～步 55,显示车位的十位数。

⑨步 55～步 60,步 60～步 65,用于车位数据显示的振荡器,M2 按 0.02 s 的周期通断输出,T201 控制接通 0.01 s,T200 控制断开 0.01 s。如果 PLC 是晶体管输出,可提高频率,数据显示效果会更好。

⑩步 65～步 76,用比较指令 CMP 监控车位是否已满,当达到 24 辆已满时,M4 接通。

⑪步 76～步 78,车位已满时,X004 常闭触点断开,Y024 失电,"尚有车位指示"灯灭。

⑫步 78～步 80,车位已满时,X004 常开触点闭合,Y025 得电,"车位已满指示"灯亮。

⑬步 80～步 83,车位未满,Y024 接通,有进车请求,X002 接通时,置位 Y020,进车闸栏打开,可以进车。

⑭步 83～步 85,进车开门到位,X006 接通,复位 Y020,停止开门。

⑮步 85～步 90,进车完成,X003 接通,或者进车请求取消,且进车监控时间到,T3 常开触点闭合,都置位 Y021,进车闸栏关门。

⑯步 90 ~ 步 93，进车关门到位，X007 接通，或者有进车申请，X002 接通，复位 Y021，停止关门。

⑰步 93 ~ 步 96，置位进车申请标志 M7。

⑱步 96 ~ 步 103，M7 接通，进车请求撤销，X002 常闭触点接通，进车开门完成，未进车监控时间 T3 得电延时工作。

⑲步 103 ~ 步 106，进车关门完成，X007 接通，复位 M7，断开未进车监控延时。

⑳步 106 ~ 步 108，车位已满，Y025 得电，Y025 常开触点始终复位 Y020，即使有进车请求也不能打开进车闸栏，不能再进车。

㉑步 108 ~ 步 110，有出车请求，X004 接通时，置位 Y022，出车闸栏打开，可以出车。

㉒步 111 ~ 步 112，出车开门到位，X010 接通，复位 Y022，停止开门。

㉓步 112 ~ 步 117，出车完成，X005 接通，或者出车请求取消，且出车监控时间到，T4 常开触点闭合，都置位 Y023，出车闸栏关门。

㉔步 117 ~ 步 120，出车关门到位，X011 接通，或者有出车申请，X004 接通，复位 Y023，停止关门。

㉕步 120 ~ 步 123，置位出车申请标志 M8。

㉖步 123 ~ 步 130，M8 接通，出车请求撤销，X004 常闭触点接通，出车开门完成，未出车监控时间 T4 得电延时工作。

㉗步 130 ~ 步 133，出车关门完成，X011 接通，复位 M8，断开未出车监控延时。

㉘步 133 ~ 步 135，主控结束。

5. 程序调试

按照程序图编写和调试程序。

任务工单

PLC 功能指令应用任务工单见表 4-5。

表 4-5　PLC 功能指令应用任务工单

序号	内容	要　　求
1	任务准备	(1) PLC 实训箱、连接调试用连接线若干。 (2) 编程计算机、通信电缆。 (3) PLC 实训指导书。 (4) 收集相关资料及网上课程资源
2	工作内容	(1) 知识准备:熟悉 PLC 编程及使用基本知识。 (2) 认识 PLC 实训箱面板相关电气元件及作用。 (3) 在计算机上用 PLC 编程软件编辑 PLC 程序。 (4) 在 PLC 实训箱上根据实训项目的 PLC 接线图完成 PLC 的外部接线,并连接好 PLC 与计算机间的通信电缆。 (5) 将编好的 PLC 程序写入 PLC 中,并使程序处于监视状态。 (6) 进行软硬件调试,修改不正确的程序段及外部接线。 以上工作要求小组合作完成
3	工期要求	两名学生为一个工作小组。学生应充分发挥团队协作精神,合理分配工作任务及时间,在规定的时间内完成训练任务,本工作任务占用 16 学时(含训练结束考核时间)
4	文明生产	按维修电工(中级)国家职业技能要求规范操作
5	考核	对学生的学习准备、学习过程和学习态度三个方面进行评价,考核学生的知识应用能力和分析问题、解决问题的能力

考核标准

PLC 功能指令应用考核标准见表 4-6。

表 4-6　PLC 功能指令应用考核标准

序号	内容	评　分　标　准	配分	扣分	得分
1	正确选择输入/输出设备及地址并画出 I/O 接线图	设备及端口地址选择正确,接线图正确、标注完整。输入/输出每错一个扣 5 分,接线图每少一处标注扣 1 分	20		
2	正确编制梯形图程序	梯形图格式正确,梯形图整体结构合理,每错一处扣 5 分;不会使用 PLC 软件编辑 PLC 程序,该项不得分	40		
3	外部接线正确	电源线、通信线及 I/O 信号线接线正确,每错一处扣 5 分	20		
4	写入程序并进行调试	操作步骤正确,动作熟练。(允许根据输出情况进行反复修改和完善。)不会写入程序,该项不得分;程序未监视,扣 5 分;调试未成功,扣 10 分	20		
5	其他	若有违规操作,每次扣 10 分;编程及调试过程中超时,每超时 5 min 扣 5 分;违反电气安全操作规程,酌情扣分	从总分倒扣		
开始时间		结束时间		总分	

习题四

1. 填空题

(1) 在 D0 和 D1 组成的双字中，D0 存放（　　　）16 位，D1 存放（　　　）16 位。

(2) PLC 从 RUN 状态进入 STOP 状态时，所有的通用数据寄存器的值被改写为（　　　）。

(3) 指令助记符 MOV 后面有（　　　）表示脉冲执行，处理 32 位数据的指令是在助记符前加（　　　）标志。

(4)（　　　）指令的功能是将指定的目标软元件的内容增加 1，（　　　）指令的功能是将指定的目标软元件的内容减 1。

2. 选择题

(1) 两个数据寄存器合并起来可以存放（　　　）数据（双字）。
　　A. 8 位　　　　　　　　B. 16 位　　　　　　　　C. 32 位

(2) K2 M0 表示组成了一个（　　　）数据，M0 为最低位。
　　A. 8 位　　　　　　　　B. 16 位　　　　　　　　C. 32 位

(3) 七段译码指令的助记符是（　　　）。
　　A. DECO　　　　　　　B. ENCO　　　　　　　　C. SEGD

(4) 子程序调用的返回指令是（　　　）。
　　A. CALL　　　　　　　B. FEND　　　　　　　　C. SRET

3. 判断题

(1) 指令助记符 MOV 后面有"P"表示脉冲执行。　　　　　　　　　　　　　　（　　）

(2) 位元件可以通过组合使用，六个位元件为一个单元。　　　　　　　　　　（　　）

(3) 区间复位指令 ZRST 是将指定范围内的同类元件成批复位。　　　　　　　（　　）

(4) BCD 码变换指令是将源操作数中的二进制数转换成 BCD 码并传送到目标操作数中。　　　　　　　　　　　　　　　　　　　　　　　　　　　　　　　　　　（　　）

(5) 子程序调用中，转移标号可以重复。　　　　　　　　　　　　　　　　　（　　）

(6) 将数据写入通用数据寄存器后，其值将保持不变，直到下一次被改写。　　（　　）

4. 简答题

(1) 一个展厅中只能容纳 20 人，超过 20 人报警器就报警，展厅进出口分开，进出口各装设一传感器监视人的进出。试完成此 PLC 报警程序设计。[提示：可用加 1（INC）、减 1（DEC）、触点比较（LD）指令完成此程序设计。]

(2) 用功能指令设计一个数码管循环点亮的控制系统，其控制要求如下：

① 手动时，每按一次按钮数码管显示数值加 1，由 0～9 依次点亮，并实现循环。

② 自动时，每隔 1 s 数码管显示数值加 1，由 0～9 依次点亮，并实现循环。

(3) 三台电动机相隔 3 s 起动，各运行 30 s 停止，循环往复。试使用 MOV 和 CMP 比较指令编程实现这一控制。

(4) 某密码锁有 8 个输入按钮 SB0～SB7，分别接输入点 X000～X007。设计要求：每次同时按下 2 个按钮，共按 3 次，如与设定值都相同，则 3 s 后开锁，10 s 后重新关锁。如果连按 10 次未开锁，密码锁自动锁死，只能用钥匙打开。

拓展阅读

劳动精神

劳动精神是指崇尚劳动、热爱劳动、辛勤劳动、诚实劳动的精神。

2021年9月,党中央批准了中央宣传部梳理的第一批纳入中国共产党人精神谱系的伟大精神,劳动精神被纳入。

在长期实践中,我们培育形成了爱岗敬业、争创一流、艰苦奋斗、勇于创新、淡泊名利、甘于奉献的劳模精神,崇尚劳动、热爱劳动、辛勤劳动、诚实劳动的劳动精神,执着专注、精益求精、一丝不苟、追求卓越的工匠精神。劳模精神、劳动精神、工匠精神是以爱国主义为核心的民族精神和以改革创新为核心的时代精神的生动体现,是鼓舞全党全国各族人民风雨无阻、勇敢前进的强大精神动力。

"铁人"王进喜

王进喜,甘肃玉门人,是新中国第一批石油钻探工人,全国著名的劳动模范,历任玉门石油管理局钻井队队长、大庆油田1205钻井队队长、大庆油田钻井指挥部副指挥。1956年加入中国共产党。他率领1205钻井队艰苦创业,打出了大庆第一口油井,并创造了年进尺10万米的世界钻井纪录,展现了大庆石油工人的气概,为我国石油事业立下了汗马功劳,成为中国工业战线一面火红的旗帜。王进喜以"宁可少活二十年,拼命也要拿下大油田"的顽强意志和冲天干劲,被誉为油田铁人。他留下的"铁人精神""大庆精神",成为我国社会主义建设事业的宝贵财富。1959年,王进喜在全国"群英会"上被授予全国先进生产者称号。王进喜是中共第九届中央委员,第三届全国人大代表。

1960年3月,他率队从玉门到大庆参加石油大会战,发扬"为国分忧,为民族争气"的爱国主义精神,为结束"洋油"时代而顽强拼搏。他组织全队职工把钻机化整为零,用"人拉肩扛"的方法搬运和安装钻机,奋战三天三夜把井架耸立在荒原上。打第一口井时,为解决供水不足,王进喜带领工人破冰取水,"盆端桶提"运水保开钻。打第二口井时突然发生井喷,当时没有压井用的重晶石粉,王进喜决定用水泥代替;没有搅拌机,他不顾腿伤,带头跳进水泥浆池里用身体搅拌,经全队工人奋战,终于制服井喷。

项目五 状态转移图(SFC)应用

用梯形图或指令表方式编程固然广为电气技术人员接受,但对于复杂的控制系统,尤其是顺序控制系统,其内部的联锁、互动关系极其复杂,其梯形图往往长达数百行,通常要由熟练的电气工程师才能编制出这样的程序。另外,如果在梯形图上不加上注释,则这种梯形图的可读性也会大大降低。

近年来,许多新生产的 PLC 在梯形图语言之外加上了采用 IEC 标准的 SFC(sequential function chart)语言,用于编制复杂的顺控程序。利用这种先进的编程方法,初学者也很容易编出复杂的顺序控制程序。即便是熟练的电气工程师,用这种方法后也能大大提高工作效率。另外,这种方法也为调试、试运行带来许多难以言传的方便。

三菱的小型 PLC 在基本逻辑指令之外增加了两条简单的步进顺序控制指令,同时辅之以大量状态元件,用类似于 SFC 语言的状态转移图方式编程。

学习目标

①掌握状态编程元件——状态继电器 S。
②掌握状态转移图的组成。
③掌握 FX 系列 PLC 的步进顺控指令。
④掌握状态转移图的结构。
⑤会用状态继电器绘制出状态转移图。
⑥掌握将状态转移图转换成步进顺控梯形图的方法。
⑦会用状态转移图程序解决实际工程控制问题。
⑧具有良好的职业道德、敬业精神和社会责任心。

任务一 用 GX Works2 编写状态转移图

用 GX Works2 软件编写步进顺序控制程序有两种方式:一种是在梯形图程序类型(新建项目时选择程序语言)中直接输入指令的方式进行编写;另一种是用 SFC(顺序功能图)方式来编写步进顺序控制程序,这两种方式只是在软件界面上看到的形式不一样,程序本身没有任何区别而且相互之间可以转换。下面介绍如何用 SFC 方式编写程序。

知识准备

1. 顺序功能图概述

在 FX 系列 PLC 中,可以使用顺序功能图(sequential function chart,SFC)实现顺序控制。

用SFC程序可以以便于理解的方式表现基于机械动作的各工序的作用和整个控制流程。所以,顺控的设计也变得简单。

一个顺序控制过程可以分为若干个阶段,这些阶段称为状态或者步,所以,顺序功能图(SFC)又称状态转移图或流程图,本书称为状态转移图。每个状态或者每个步都有不同的动作,状态与状态之间由转换条件分隔。当相邻两状态之间的转换条件得到满足时,就实现状态的转移。

2. FX系列PLC的状态元件

每一个状态或者步用一个状态元件表示,S0为初始步,又称准备步,表示初始准备是否到位。其他为工作步。

状态元件是构成SFC的基本元素,是PLC的软元件之一。FX2N、FX3U系列PLC共有1 000个状态元件,其类别、编号、数量及用途见表5-1。

表5-1 状态元件类别、编号、数量及用途

类别	元件编号	数量	用途
初始状态	S0~S9	10	用作SFC(状态转移图)的初始状态
一般用	S10~S499	500	非停电保持区域
停电保持用(电池保持)	S500~S899	400	停电保持区域
停电保持专用(电池保持)	S1000~S4095	3 096	停电保持区域
信号报警状态	S900~S999	100	用作报警元件使用

注:关于停电保持的特性可以通过参数进行变更。

3. SFC的画法

SFC用于描述控制系统的控制过程,主要由步(状态)、动作、有向连线、转移条件组成。

步(状态):步分为活动步(正在运行的步)和非活动步(没有运行的步)。

动作:步方框右边用线连接的符号为本步的工作对象(驱动对象),称为动作。当状态继电器接通时,工作对象通电动作。

有向连线:有向连线表示步的转移方向。在画SFC时,将代表各步的方框按先后顺序排列,并用有向连线将它们连接起来。表示从上到下或从左到右这两个方向的有向连线的箭头可以省略。

SFC的三要素:驱动动作、转移目标和转移条件。其中转移目标和转移条件必不可少,而驱动动作则视具体情况而定,也可能没有实际的动作。

转移条件:转移条件用与有向连线垂直的短画线来表示,将相邻两步隔离。转移条件标注在与有向连线垂直的短画线的旁边。转移条件是与转移逻辑相关的触点,可以是常开触点、常闭触点或两者的串联和并联。

如图5-1所示,用状态继电器S记录每个步,输入继电器X或定时器T为转移条件。图中流程方向始终向下,因而省略了箭头。占据SFC程序的起始位置的状态称为初始状态,可以使用S0~S9的编号表示。

4. 步与步之间的状态转换需满足两个条件

前级步必须是活动步;对应的转换条件要成立。

满足上述两个条件就可以实现步与步之间的转换。一旦后续步转换成功成为活动步,前级步就要复位成为非活动步。

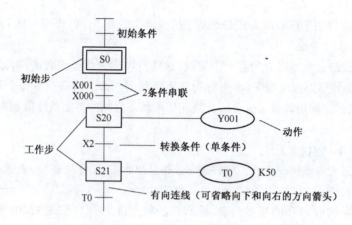

图 5-1 状态转移图的画法

任务实现

新建SFC程序

①启动 GX Works2 软件,选择"工程"→"新建工程"命令,或单击工具栏中的"新工程"按钮,在弹出的"新建工程"对话框中,对"工程类型"、"PLC 系列"、"PLC 类型"和"程序语言"分别进行选择,各选项分别为"简单工程"、"FXCPU"、"FX3U/FX3UC"和"SFC",如图 5-2 所示。

图 5-2 "新建工程"对话框

②完成上述工作后,单击"确定"按钮,弹出"块信息设置"对话框,如图 5-3 所示。"标题"可写可不写,首个块的"块类型"一般选择"梯形图块",用于编辑激活状态转移图的初始步程序。当然也可以包括其他控制程序。

③单击"执行"按钮,打开 SFC 编程中的梯形图编辑页面,如图 5-4 所示。左侧有个"LD",意思是"加载",表示该程序块为梯形图程序。右侧为程序输入区。在首个程序块中一般包含激活状态转移图初始步程序。激活初始步一般用 PLC 初始脉冲 M8002,PLC 送电即激活,也可以采用其他触点方式来完成激活初始步,只要在它们之间建立一个驱动电路就可以。在输入完程序后,选择"转换/编译"→"转换"命令,或单击工具栏中的"转换"按钮,或按下【F4】快捷键,完成梯形图程序的转换。

图 5-3 "块信息设置"对话框

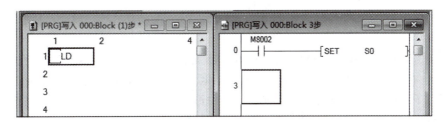

图 5-4 SFC 程序中的梯形图编程页面

④在完成了程序的第 0 块(梯形图块)编辑以后,右击导航栏中"程序"下的 MAIN 命令,弹出快捷菜单,如图 5-5 所示,选择"打开 SFC 块列表"命令,打开 SFC 程序块列表对话框,如图 5-6 所示。可以看到已经设置好的程序块 0 行,为梯形图程序块。

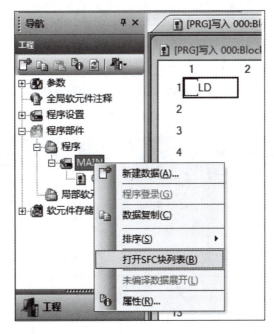

图 5-5 打开 SFC 块列表

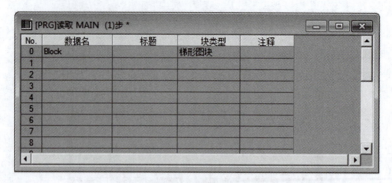

图 5-6 SFC 程序块列表对话框

⑤双击程序块 1 行,再次打开"块信息设置"对话框,设置"块类型"为"SFC 块",如图 5-7 所示。SFC 程序由多个程序块组成,每个程序块可以根据需要设置为"梯形图块"或者"SFC 块"。

⑥单击"执行"按钮,打开 SFC 程序编辑页面,如图 5-8 所示。编程区左侧为状态转移图编辑区,右侧为每一步的动作或转移条件编辑区。从导航窗口可以看到,主程序 MAIN 下面已经有了两个程序块,就是刚建好的梯形图程序块和 SFC 程序块。状态转移图编辑有三种结构:单流程结构、选择性分支结构和并行分支结构。

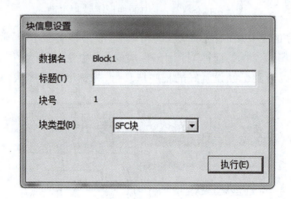

图 5-7 "块信息设置"对话框

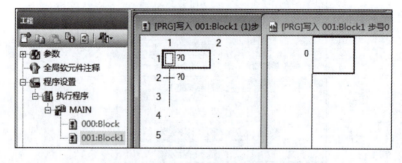

图 5-8 SFC 程序中的 SFC 程序编程页面

⑦状态转移图编程:

a. 步的编辑。双击步编辑位置,如图 5-9 所示。打开"SFC 符号输入"对话框,如图 5-10 所示。"STEP"步号可以默认,也可以重设,然后单击"确定"按钮,完成步设置。

SFC程序编写

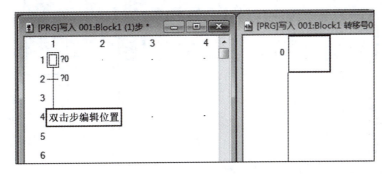

图 5-9 步编辑

图 5-10 "SFC 符号输入"对话框

b. 转移条件的编辑。双击转移条件编辑位置,如图 5-11 所示。打开"SFC 符号输入"对话框,如图 5-12 所示。"TR"转移条件号可以默认,也可以重设,然后单击"确定"按钮,完成转移条件设置。

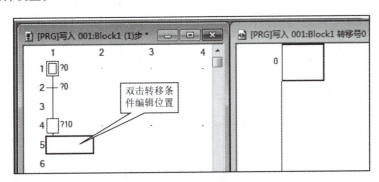

图 5-11 转移条件编辑

图 5-12 "SFC 符号输入"对话框

注意:有两个条件编辑位置,一个是设置转移条件,一个是设置分支,包括选择性分支和并行分支。

c. 跳转设置。双击步编辑位置,打开"SFC 符号输入"对话框,在"图形符号"下拉列表中选择 JUMP,在步号位置填要跳转到的步号,本例步号为"0",然后单击"确定"按钮,如图 5-13 所示。跳转设置完成后,跳转指向的步会有一个黑点,如图 5-14 所示。

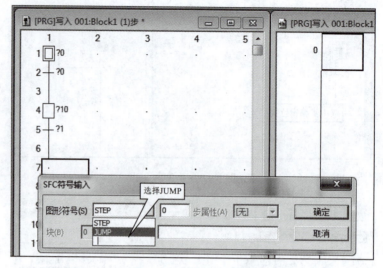

图 5-13 跳转返回设置

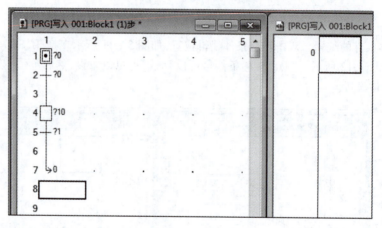

图 5-14 完成跳转设置

转移条件
程序编写

d. 转移条件程序输入。未编程的转移条件号前有个问号,首先选中编辑窗口左侧要编辑的转移条件号,在编辑窗口右侧编辑转移条件控制程序。先输入触点,如常开触点 X001,方法与前面的程序录入方法相同。然后选择输出线圈,如图 5-15 所示,不要输入编号,直接单击"确定"按钮,或按【Enter】键,完成转移条件编程,如图 5-16 所示。按【F4】键完成转换,如图 5-17 所示,此时可以看到状态转移图中转移条件号前的问号没有了,表示转移条件编辑完成。

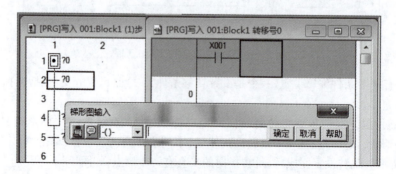

图 5-15 转移条件编程(1)

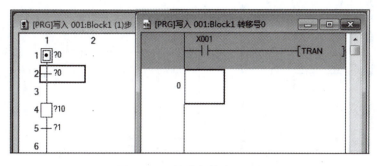

图 5-16 转移条件编程(2)

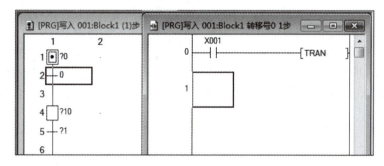

图 5-17 转移条件编程(3)

状态转移图书写体编程中的串联转移条件和并联转移条件如图 5-18 所示。在状态转移图书写体编程中,无论是串联转移条件还是并联转移条件,在状态转移图软件编程中只能有一个转移条件号,编程方式在编辑区的右侧实现,如图 5-19(串联)、图 5-20(并联)所示。

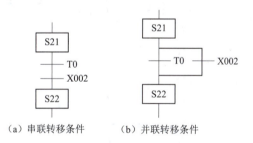

(a) 串联转移条件　　(b) 并联转移条件

图 5-18 状态转移图书写体中的串并联转移条件

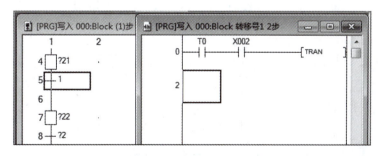

图 5-19 状态转移图书写体中的串联转移条件编程

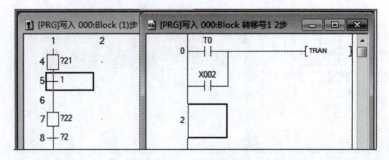

图 5-20 状态转移图书写体中的并联转移条件编程

步的编写

e. 步程序输入。未编程的步号前有个问号,首先选中编辑窗口左侧要编辑的步号,在编辑窗口右侧编辑步的控制程序。方法与前面的程序录入方法相同。对于图 5-21 所示的状态转移图书写体程序段Ⅰ编程如图 5-22 所示。对于图 5-23 所示的状态转移图书写体程序段Ⅱ编程如图 5-24 所示。完成程序编辑后,按【F4】键,对编辑程序进行转换,转换完成后可以看到状态转移图中步号前的问号没有了,表示程序编辑完成。对于没有驱动动作的步不用编程。

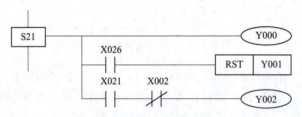

图 5-21 状态转移图书写体程序段Ⅰ

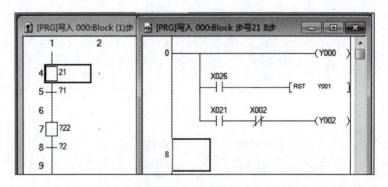

图 5-22 状态转移图书写体中驱动动作的编程Ⅰ

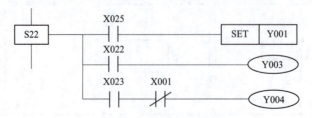

图 5-23 状态转移图书写体程序段Ⅱ

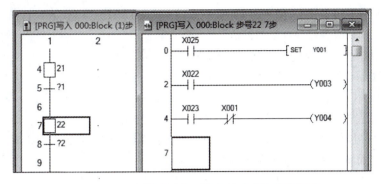

图 5-24　状态转移图书写体中驱动动作的编程 Ⅱ

任务二　机械手控制系统

任务描述

图 5-25 所示为机械手工作示意图。要求机械手从工作台 D 点将工件搬移到传输带上 E 点，然后自动起动传输带运送工件，其中 LS0~LS5 表示传感器，MC 表示电动机。机械手初始位置在原位，系统起动后，当检测到工作台有工件，机械手将完成下降→夹紧→上升→左移→下降→放松→上升→右移。传输带检测到有工件时自动起动。机械手下降、上升、左移和右移的动作转换靠限位开关来控制，而夹紧和放松的动作转换由时间继电器来控制。并且，机械手可以手动调节下降、上升、左移、右移、夹紧和放松等动作，而且，自动工作前必须手动回原点。

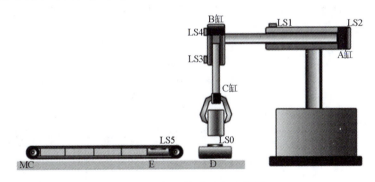

图 5-25　机械手工作示意图

知识准备

1. FX 系列 PLC 的步进顺控指令

FX 系列 PLC 的步进顺控指令有两条：步进触点驱动指令 STL 和步进返回指令 RET。

STL：步进触点驱动指令，梯形图符号为─┤├─。

RET：步进返回指令，梯形图符号为─|RET|─。

一系列 STL 指令后，在状态转移程序的结尾必须使用 RET 指令，表示步进顺控功能（主控功能）结束。但是，通过 GX Works2、GX Developer 输入 SFC 程序时，不需要输入 RET 指令。（软件会自动写入。）

若某一动作在连续的几步中都需要被驱动,则用 SET 指令。CPU 只执行活动步对应的电路块,因此,STL 指令允许双线圈输出。

2. 状态转移图中用到的特殊辅助继电器

为了能够更有效地制作 SFC 程序,需要使用以下几个特殊辅助继电器:

①M8000:RUN 监控。在 PLC 运行过程中一直为 ON 的继电器。可以作为需要一直驱动的程序的输入条件以及作为 PLC 的运行状态的显示来使用。

②M8002:初始脉冲。仅仅在 PLC 从 STOP 切换成 RUN 的瞬间(1 个扫描周期)为 ON 的继电器。用于程序的初始设定和初始状态的置位。

③M8040:禁止转移。驱动了这个继电器后,所有的状态之间都禁止转移。

此外,即使是在禁止转移的状态下,由于状态内的程序仍然动作,所以输出线圈等不会自动断开。

④M8046:STL 动作。用于避免与其他流程同时起动,或者用作工序的动作标志位。M8047 为 OFF 时,M8046 一直 OFF。M8047 为 ON 时,M8046 的动作如下:

状态 S0~S899、S1000~S4095 中只要有 1 个为 ON 时:ON;状态 S0~S899、S1000~S4095 都为 OFF 时:OFF。

⑤M8047:STL 监控有效。驱动该继电器后,将状态 S0~S899、S1000~S4095 中正在动作(ON)的状态的最新编号保存到 D8040 中,将下一个动作(ON)的状态编号保存到 D8041 中。以下到 D8047 为止依次保存动作状态(最大 8 点)。

在 GX Works2、GX Developer 的 SFC 监控中,即使不驱动这个继电器,也可以实现自动滚动监控。

3. 状态转移图转换成步进梯形图程序编程举例

SFC 程序和步进梯形图指令,都是按照既定的规则进行编程的,所以可以相互转换。状态转移图转换成步进梯形图程序编程举例如图 5-26 所示。

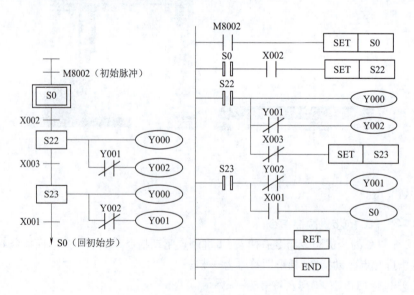

图 5-26 状态转移图转换成步进梯形图程序编程举例

任务实现

1. I/O 地址分配

输入：

X000——系统起动按钮 SB1；
X001——系统停止按钮 SB2；
X002——手动/自动选择开关 SA；
X010——工作台工件到位 LS0；
X011——机械手左移限位 LS1；
X012——机械手右移限位 LS2；
X013——机械手下降限位 LS3；
X014——机械手上升限位 LS4；
X015——传输带工件到位 LS5；
X020——手动下降按钮 SB3；
X021——手动上升按钮 SB4；
X022——手动左移按钮 SB5；
X023——手动右移按钮 SB6；
X024——手动夹紧按钮 SB7；
X025——手动放松按钮 SB8；
X026——传输带手动运行按钮 SB9。

输出：

Y000——机械手下降；
Y001——机械手夹紧；
Y002——机械手上升；
Y003——机械手左移；
Y004——机械手右移；
Y005——传输带运行。

2. 绘制机械手控制系统 PLC 的 I/O 接线图

机械手控制系统 PLC 的 I/O 接线图如图 5-27 所示。

3. 编写机械手控制系统 PLC 梯形图程序

机械手控制系统 PLC 程序设计采用 SFC 设计，SFC 程序由块组成，每个块可以是梯形图程序也可以是 SFC 程序。本程序包括三个程序块：一是机械手初始化及手动控制程序，为梯形图程序，如图 5-28 所示；二是机械手自动控制程序，为 SFC 程序，如图 5-29 所示；三是传输带控制程序，为梯形图程序，如图 5-30 所示。

机械手控制系统

4. 程序分析

（1）程序块Ⅰ，机械手初始化及手动控制程序，如图 5-28 所示。

①步 0～步 4，为系统起停控制。按下系统起动按钮 SB1，X000 接通，M0 得电，系统起动。按下系统停止按钮 SB2，X001 常闭触点断开，M0 失电，系统停止。M0 常开触点为自锁触点。

②步 4～步 15，系统复位。系统停止，M0 常闭触点闭合，状态继电器 S0～S17 复位，所有状态停止；输出继电器 Y000～Y007 复位，所有输出停止。

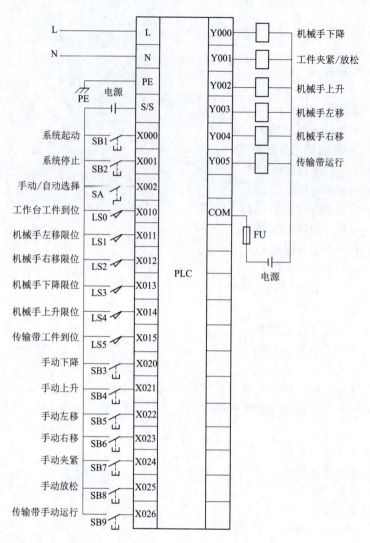

图 5-27 机械手控制系统 PLC 的 I/O 接线图

③步 15～步 19,SA 断开时,X002 常闭触点闭合,或系统断开 M0 一瞬间,复位 M3,系统处于手动设置状态。

④步 19～步 24,系统起动后,M0 常开触点闭合,合上 SA,X002 接通,且机械手在原点位置(LS2 闭合,LS4 闭合),X012、X014 接通,置位 M3,系统进入自动工作状态设置。

⑤步 24～步 28,M3 接通,程序跳转到步 65,系统转入自动工作状态设置。否则,向下执行手动状态。

⑥步 28～步 42,手动控制机械手上升下降。按下手动下降按钮 SB3,X020 接通,Y000 得电,机械手下降。按下手动上升按钮 SB4,X021 接通,Y001 得电,机械手上升。X011、X012 为左移、右移限位,机械手必须在左移、右移限位的位置才可进行上升或下降控制。X013、X014 分别为下降、上升限位。

⑦步 42～步 55,手动控制机械手左移右移。按下手动左移按钮 SB5,X022 接通,Y003 得电,机械手左移。按下手动右移按钮 SB6,X023 接通,Y004 得电,机械手右移。X014 为上升限位,机械手必须在上限的位置才可进行左移或右移控制。X011、X012 分别为机械手左移、右移限位。

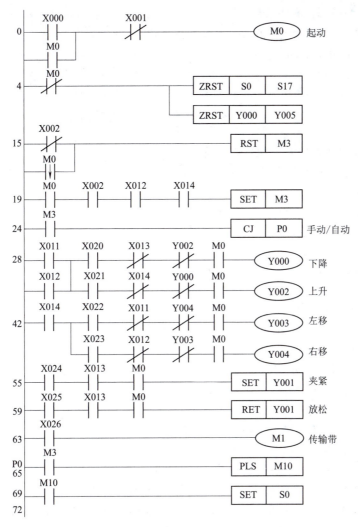

图 5-28 机械手控制系统 PLC 程序块 I

⑧步 55～步 59，为手动夹紧控制。按下手动夹紧按钮 SB7，X024 接通，置位 Y001，机械手进行夹紧动作。

⑨步 59～步 63，为手动放松控制。按下手动放松按钮 SB8，X025 接通，复位 Y001，机械手进行放松动作。机械手夹紧放松必须在下限的位置才可进行。

⑩步 63～步 65，为手动控制传输带。按下传输带手动运行按钮 SB9，X026 接通，M1 得电，在程序块 Ⅲ 中控制传输带工作。

⑪步 65～步 69，SA 选择自动工作，M3 常开触点接通，M10 得电。

⑫步 69～步 72，M10 接通，置位 S0，激活程序块 Ⅱ 状态转移图程序中的初始步。

(2) 程序块 Ⅱ，机械手自动控制程序，如图 5-29 所示。

① M10 接通，激活状态 S0。

②状态 S0。无动作。工作台上检测到有工件，LS0 闭合，X010 接通，激活状态 S10。

③状态 S10。Y000 得电，机械手下降。下降到位碰到下限位开关 LS3，其常开触点闭合，X013 接通，激活状态 S11，机械手停止下降。

④状态 S11。置位 Y001，机械手将工件夹紧。同时，T0 得电，控制夹紧时间。当 T0 时

间到,其常开触点接通,激活状态 S12。

⑤状态 S12。Y002 得电,机械手上升。上升到位碰到 LS4,其常开触点闭合,X014 接通,激活状态 S13,机械手停止上升。

⑥状态 S13。Y003 得电,机械手左移。左移到位碰到 LS1,其常开触点闭合,X011 接通,激活状态 S14,机械手停止左移。

⑦状态 S14。Y000 得电,机械手下降。下降到位碰到 LS3,其常开触点闭合,X013 接通,激活状态 S15,机械手停止下降。

⑧状态 S15。复位 Y001,机械手将工件放松。同时,T1 得电,控制放松时间。当 T1 计时时间到,工件放置到位,其常开触点接通,激活状态 S16。

⑨状态 S16。Y002 得电,机械手上升。上升到位碰到 LS4,其常开触点闭合,X014 接通,激活状态 S17,机械手停止上升。

⑩状态 S17。Y004 得电,机械手右移。右移到位碰到 LS2,其常开触点闭合,X012 接通,激活状态 S0,机械手停止右移,返回到原点。

(3)程序块Ⅲ,传输带控制程序,如图 5-30 所示。

①步 0~步 11,传输带自动控制。系统选择自动工作方式后,M3 常开触点闭合。当传输带检测到有工件,LS5 闭合,X015 接通;且机械手处于上升限位,LS4 闭合,X014 接通,此时,M2 得电,驱动传输带工作。M2 常开触点为自锁触点。同时,T2 得电,控制传输带工作时间,5 s 时间到,T2 常闭触点断开,M2 失电,传输带停止工作。意味着自动工作时,每来一个工件,传输带自动工作 5 s,然后停止。

②步 11~步 15,传输带驱动。系统起动后,M0 常开触点闭合,手动控制时,M1 接通,Y005 得电,驱动传输带工作;自动控制时,M2 接通,Y005 得电,驱动传输带工作。

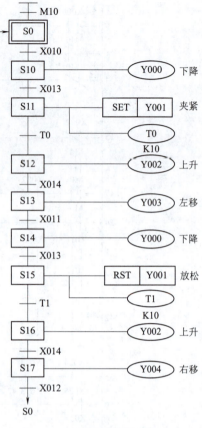

图 5-29 机械手控制系统 PLC 程序块Ⅱ

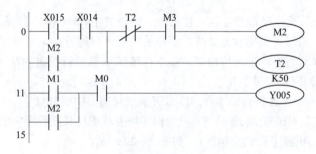

图 5-30 机械手控制系统 PLC 程序块Ⅲ

5. 程序调试

按照程序图编写和调试程序。

任务三 自动门控制系统

任务描述

图5-31所示为自动门控制系统,动作如下:人靠近自动门时,感应器K接通,接触器KM1得电,驱动电动机高速开门。碰到开门减速开关SQ1时,KM1失电,接触器KM2得电,控制电动机低速开门。碰到开门极限开关SQ2时,断开KM2,电动机停止,人通过。人通过后开始延时,若在0.5 s内感应器K检测到无人,接触器KM3得电,控制电动机高速关门。碰到关门减速开关SQ3时,KM3失电,接触器KM4得电,控制电动机低速关门。碰到关门极限开关SQ4时电动机停止。在关门期间若感应器K检测到有人,终止关门,延时0.5 s后自动转换为高速开门。用PLC状态转移图完成该任务程序设计。

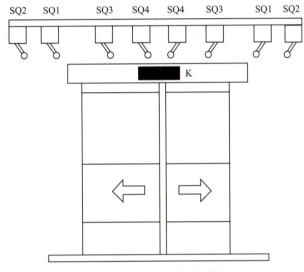

图5-31 自动门控制系统

知识准备

1. 选择性分支状态转移图及其特点

从多个分支流程中根据条件选择某一分支执行,其他分支的转移条件不能同时满足,即每次只满足一个分支转移条件,称为选择性分支,如图5-32所示。从图中可以看出以下几点:

①该状态转移图有三个分支流程顺序。

②根据不同的条件(X000、X010、X020),选择执行其中的一个分支流程。当X000为ON时执行第一分支流程;X010为ON时执行第二分支流程;X020为ON时执行第三分支流程。X000、X010、X020不能同时为ON。

③S50为汇合状态,可由S22、S32、S42任一状态驱动。

2. 选择性分支、汇合状态转移图的编程

编程原则是先集中处理分支状态,然后再集中进行汇合处理。

①分支状态的编程。针对状态S20编程时,先进行驱动处理(OUT Y000),然后按S21、S31、S41的顺序进行处理。

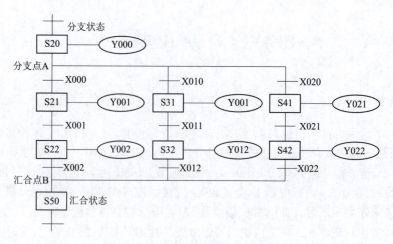

图 5-32 选择性分支状态转移图

②汇合状态的编程。汇合状态编程前先依次对 S21、S22、S31、S32、S41、S42 状态进行汇合前的输出处理编程,然后按顺序从 S22(第一分支)、S32(第二分支)、S42(第三分支)向汇合状态 S50 转移编程。

③选择性分支状态转移图对应的步进顺控梯形图程序如图 5-33 所示。

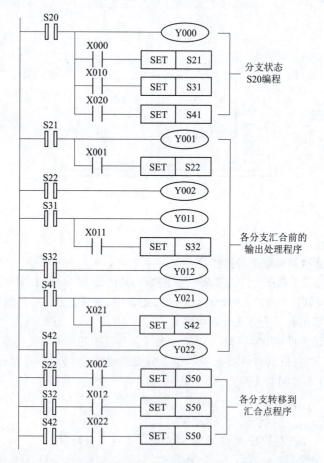

图 5-33 选择性分支状态转移图对应的步进顺控梯形图程序

任务实现

1. I/O 地址分配

输入：

X000——人到检测开关 K；

X001——开门减速开关 SQ1；

X002——门全开开关 SQ2；

X003——关门减速开关 SQ3；

X004——门全关开关 SQ4。

输出：

Y000——高速开门控制 KM1；

Y001——减速开门控制 KM2；

Y002——高速关门控制 KM3；

Y003——减速关门控制 KM4。

2. 绘制自动门控制系统 PLC 的 I/O 接线图

自动门控制系统 PLC 的 I/O 接线图如图 5-34 所示。

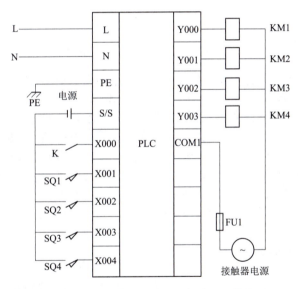

图 5-34 自动门控制系统 PLC 的 I/O 接线图

3. 画出自动门控制系统

自动门控制系统状态转移图如图 5-35 所示。

4. 程序分析

自动门控制系统程序为 SFC 程序，为选择性分支状态转移图。

①PLC 送电，M8002 接通一个扫描周期，激活状态 S0。

②状态 S0。无人进出门，准备状态，无动作。门前有人，K 闭合，X000 接通，激活状态 S20。

③状态 S20。Y000 得电，高速开门，碰到开门减速开关 SQ1，X001 接通，激活状态 S21。

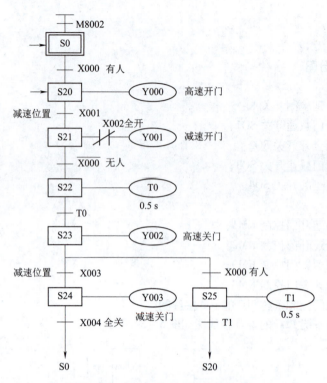

图 5-35 自动门控制系统状态转移图

④状态 S21。Y000 失电,Y001 得电,由高速开门转减速开门。碰到门开限位开关 SQ2,X002 常闭触点断开,Y001 失电,开门停止。人离开,X000 常闭触点闭合,激活状态 S22。

⑤状态 S22。门前无人延时时间到,T0 常开触点接通,激活状态 S23。

⑥状态 S23。Y002 得电,高速关门。后面条件分成两路:一是,若此时无人,继续关门,碰到关门减速行程开关 SQ3,X003 接通,激活状态 S24;二是,若此时又有人,激活状态 S25。

⑦状态 S24。Y002 失电,Y003 得电,由高速关门转减速关门。关门到位,碰到关门限位开关 SQ4,X004 常开触点接通,返回重新激活状态 S0。

⑧状态 S25。延时 0.5 s,时间到,激活状态 S20,再一次高速开门。

5. 程序调试

按照程序图编写和调试程序。

任务四 PLC 在 C650-2 车床电气控制系统中的应用

卧式车床是机械加工中广泛使用的一种机床,可以用来加工各种回转表面、螺纹和端面。车床主轴由一台主电动机拖动,并经机械传动链,实现对工件切削主运动和刀具进给运动的联动输出,其运动速度可通过手柄操作变速齿轮箱进行切换。刀具的快速移动以及冷却系统和液压系统的拖动,则采用单独电动机驱动。在项目二任务一中该控制电路为继电器-接触器控制,接触触点多,线路相对复杂,故障较多,维修人员任务较重。本任务用 PLC 实现对车床的电气控制。PLC 控制系统克服了继电器-接触器控制系统的线路复杂、故障较多等缺点,大大降低了设备故障率,减轻了维修人员的工作量,提高了生产效率。

知识准备

1. 状态转移图选择性分支录入

图 5-36 所示为状态转移图选择性分支。对于选择性分支的录入,双击图 5-37 所指定的位置,打开"SFC 符号输入"对话框,在"图形符号"下拉列表中选择"--D",如图 5-38 所示,然后单击"确定"按钮,完成状态转移图选择性分支结构上部分支点的录入,如图 5-39 所示。再录入各分支的步和转移条件,与前述方法相同。完成各分支的步和转移条件录入后,双击图 5-40 所指定的位置,打开"SFC 符号输入"对话框,在"图形符号"下拉列表中选择"--C",如图 5-41 所示,然后单击"确定"按钮,完成状态转移图选择性分支下部汇合点的录入,如图 5-42 所示,完成状态转移图选择性分支录入。

状态转移图
选择性分支录入

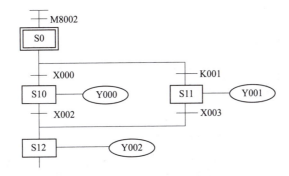

图 5-36　状态转移图选择性分支

图 5-37　状态转移图选择性分支录入(1)

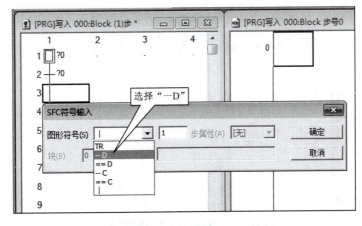

图 5-38　状态转移图选择性分支录入(2)

图 5-39　状态转移图选择性分支录入(3)

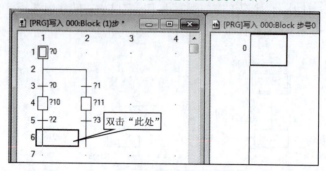

图 5-40　状态转移图选择性分支录入(4)

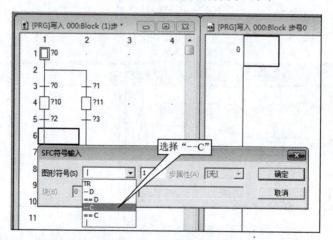

图 5-41　状态转移图选择性分支录入(5)

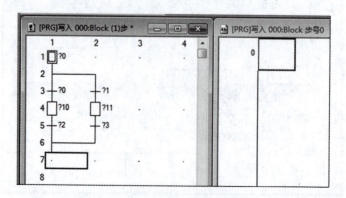

图 5-42　状态转移图选择性分支录入(6)

2. 状态转移图并行分支录入

图 5-43 所示为状态转移图并行分支,对于并行分支的录入,双击如图 5-44 所指定的位置,打开"SFC 符号输入"对话框,在"图形符号"下拉列表中选择"==D",如图 5-45 所示,然后单击"确定"按钮,完成状态转移图并行分支结构上部录入,如图 5-46 所示。再录入各分支的步和转移条件,与前述方法相同。

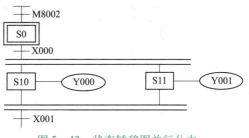

图 5-43 状态转移图并行分支

状态转移图并行分支录入

完成各分支的步和转移条件录入后,双击如图 5-47 所指定的位置,打开"SFC 符号输入"对话框,在"图形符号"下拉列表中选择"==C",如图 5-48 所示,然后单击"确定"按钮,完成状态转移图并行分支下部汇合结构的录入,如图 5-49 所示,完成状态转移图并行分支录入。

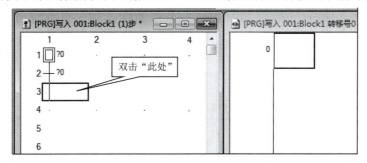

图 5-44 状态转移图并行分支录入(1)

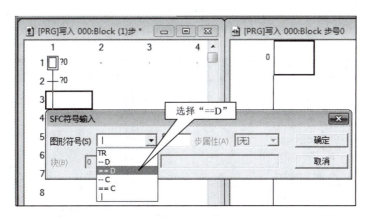

图 5-45 状态转移图并行分支录入(2)

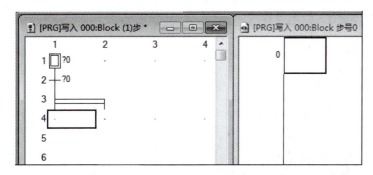

图 5-46 状态转移图并行分支录入(3)

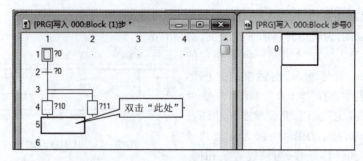

图 5-47 状态转移图并行分支录入(4)

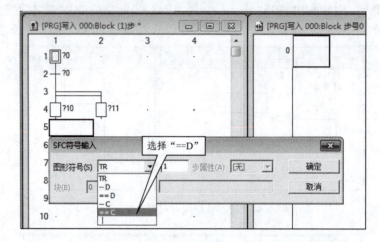

图 5-48 状态转移图并行分支录入(5)

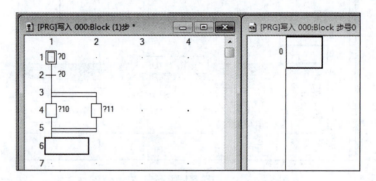

图 5-49 状态转移图并行分支录入(6)

任务实现

1. I/O 地址分配

输入：

X000——主轴停止按钮 SB1；

X001——主轴点动按钮 SB2；

X002——主轴正转按钮 SB3；

X003——主轴反转按钮 SB4；

X004——冷却泵停止按钮 SB5；
X005——冷却泵起动按钮 SB6；
X006——快速行程开关 SQ；
X007——主轴热继电器 FR1；
X010——冷却泵热继电器 FR2；
X011——速度继电器正向 KS-1；
X012——速度继电器反向 KS-2。
输出：
Y000——主轴正转接触器 KM1；
Y001——主轴反转接触器 KM2；
Y002——主轴制动接触器 KM3；
Y003——冷却泵接触器 KM4；
Y004——快速电动机接触器 KM5；
Y005——电流表控制继电器 K。

2. 绘制 C650-2 车床电气控制 PLC 的 I/O 接线图

C650-2 车床电气控制 PLC 的 I/O 接线图如图 5-50 所示。C650-2 车床主电路如图 2-2 所示。

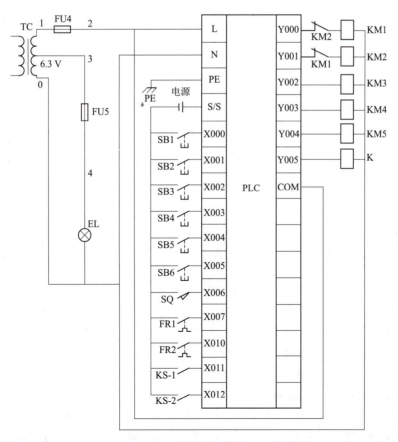

图 5-50　C650 车床电气控制 PLC 接线图

3. C650-2 车床电气控制 PLC 程序设计

C650-2 车床 PLC 程序包括三个程序块：一是主轴初始化及过载保护程序块，如图 5-51 所示。二是主轴控制状态转移图程序块，分三个支路：主轴点动控制、主轴正转控制、主轴反转控制，如图 5-52 所示。三是冷却泵及快速电动机控制程序块，如图 5-53 所示。

4. 程序分析

①主轴初始化及过载保护程序块，如图 5-51 所示。

a. 步 0～步 9，PLC 送电，M8002 接通，或发生主轴过载 FR1 闭合，X007 接通，使步进状态清零，主轴电动机不工作。同时，M0 线圈得电（一个扫描周期）。

b. 步 9～步 12，M0 常开触点接通，激活状态 S0，起动步进控制。

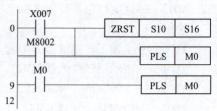

图 5-51 C650 车床主轴初始化及过载保护程序

②主轴控制状态转移图程序块，如图 5-52 所示。

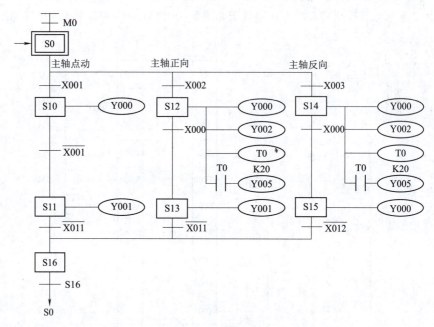

图 5-52 C650 车床主轴控制状态转移图

a. M0 常开触点闭合，激活状态 S0，起动步进控制。

b. 状态 S0。无动作。按下 SB2，X001 接通，激活状态 S10；按下 SB3，X002 接通，激活状态 S12；按下 SB4，X003 接通，激活状态 S14。

c. 状态 S10。Y000 得电，主轴电动机串电阻正转工作。松开 SB2，其常开触点断开，X001 常闭触点接通，激活状态 S11。

d. 状态 S11。Y001 得电，主轴电动机串电阻反向制动。当主轴电动机正转工作超过 120 r/min 时，速度继电器动作，KS-1 闭合，X011 常闭触点断开。制动时，随着电动机速度的降低，当电动机速度低于 100 r/min 时，速度继电器复位，KS-1 断开，X011 常闭触点接通，激活状态 S16。

e. 状态 S12。Y000 得电,主轴电动机正向起动;Y002 得电,短接掉电阻,主轴电动机直接起动;定时器 T0 得电,控制监控电流表接入时间,测量主轴电动机运行电流;T0 计时时间到,Y005 得电,监控电流表接入主电路工作。按下 SB1,X000 接通,激活状态 S13,Y000 失电,停止主轴正转控制;Y002 失电,主电路串入电阻;Y005 失电,短接掉电流表。

f. 状态 S13。Y001 得电,主轴电动机串电阻反向制动。分析同点动时的制动,参看状态 S11。

g. 状态 S14。Y001 得电,主轴电动机反向起动;Y002 得电,短接掉电阻,主轴电动机直接起动;定时器 T0 得电,控制监控电流表接入时间,测量主轴电动机运行电流;T0 计时时间到,Y005 得电,监控电流表接入主电路工作。按下 SB1,X000 接通,激活状态 S15,Y001 失电,停止主轴反转控制;Y002 失电,主电路串入电阻;Y005 失电,短接掉电流表。

h. 状态 S15。Y000 得电,主轴电动机串电阻反向制动。当主轴电动机正转工作超过 120 r/min 时,速度继电器动作,KS-2 闭合,X012 常闭触点断开。制动时,随着电动机速度的降低,当电动机速度低于 100 r/min 时,速度继电器复位,KS-2 断开,X012 常闭触点接通,激活状态 S16。

i. 状态 S16。无动作。无论点动控制,还是正反向运行,工作结束后都激活状态 S16,S16 常开触点接通,激活状态 S0,返回到初始状态。

③冷却泵及快速电动机控制程序块,如图 5-53 所示。

a. 步 0~步 6,PLC 送电,M8002 接通,或发生主轴过载 FR1 闭合,X007 接通,使步进状态清零,主轴电动机不工作。同时,M0 线圈得电(一个扫描周期)。

b. 步 6~步 9,M0 常开触点接通,激活状态 S0,起动步进控制。

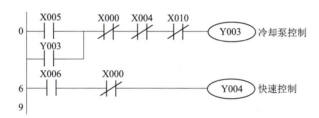

图 5-53 冷却泵及快速电动机控制程序

5. 程序调试

按照程序图编写和调试程序。

任务五 带倒计时显示的十字路口交通灯自动控制

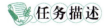任务描述

带倒计时显示的十字路口交通灯自动控制系统示意图如图 5-54 所示。要求:信号灯分东西和南北两组,分别有"红""黄""绿"三种颜色,东西方向和南北方向绿、黄和红灯相互亮灯时间是相等的。只有红灯有倒计时,本任务设 4 s 倒计时。倒计时时间可根据需要设置。如果取单位时间 $t=1$ s,则整个一次循环时间需要 24 s。

用 PLC 功能指令和状态转移图完成带倒计时显示的十字路口交通灯控制。

图 5-54 带倒计时显示的十字路口交通灯示意图

知识准备

1. 并行分支状态转移图及其特点

当满足某个条件后使多个分支流程同时执行的分支称为并行分支,如图 5-55 所示。图中,当 X000 接通时,状态转移使 S21、S31 和 S41 同时置位,三个分支同时运行,只有在 S22、S32 和 S42 三个状态都运行结束后,若 X002 接通,才能使 S30 置位,并使 S22、S32 和 S42 同时复位。从图 5-55 中可以看出:

①S20 为分支状态。S20 动作,若并行处理条件 X000 接通,则 S21、S31 和 S41 同时动作,三个分支同时开始运行。

②S50 为汇合状态。三个分支流程运行全部结束后,汇合条件 X002 接通,则 S50 动作,S22、S32 和 S42 同时复位。

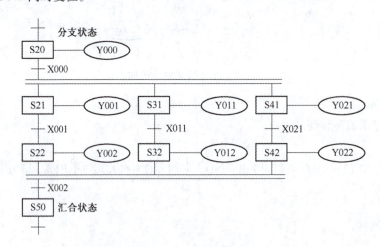

图 5-55 并行分支流程结构

2. 并行分支状态转移图的编程

编程原则是先集中进行并行分支处理,再集中进行汇合处理。

①并行分支的编程。编程方法是先对分支状态进行驱动处理,然后按分支顺序进行状态转移处理。

②并行汇合的编程。编程方法是先进行汇合前状态的驱动处理,然后按顺序进行汇合状态的转移处理。

按照并行汇合的编程方法,应先进行汇合前的输出处理,即按分支顺序对 S21 和 S22、S31 和 S32、S41 和 S42 进行输出处理,然后依次进行从 S22、S32、S42 到 S30 的转移。

③根据图 5-55 状态转移图绘出的步进梯形图程序如图 5-56 所示。

④并行分支、汇合编程应注意的问题:

a. 并行分支的汇合最多能实现八个分支的汇合。

b. 并行分支与汇合流程中,并行分支后面不能使用选择转移条件,在转移条件后不允许并行汇合。

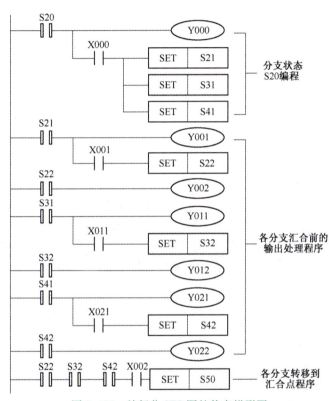

图 5-56 并行分 SFC 图的状态梯形图

任务实现

1. I/O 地址分配

输入:

X000——控制开关 SA。

输出:

Y000——东西向绿灯;

Y001——东西向黄灯;

Y002——东西向红灯;

Y003——南北向绿灯;

Y004——南北向黄灯;

Y005——南北向红灯;

Y020——数码管 a 段;
Y021——数码管 b 段;
Y022——数码管 c 段;
Y023——数码管 d 段;
Y024——数码管 e 段;
Y025——数码管 f 段;
Y026——数码管 g 段;
Y010——东西倒计时选择;
Y014——南北倒计时选择。

表 5-2 所示为七段码显示字符的数据。

表 5-2 七段码显示字符的数据

显示数字	十六进制	g(Y026)	f(Y025)	e(Y024)	d(Y023)	c(Y022)	b(Y021)	a(Y020)
0	H3F	0	1	1	1	1	1	1
1	H06	0	0	0	0	1	1	0
2	H5B	1	0	1	1	0	1	1
3	H4F	1	0	0	1	1	1	1
4	H66	1	1	0	0	1	1	0

交通灯接线

2. 绘制带倒计时显示的十字路口交通灯自动控制 PLC 的 I/O 接线图

带倒计时显示的十字路口交通灯自动控制 PLC 的 I/O 接线图如图 5-57 所示。

3. 编写带倒计时显示的十字路口交通灯自动控制 PLC 程序

带倒计时显示的十字路口交通灯自动控制 PLC 程序包括两部分:一是控制交通灯的状态转移图程序,如图 5-58 所示;二是控制倒计时的梯形图程序,如图 5-59 所示。

4. 程序分析

(1)状态转移图程序分析

①PLC 送电,M8002 接通一个扫描周期,激活状态 S0。

②状态 S0。合上开关,X000 接通,同时激活状态 S21 和状态 S31。

③状态 S21。Y000 得电,东西向绿灯亮,同时,定时器 T0 得电工作。当 T0 计时时间到,其常开触点接通,激活状态 S22。

④状态 S22。T1 得电工作,Y000 随 M8013 闪烁,绿灯闪烁。当 T1 计时时间到,其常开触点接通,激活状态 S23。

⑤状态 S23。Y001 得电,东西向黄灯亮,定时器 T2 得电工作。当 T2 计时时间到,激活状态 S24。

⑥状态 S24。Y002 得电,东西向红灯亮。

⑦状态 S31。Y005 得电,南北向红灯亮。

⑧状态 S32。Y003 得电,南北向绿灯亮。定时器 T3 得电工作,当 T3 计时时间到,其常开触点接通,激活状态 S33。

⑨状态 S33。定时器 T4 得电工作。Y003 随 M8013 闪烁。当 T4 计时时间到,其常开触点接通,激活状态 S34。

⑩状态 S34。Y004 得电,南北向黄灯亮。T5 得电,当 T5 计时时间到,其常开触点接通,两支路同时复位,状态 S24 和状态 S34 同时结束。T5 常开触点接通,重新激活状态 S0,交通灯开始新一工作周期。

项目五 状态转移图(SFC)应用

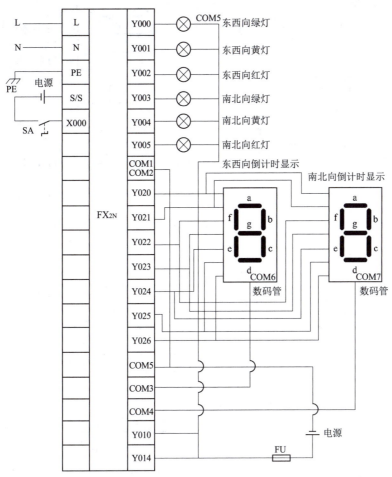

十字路口
交通灯演示

图 5-57 带倒计时显示的十字路口交通灯自动控制 PLC 的 I/O 接线图

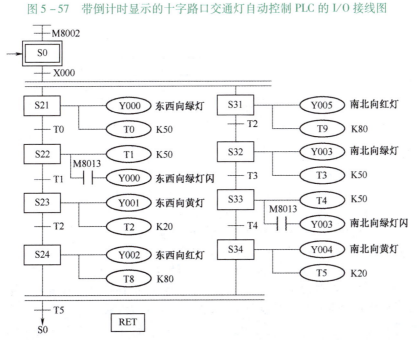

图 5-58 带倒计时显示的十字路口交通灯自动控制的状态转移图

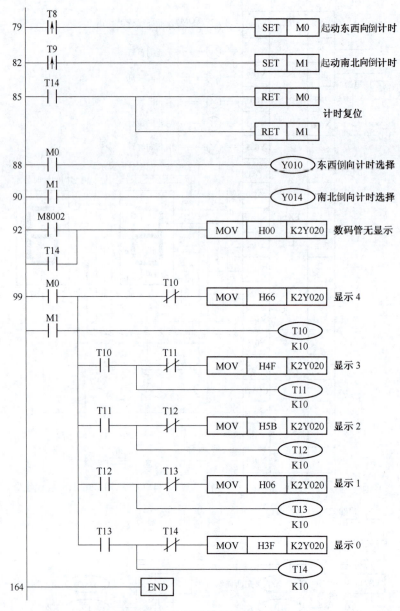

图 5-59 控制倒计时的 PLC 程序

(2) 控制倒计时的 PLC 程序分析

① 步 0～步 3，T8 接通，上升沿置位 M0，起动东西向倒计时。
② 步 3～步 6，T9 接通，上升沿置位 M1，起动南北向倒计时。
③ 步 6～步 9，T14 时间到，倒计时结束，停止倒计时工作。
④ 步 9～步 11，M0 闭合，接通 Y010，东西向倒计时控制。
⑤ 步 11～步 13，M1 闭合，接通 Y014，南北向倒计时控制。
⑥ 步 13～步 20，PLC 上电时或倒计时结束后使数码管无显示。
⑦ 步 20～步 85，控制倒计时显示。M0 或 M1 接通后，将 H66 用 MOV 传送指令送入寄存器 K2Y020，显示 4，时间为 1 s。依次显示 3、2、1、0，时间均为 1 s。

5. 程序调试

按照程序图编写和调试程序。

任务六 艺术彩灯控制

任务描述

随着经济的发展,城镇景观照明也发生了变化,每当夜幕降临,楼宇上、道路旁的霓虹灯构筑了美丽的城市夜景。本任务设计一组彩灯控制,共九盏,合上开关后,可以显示不同的花样,如图 5-60 所示。控制要求如下:

① 由 L1→L9 正序循环移动点亮;
② 由 L9→L1 逆序移动点亮;
③ 由 L1→L9 正序点亮,然后正序熄灭;
④ 由 L9→L1 逆序点亮,然后全部熄灭;
⑤ 以 0.5 s 间隔由内向外闪烁,三次;
⑥ 整体闪烁,时间 2 s;
⑦ 自动循环。灯的切换时间为 100 ms,每个状态时间间隔 1 s。

用移位、循环移位等功能指令完成本任务 PLC 程序设计。

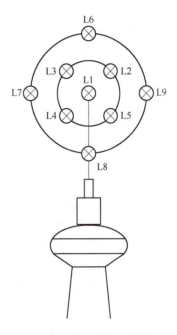

图 5-60 艺术彩灯示意图

知识准备

位组件左移、右移指令
1) 指令格式
位组件右移指令 FNC34 SFTR [S.] [D.] n1 n2
位组件左移指令 FNC35 SFTL [S.] [D.] n1 n2

其中,[S.]为移位的源位组件首地址;[D.]为移位的目标位组件首地址;n1 为目标位组件个数;n2 为源位组件移位个数。源操作数是 Y、X、M、S,目标操作数为 Y、M、S,n1 和 n2 为常数 K 和 H。

2) 指令用法

位右移是指源位组件的低位将从目的高位移入,目标位组件向右移 n2 位,源位组件中的数据保持不变。位右移指令执行后,n2 个源位组件中的数被传送到了目的高 n2 位中,目标位组件中的低 n2 位数从其最低端溢出。指令工作示意图如图 5-61 所示。

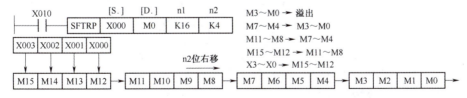

图 5-61 SFTR 指令工作示意图

对图 5-61,如果 X010 断开,则不执行这条 SFTR 指令,源、目标中的数据均保持不变。如果 X010 接通,则将执行位组件的右移操作,即源中的 4 位数据 X003~X000 将被传送到目标位组件中的 M15~M12。目标位组件中的 16 位数据 M15~M0 将右移 4 位,M3~M0 等 4 位数据从目标位组件低位端移出,所以 M3~M0 中原来的数据将丢失,但源中 X003~X000 的数据保持不变。位左移与位右移类似,只是方向相反。

任务实现

1. I/O 地址分配

输入：

X000——控制开关 K。

输出：

Y000——L1；
Y001——L2；
Y002——L3；
Y003——L4；
Y004——L5；
Y005——L6；
Y006——L7；
Y007——L8；
Y010——L9。

2. 绘制艺术彩灯控制 PLC 的 I/O 接线图

艺术彩灯控制 PLC 的 I/O 接线图如图 5-62 所示。

3. 编写艺术彩灯控制 PLC 程序

艺术彩灯控制 PLC 程序包括三部分：一是初始程序块（见图 5-63），包括脉冲产生程序；二是艺术彩灯控制的状态转移图程序块（见图 5-64）；三是控制结果输出程序块（见图 5-65）。

艺术彩灯接线

彩灯循环演示

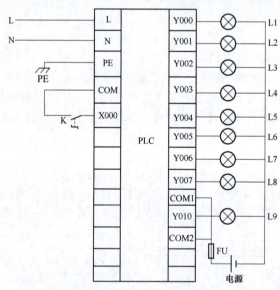

图 5-62　艺术彩灯控制 PLC 的 I/O 接线图

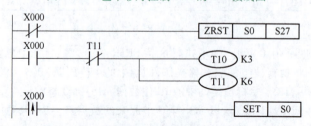

图 5-63　初始程序

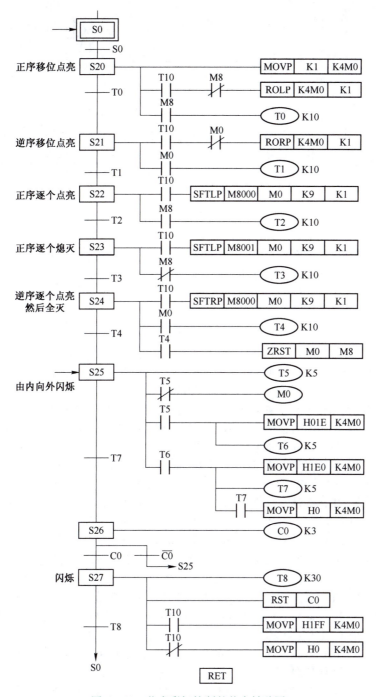

图 5-64 艺术彩灯控制的状态转移图

4. 程序分析

（1）初始程序分析

①步 0～步 6，步进状态清零初始化。

②步 6～步 14，产生由 T10 输出的 0.6 s 周期的脉冲列。改变 T10、T11 的定时时间可以改变脉冲列的周期，从而改变彩灯变化的频率。

③步 14～步 18，X000 常开触点上升沿到来，激活状态 S0，起动控制。

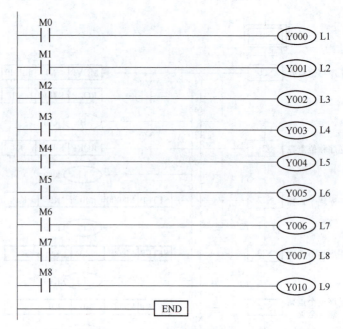

图 5-65 控制结果输出程序

(2) 状态转移图程序分析

①状态 S0。无动作,为过渡状态,S0 常开触点接通,激活状态 S20,艺术彩灯开始工作。

②状态 S20。用 MOV 指令将 M0 置 1,用循环左移指令 ROL 将 M0 至 M8 依次轮流置 1,即彩灯正序依次轮流点亮,至 M8 置 1 时停止。M8 接通定时器 T0,T0 延时时间到,激活状态 S21。

③状态 S21。用循环右移指令 ROR 将 M8 至 M0 依次轮流置 1,即彩灯逆序依次轮流点亮,至 M0 置 1 时停止。M0 接通定时器 T1,T1 延时时间到,激活状态 S22。

④状态 S22。用位组件左移指令 SFTL 将 M0 至 M8 依次置 1,即彩灯正序依次逐个点亮,至 M8 置 1 时停止。M8 接通定时器 T2,T2 延时时间到,激活状态 S23。

⑤状态 S23。用位组件左移指令 SFTL 将 M0 至 M8 依次置 0,即彩灯正序依次逐个熄灭,至 M8 置 0 时停止。M8 常闭触点接通定时器 T3,T3 延时时间到,激活状态 S24。

⑥状态 S24。用位组件右移指令 SFTR 将 M8 至 M0 依次置 1,即彩灯逆序依次逐个点亮,至 M0 置 1 时停止。M0 接通定时器 T4,T4 延时时间到,全部灯熄灭,T4 常开触点闭合,激活状态 S25。

⑦状态 S25。先接通 M0 使中心灯亮,T5 延时 0.5 s 到再用 MOV 指令将 M1~M4 置 1 使中间层 4 盏灯亮,T6 延时 0.5 s 再将 M5~M8 置 1 使外层 4 盏灯亮,然后 T7 延时 0.5 s 全部熄灭。T7 延时时间到,激活状态 S26。

⑧状态 S26。控制灯由内向外点亮的次数,计数未到时返回状态 S25,重新控制灯由内到外的点亮。当 C0 计数到,停止由内向外闪烁,C0 常开触点激活状态 S27。

⑨状态 S27。对计数器 C0 复位。用 MOV 指令控制全部彩灯的亮灭,即整体彩灯的闪烁,T8 计时时间到,返回初始状态 S0。

(3) 控制结果输出程序分析

步 0~步 18,将对 M0~M8 的控制转换成实际的对外输出控制,因为辅助继电器 M 不能对外输出。

5. 程序调试

本任务调试艺术彩灯的步骤较少,合上开关后艺术彩灯自行变化,主要是观察艺术彩灯的动作及梯形图软件的工作状态,以便及时发现错误并修正程序。

任务工单

状态转移图(SFC)应用任务工单见表 5-3。

表 5-3 状态转移图(SFC)应用任务工单

序号	内容	要 求
1	任务准备	(1) PLC 实训箱、连接调试用连接线若干。 (2) 编程计算机、通信电缆。 (3) PLC 实训指导书。 (4) 收集相关资料及网上课程资源
2	工作内容	(1) 知识准备:熟悉 PLC 编程及使用基本知识。 (2) 认识 PLC 实训箱面板相关电气元件及作用。 (3) 在计算机上用 PLC 编程软件编辑 PLC 程序。 (4) 在 PLC 实训箱上根据实训项目的 PLC 接线图完成 PLC 的外部接线,并连接好 PLC 与计算机间的通信电缆。 (5) 将编好的 PLC 程序写入 PLC 中,并使程序处于监视状态。 (6) 进行软硬件调试,修改不正确的程序段及外部接线。 以上工作要求小组合作完成
3	工期要求	两名学生为一个工作小组。学生应充分发挥团队协作精神,合理分配工作任务及时间,在规定的时间内完成训练任务,本工作任务占用 16 学时(含训练结束考核时间)
4	文明生产	按维修电工(中级)国家职业技能要求规范操作
5	考核	对学生的学习准备、学习过程和学习态度三个方面进行评价,考核学生的知识应用能力和分析问题、解决问题的能力

考核标准

状态转移图(SFC)应用考核标准见表 5-4。

表 5-4 状态转移图(SFC)应用考核标准

序号	内容	评 分 标 准	配分	扣分	得分
1	正确选择输入/输出设备及地址并画出 I/O 接线图	设备及端口地址选择正确,接线图正确、标注完整。输入/输出每错一个扣 5 分,接线图每少一处标注扣 1 分	20		
2	正确编制梯形图程序	梯形图格式正确,梯形图整体结构合理,每错一处扣 5 分;不会使用 PLC 软件编辑 PLC 程序,该项不得分	40		
3	外部接线正确	电源线、通信线及 I/O 信号线接线正确,每错一处扣 5 分	20		
4	写入程序并进行调试	操作步骤正确,动作熟练。(允许根据输出情况进行反复修改和完善。)不会写入程序,该项不得分;程序未监视,扣 5 分;调试未成功,扣 10 分	20		
5	其他	若有违规操作,每次扣 10 分;编程及调试过程中超时,每超时 5 min 扣 5 分;违反电气安全操作规程,酌情扣分	从总分倒扣		
开始时间		结束时间		总分	

习题五

1. 填空题

(1)状态转移图的三要素:(　　　)、(　　　)和(　　　)。

(2)PLC 步进指令有两条:步进触点驱动指令(　　　)和步进返回指令(　　　)。

(3)状态与状态之间由(　　　)分隔。

(4)S0 为(　　　)步,又称准备步,表示初始准备是否到位。其他为工作步。

2. 选择题

(1)步进触点驱动指令的梯形图符号为(　　)。

  A. ─┤├─　　　　　　　　B. ─┤┠─　　　　　　　　C. STE

(2)步与步之间的状态转换需满足的条件包括(　　)。

  A. 前级步必须是活动步

  B. 前级步必须是非活动步

  C. 与活动与否无关

(3)当满足某个条件后使多个分支流程同时执行的分支称为(　　)。

  A. 单流程　　　　　　　　B. 选择分支　　　　　　　　C. 并行分支

(4)一系列 STL 指令后,在状态转移程序的结尾必须使用(　　)指令,表示步进顺控功能结束。

  A. RET　　　　　　　　B. SRET　　　　　　　　C. FEND

(5)若某一动作在连续的几步中都需要被驱动,则用(　　)指令。

  A. RST　　　　　　　　B. SET　　　　　　　　C. OUT

3. 判断题

(1)一个控制过程可以分为若干个阶段,这些阶段称为状态或者步。　　　　(　　)

(2)一旦后续步转换成功成为活动步,前级步就要复位成为非活动步。　　　(　　)

(3)CPU 只执行活动步对应的电路块,STL 指令不允许双线圈输出。　　　(　　)

(4)状态转移图中转移目标和转移条件必不可少,同样驱动动作也必不可少。(　　)

(5)步与步之间的状态转换只需对应的转换条件成立。　　　　　　　　　(　　)

4. 简答题

(1)设计一个顺序控制系统,要求如下:三台电动机,按下起动按钮时,M1 先起动,运行 2 s 后 M2 起动,再运行 3 s 后 M3 起动;按下停止按钮时,M3 先停止,5 s 后 M2 停止,再 4 s 后 M1 停止。在起动过程中也应能完成递序停止,例如在 M2 起动后和 M3 起动前按下停止按钮,M2 停止,4 s 后 M1 停止。写出输入/输出分配,画出端子接线图及状态转移图。

(2)用状态转移图设计喷泉电路。要求:喷泉有 A、B、C 三组喷头。起动后,A 组先喷 5 s 后,B、C 同时喷,5 s 后 B 停,再 5 s 后 C 停,而 A、B 又喷,再 2 s,C 也喷,持续 5 s 后全部停,再 3 s 后重复上述过程。说明:A(Y0),B(Y1),C(Y2),起动信号 X0。

(3)用状态转移图设计项目一任务四的星-三角降压起动控制电路。写出输入/输出分配,画出端子接线图及状态转移图。

拓展阅读

中国空间站

中国空间站是中华人民共和国建设中的一个空间站系统,2023年11月28日,中国空间站全貌高清图像首次公布。中国空间站轨道高度为400~450 km,倾角42°~43°,设计寿命为10年,长期驻留三人,最大可扩展为180 t级大舱组合体,以进行较大规模的空间应用。

中国空间站包括天和核心舱、梦天实验舱、问天实验舱、载人飞船(即已经命名的"神舟"号飞船)和货运飞船(天舟飞船)五个模块组成。各飞行器既是独立的飞行器,具备独立的飞行能力,又可以与核心舱组合成多种形态的空间组合体,在核心舱统一调度下协同工作,完成空间站承担的各项任务。

天和核心舱

天和核心舱总长16.6 m,最大直径4.2 m,起飞质量22.5 t。核心舱模块分为节点舱、生活控制舱和资源舱。

主要任务包括为航天员提供居住环境,支持航天员的长期在轨驻留,支持飞船和扩展模块对接停靠并开展少量的空间应用实验,是空间站的管理和控制中心。

核心舱有五个对接口,可以对接一艘货运飞船、两艘载人飞船和两个实验舱,另有一个供航天员出舱活动的出舱口。

实验舱

问天实验舱总长17.9 m,直径4.2 m,发射质量达23 t。空间站核心舱以组合体控制任务为主,梦天实验舱以应用实验任务为主,问天实验舱兼有二者功能。问天实验舱、梦天实验舱先后发射,具备独立飞行功能,与核心舱对接后形成组合体,可开展长期在轨驻留的空间应用和新技术试验,并对核心舱平台功能予以备份和增强。

货运飞船

最大直径约3.35 m,发射质量不大于13 t。货运飞船是空间站的地面后勤保障系统。

主要任务:

一是补给空间站的推进剂消耗,空气泄漏,运送空间站维修和更换设备,延长空间站的在轨飞行寿命。

二是运送航天员工作和生活用品,保障空间站航天员在轨中长期驻留和工作。

三是运送空间科学实验设备和用品,支持和保障空间站具备开展较大规模空间科学实验与应用的条件。

建设和运营空间站是衡量一个国家经济、科技和综合国力的重要标志。在近地轨道建造和运营空间站,可以长期开展有人参与的、大规模的空间科学实验和技术试验,能够极大地促进空间科学、生命科学等空间技术发展,辐射带动相关领域技术创新。中国空间站的建造运营将为人类开展深空探索储备技术、积累经验,是中国为人类探索宇宙奥秘、和平利用外太空、推动构建人类命运共同体做出的积极贡献。

项目六 特殊功能模块和 PLC 数据通信

PLC 通信就是将同一系统中处于不同位置的 PLC、计算机、各种现场设备,通过通信介质连接起来,按照规定的通信协议,以某种特定的通信方式高效率地完成数据的传送、交换和处理。PLC 支持 CC-Link、MELSEC IO Link、AS-i 系统、并联连接、无协议通信等多种通信方式。本项目主要介绍 $N:N$ 通信和并联通信。

学习目标

①了解 PLC 特殊功能模块的类型。
②掌握模拟量输入/输出模块 FX3U-3A-ADP 的使用和编程。
③了解 PLC 通信基础知识。
④掌握 PLC $N:N$ 通信和并联通信。
⑤具有守时诚信、严谨踏实的工作作风和吃苦耐劳的精神。

任务一 FX3U-3A-ADP 的使用和编程

任务描述

PLC 的应用范围极广,控制对象具有多样性。为了处理一些特殊的问题,PLC 需要扩展一些特殊功能模块。FX 系列 PLC 的特殊功能模块大致可分为以下五类:①模拟量输入/输出模块;②高速计数器模块;③定位控制模块;④通信接口模块;⑤人机界面模块。

限于篇幅,本任务只学习模拟量输入/输出模块的使用和编程。

知识准备

1. FX3U-3A-ADP 功能概述

FX3U-3A-ADP 是具有两路输入通道和一路输出通道,最大数字分辨率为 12 位的模拟量输入/输出模块。选择电压或电流(输入/输出)可以由用户接线方式决定。输入通道接收模拟信号(电压或电流)并将模拟信号转换成 12 位的数字量,输出通道将 12 位数字量转换成等量模拟信号输出。FX3U-3A-ADP 可以连接到 FX3U、FX3G、FX2N 等 FX 系列的 PLC 上。FX3U-3A-ADP 连接到 PLC 时不占用 I/O 点,与 PLC 的最大输入/输出点数无关。

2. FX3U-3A-ADP 布线

1)电源接线

FX3U-3A-ADP 的电源(DC 24 V)由端子排的 24 + 、24 - 供给。电源接线如图 6 - 1 所示。

项目六　特殊功能模块和PLC数据通信

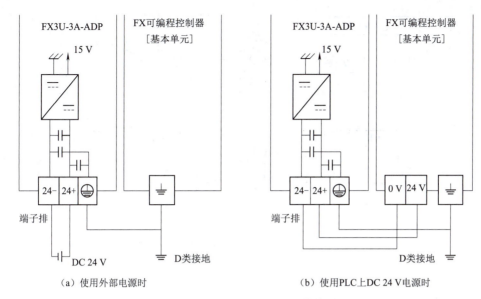

(a) 使用外部电源时　　　　　　　　(b) 使用PLC上DC 24 V电源时

图 6-1　FX3U-3A-ADP 电源接线图

请务必将⏚端子和可编程控制器[基本单元]的接地端子一起连接到进行了 D 类接地（100 Ω 以下）的供给电源的接地上。

2) 模拟量输入/输出接线

模拟量输入接线如图 6-2 所示，模拟量输出接线如图 6-3 所示。模拟量输入在每个 ch（通道）中都可以使用电压输入或者电流输入。屏蔽线在信号接收侧进行单侧接地。

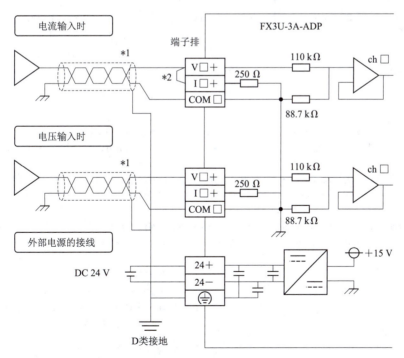

图 6-2　FX3U-3A-ADP 模拟量输入接线

注：*1 模拟量的输入线使用两芯的屏蔽双绞电缆。请与其他动力线或者易于受感应的线分开布线。
　　*2 电流输入时，请务必将 V□+端子和 I□+端子（□表示通道号）短接。

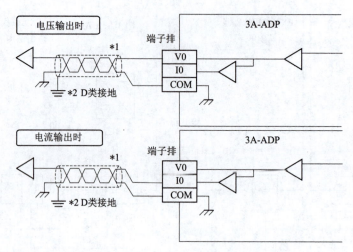

图 6－3　FX3U-3A-ADP 模拟量输出接线

3. 性能指标

FX3U-3A-ADP 输入/输出通道性能指标见表 6－1。

表 6－1　FX3U-3A-ADP 输入/输出通道性能指标

项目		规　格			
		电压输入	电流输入	电压输出	电流输出
输入输出点数		2 通道		1 通道	
模拟量输入输出范围		DC 0～10 V（输入电阻 198.7 kΩ）	DC 4～20 mA（输入电阻 250 kΩ）	DC 0～10 V（外部负载 5 kΩ～1 MΩ）	DC 4～20 mA（外部负载 500 Ω 以下）
最大绝对输入		−0.5 V, +15 V	−2 mA, +30 mA	—	—
数字量输入/输出		12 位二进制			
分辨率		2.5 mV(10 V × 1/4 000)	5 μA(16 mA × 1/3 200)	2.5 mV(10 V × 1/4 000)	4 μA(16 mA × 1/4 000)
综合精度	环境温度 (25±5)℃	针对满量程 10×(1±0.5%)V(±50 mV)	针对满量程 16×(1±0.5%)mA(±80 μA)	针对满量程 10×(1±0.5%)V(±50 mV)	针对满量程 16×(1±0.5%)mA(±80 μA)
	环境温度 0～55 ℃	针对满量程 10×(1±1.0%)V(±100 mV)	针对满量程 16×(1±1.0%)mA(±160 μA)	针对满量程 10×(1±1.0%)V(±100 mV)	针对满量程 16×(1±1.0%)mA(±160 μA)
	备注	—	—	外部负载电阻(R_s)不满 5 kΩ 时，增加下述计算部分。（每 1% 增加 100 mV）$\frac{47\times100}{R_s+47}-0.9(\%)$	—
转换时间		90 μs × 使用输入 ch(通道)数 + 50 μs × 使用输出 ch(通道)数（每个运算周期更新数据）			

续表

项目	规　格			
	电压输入	电流输入	电压输出	电流输出
输入输出特性	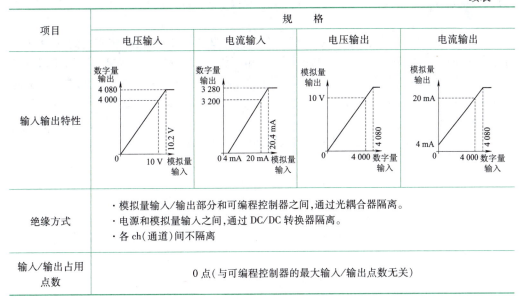			
绝缘方式	·模拟量输入/输出部分和可编程控制器之间,通过光耦合器隔离。 ·电源和模拟量输入之间,通过 DC/DC 转换器隔离。 ·各 ch(通道)间不隔离			
输入/输出占用点数	0 点(与可编程控制器的最大输入/输出点数无关)			

4. 特殊软元件一览

连接 FX3U-3A-ADP 时,特殊软元件的分配见表 6 – 2。

通过将特殊辅助继电器置为 ON/OFF,可以设定 FX3U-3A-ADP 为电流输入/电压输入、电流输出/电压输出。也可以通过将特殊辅助继电器置为 ON/OFF,分别设定 FX3U-3A-ADP 各通道是否使用。

表 6 – 2　FX3U-3A-ADP 特殊软元件的分配

编号	FX3U-3A-ADP　动作或功能	
M8260	通道 1 输入模式的切换	OFF:电压输入; ON:电流输入
M8261	通道 2 输入模式的切换	
M8262	输出模式的切换	OFF:电压输出; ON:电流输出
M8266	输出保持的解除	OFF:模拟量输出; ON:输出偏置值
M8267	设定输入通道 1 是否使用	OFF:使用通道; ON:不使用通道
M8268	设定输入通道 2 是否使用	
M8269	设定输出通道是否使用	
D8260	通道 1 输入数据	
D8261	通道 2 输入数据	
D8262	输出设定数据	
D8264	通道 1 平均次数(1~4 095)	
D8265	通道 2 平均次数(1~4 095)	
D8268	错误状态	
D8269	机型代码 = 50	

任务实现

控制要求:设定输入通道 1 为电压输入、输入通道 2 为电流输入,并将它们的 A/D 转换值分别保存在 D100、D101 中。设定输出通道为电压输出,并将 D/A 转换输出的数字值设定为 D102。当输入通道 1 的电压低于 1 V 时黄灯亮,高于 1 V 小于 4 V 时绿灯亮,高于 4 V 时红灯亮。输出通道控制一盏调光灯,随输入通道 2 输入电流的变化改变灯的亮度。

1. 接线图

PLC 与 FX3U-3A-ADP 模拟量模块接线图如图 6-4 所示。

PLC模拟量模块接线图

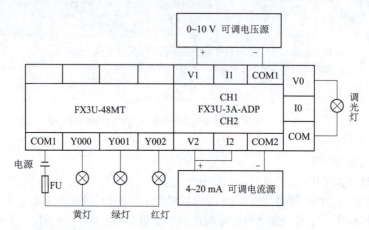

图 6-4　PLC 与 FX3U-3A-ADP 模拟量模块接线图

2. 模块初始化模拟量转换控制梯形图程序

FX3U-3A-ADP 模拟量模块初始化与模拟量转换控制梯形图程序如图 6-5 所示。

3. 程序分析

①步 0 ~ 步 3,M8260 一直断开,设定输入通道 1 为电压输入(0 ~ 10 V)。

②步 3 ~ 步 6,M8261 一直接通,设定输入通道 2 为电流输入(4 ~ 20 mA)。

③步 6 ~ 步 17,M8262 一直断开,设定输出通道为电压输出(0 ~ 10 V);M8266 一直断开,设定输出通道为输出保持;M8267、M8268、M8269 一直断开,设定输入通道 1、输入通道 2、输出通道均为使用通道。

PLC模拟量演示

④步 17 ~ 步 28,设定通道 1、通道 2 的平均采样次数为五次,在输入数据寄存器中保存输入采样的平均值。

⑤步 28 ~ 步 44,将输入通道 1 的 A/D 转换后的数值保存在 D100 中;将输入通道 2 的 A/D 转换后的数值保存在 D101 中;将 D102 中的数值进行 D/A 转换,转换后输出的电压控制一个调光灯,可以看到灯的亮度随输出电压的变化而变化。

⑥步 44 ~ 步 50,FX3U-3A-ADP 电压输入特性如图 6-6 所示,输入电压 1 V 时,数字量输出为 400,输出数字量小于 400 时,亦即输入电压小于 1 V 时,Y000 接通,控制的黄灯亮。

⑦步 50 ~ 步 61,从 FX3U-3A-ADP 电压输入特性中可以计算出输入电压 4 V 时,输出的数字量为 1 600,当输出数字量大于或等于 400,小于 1 600 时,亦即输入电压大于或等于 1 V,小于 4 V 时,Y001 接通,控制的绿灯亮。

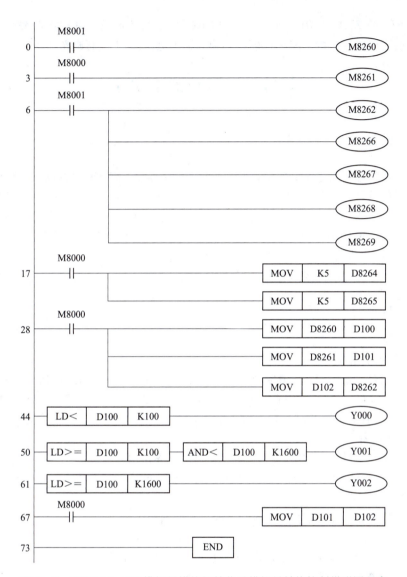

图6-5　FX3U-3A-ADP模拟量模块初始化及模拟量转换控制梯形图程序

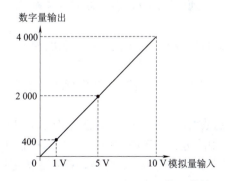

图6-6　FX3U-3A-ADP电压输入特性

⑧步61～步67，当输出数字量大于1 600时，亦即输入电压大于4 V时，Y002接通，控制的红灯亮。

⑨步67～步73,将D101的数据传递到D102中,亦即将通道2输入电流A/D转换后的数值传递给输出通道,再进行D/A转换,转换为输出电压,用于控制调光灯。

任务二　PLC通信功能

网络是用物理链路将各个孤立的工作站或主机相连在一起,组成数据链路,从而达到资源共享和通信的目的。FX系列PLC具有丰富而强大的通信功能,不仅FX系列PLC与FX系列PLC之间能够进行数据通信,而且也能够实现与上位机、外围设备等的数据通信。通信功能包括:CC-Link网络功能、并联链接功能、$N:N$网络功能、计算机链接功能、变频器通信功能、无协议通信功能、编程通信功能和远程维护功能。

本任务将学习并联链接功能和$N:N$网络功能。

知识准备

1. 通信基础

1）通信系统组成

当任意两台设备之间有信息交换时,它们之间就产生了通信。PLC通信是PLC与PLC、PLC与计算机、PLC与现场设备或远程I/O之间的信息交换。当然,并不是所有的PLC都有上述全部功能,有些小型PLC只有上述部分功能。

(1) 传送设备

①主设备。主设备起控制、发送和处理信息的主导作用。

②从设备。从设备被动地接收、监视和执行主设备的信息。

(2) 传送控制设备

传送控制设备主要用于控制发送和接收之间的同步协调。

(3) 通信介质

通信介质是信息传送的基本通道,是发送与接收设备之间的桥梁。

(4) 通信协议

通信协议是通信过程中必须严格遵守的各种数据传送规则。

(5) 通信软件

通信软件用于在通信的软件和硬件之间进行统一调度、控制与管理。

2）通信方式

数据通信有两种基本方式,即并行通信方式和串行通信方式。

(1) 并行通信方式

并行通信方式是指传送数据的每一位同时发送或接收,如8位二进制数同时从A设备传送到B设备。在并行通信中,并行传送的数据有多少位,传输线就有多少根,因此传送数据的速度很快,若数据位数较多,传送距离较远,那么必然导致线路复杂、成本高,所以,并行通信不适合远距离传送。

(2) 串行通信方式

串行通信是指传送的数据一位一位地顺序传送。传送数据时只需要1～2根传输线分别传送即可,与数据位数无关。串行通信虽然慢一些,但特别适合多位数据的长距离通信。

目前串行通信的传输速率每秒可达兆字节的数量级,PC 与 PLC 的通信、PLC 与现场设备的通信、远程 I/O 的通信、开放式现场总线的通信均采用串行通信方式。

串行通信中,数据在两个站之间是双向传送的,A 站可作为发送端,B 站作为接收端,也可以 A 站作为接收端,B 站作为发送端,如图 6-7 所示。

图 6-7　通信示意图

串行通信可根据要求分为单工、半双工和全双工三种传送方式。

单工:数据只按一个固定的方向传送。

半双工:每次只能有一个站发送,即只能是由 A 发送到 B,或是由 B 发送到 A,不能 A 和 B 同时发送。

全双工:两个站同时都能发送。

串行通信中很重要的问题是使发送端和接收端保持同步,按同步方式可分为异步通信方式和同步通信方式。

异步通信方式以字符为单位发送数据。所谓异步是指相邻两个字符数据之间的停顿时间是长短不一的,异步串行通信字符格式如图 6-8 所示。通信线路上传送的每个字符包括 1 个起始位、5~8 个数据位、1 个奇偶校验位(可无)和 1~2 个停止位。每个字符的传送都是以起始位作为开始标志,紧跟其后的是要传送的数据(低位先传送),然后是奇偶校验位,最后是停止位。相邻字符之间的时间间隔即空闲时间可为任意长。线路空闲时应表现为"1",当检测到"0"时,表示一帧字符的开始。

图 6-8　异步串行通信字符格式

在异步数据传送中,CPU 和外设之间必须有两项规定:

字符数据格式:即字符信号编码格式。例如起始位占用 1 位,数据位为 7 位,1 个奇偶校验位,加上停止位,于是一个字符数据就由 10 位构成。也可以采用数据位为 8 位,无奇偶校验位等格式。

波特率:即在异步数据传送中单位时间内传送二进制数的位数。假如数据传送的格式是 7 位字符,加上奇偶校验位、1 个起始位以及 1 个停止位,共 10 个数据位,而数据传送的速率是 960 字符/s,则传送的波特率为

$$10 \text{ 位} \times 960 \text{ 字符/s} = 9\,600 \text{ 位/s} = 9\,600 \text{ bit/s}$$

每一位数据的传送时间即为波特率的倒数,即

$$T_d = 9\,600 \text{ bit/s} \approx 0.104 \text{ ms}$$

所以,要想通信双方能够正常收发数据,则必须有一致的数据收发规定。

同步通信方式是以数据块(一组数据)为单位进行数据传送的,在数据开始处用同步字符来指示,同步字符后则是连续传送的数据。由于不需要起始位和停止位,克服了异步传送效率低的缺点,但是需要的软件和硬件的价格比异步传送要高得多。

3)通信介质

通信介质是信息传输的物质基础和重要渠道,是 PLC 与通用计算机及外围设备相互联系的桥梁。PLC 对通信介质的基本要求是通信介质必须具有传输速率高、能量损耗小、抗干扰能力强、性价比高等特性。PLC 普遍使用的通信介质有同轴电缆、双绞线(带屏蔽)、光缆等。

(1)双绞线。双绞线是将两根绝缘导线扭绞在一起,一对线可以作为一条通信线路,这样可以减少电磁干扰,如果再加上屏蔽层,则抗干扰效果更好。双绞线的成本低、安装简单,RS-485 多用双绞线实现通信连接。

(2)同轴电缆。同轴电缆由中心导体、电介质绝缘层、外屏蔽导体及外绝缘层组成。同轴电缆的传输速率高,传送距离远,成本比双绞线高。

(3)光缆。光缆是一种传导光波的光纤介质。由纤芯、包层和护套三部分组成。纤芯是内层部分,由一根或多根非常细的由玻璃或塑料制成的绞合线或纤维组成,每一根纤维都由各自的包层包着,包层是玻璃或塑料涂层,具有与光纤不同的光学特性,最外层则是起保护作用的护套。光缆传送经编码后的光信号,其尺寸小、质量小、传输速率及传送距离比同轴电缆好,但是成本高,安装需要专门设备。

4)PLC 的通信接口

在工业控制网络中,PLC 常采用 RS-232、RS-422 和 RS-485 标准的串行通信接口进行数据通信。

(1)RS-232 通信接口。RS-232 通信接口标准是 1969 年由美国电子工业协会(Electronic Industries Association,EIA)公布的串行通信接口标准,RS(recommend standard)是推荐标准,232 是标志号。它既是一种协议标准,也是一种电气标准,它规定了终端和通信设备之间信息交换的方式和功能。PLC 与上位机的通信就是通过 RS-232 串行通信接口完成的。

RS-232 通信接口采用按位串行的方式单端发送、单端接收,传送距离近(最大传送距离为 15 m),数据传输速率低(最高传输速率为 20 kbit/s),抗干扰能力差。

(2)RS-422 通信接口。RS-422 通信接口采用两对平衡差分信号线,以全双工方式传送数据。数据传输速率可达 10 Mbit/s,最大传送距离为 1 200 m。抗干扰能力较强,适合远距离传送数据。

(3)RS-485 通信接口。RS-485 通信接口是 RS-422 通信接口的变形。与 RS-422 通信接口相比,只有一对平衡差分信号线,以半双工方式传送数据,能够在远距离高速通信中,以最少的信号线完成通信任务,因此在 PLC 的控制网络中广泛应用。

5)通信协议

在进行网络通信时,通信双方必须遵守约定的规程,这些为进行可靠的信息交换而建立的规程称为协议(protocol)。通信协议其实是由国际公认的标准化组织或其他专业团体集体制定的。

2. $N:N$ 网络功能

$N:N$ 网络功能就是在最多八台 FX 系列 PLC 之间,通过 RS-485 通信连接,进行软元件相互连接的功能,可以实现小规模系统的数据连接以及设备之间的信息交换,如图 6-9 所示。

①根据要连接的点数,$N:N$ 网络功能有三种模式可以选择。三种模式共享的通信软元件见表 6-3,主要区别在于所进行通信的位信息、字信息通信量不同。

②数据的连接是在最多八台 FX 系列 PLC 之间自动更新。

③总延长距离最大可达 500 m。(仅限于全部由 485ADP 构成的情况,使用 485BD 进行连接的除外)。

功能:可以在 FX 系列 PLC 之间进行简单的数据连接。

应用:生产线的分散控制和集中管理等。

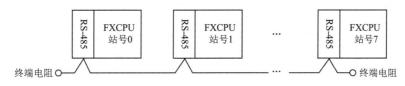

图 6-9　$N:N$ 网络连接示意图

表 6-3　$N:N$ 网络三种模式共享的通信软元件

站号		模式0		模式1		模式2	
		位软元件(M)	字软元件(D)	位软元件(M)	字软元件(D)	位软元件(M)	字软元件(D)
		0 点	各站 4 点	各站 32 点	各站 4 点	各站 64 点	各站 8 点
主站	站号 0	—	D0 ~ D3	M1000 ~ M1031	D0 ~ D3	M1000 ~ M1063	D0 ~ D7
从站	站号 1	—	D10 ~ D13	M1064 ~ M1095	D10 ~ D13	M1064 ~ M1127	D10 ~ D17
	站号 2	—	D20 ~ D23	M1128 ~ M1159	D20 ~ D23	M1128 ~ M1191	D20 ~ D27
	站号 3	—	D30 ~ D33	M1192 ~ M1223	D30 ~ D33	M1192 ~ M1255	D30 ~ D37
	站号 4	—	D40 ~ D43	M1256 ~ M1287	D40 ~ D43	M1256 ~ M1319	D40 ~ D47
	站号 5	—	D50 ~ D53	M1320 ~ M1351	D50 ~ D53	M1320 ~ M1383	D50 ~ D57
	站号 6	—	D60 ~ D63	M1384 ~ M1415	D60 ~ D63	M1384 ~ M1447	D60 ~ D67
	站号 7	—	D70 ~ D73	M1448 ~ M1479	D70 ~ D73	M1448 ~ M1511	D70 ~ D77

以 FX3U PLC 为例的 $N:N$ 网络连接接线图如图 6-10 所示。连接的双绞电缆的屏蔽层务必采取 D 类接地(接地电阻在 100 Ω 以下)。FX3U-485 ADP 中已有内置终端电阻,通过切换开关可设定终端电阻。

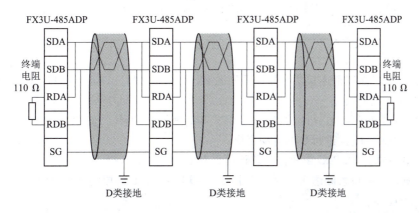

图 6-10　$N:N$ 网络连接接线图

使用 $N:N$ 网络时，必须设定特殊功能软元件，见表6-4、表6-5。

表6-3中辅助继电器和数据寄存器是供各站的 PLC 共享的。根据在相应站号设定中设定的站号，以及在刷新范围设定中设定的模式不同，使用的软元件编号及点数也有所不同。编程时，勿擅自更改其他站点中使用的软元件的信息，否则会发生错误。

表6-4　与 $N:N$ 网络有关的特殊功能软元件（位软元件）

软元件	属性	名　称	功　能	响应范围
M8038	只读	参数设定	用于 $N:N$ 网络参数设置	主、从站
M8138	只读	数据传送 PLC 主站出错	有主站通信错误时为 ON	主站
M8184~M8190	只读	数据传送 PLC 从站（1~7号站）出错	有1~7号从站通信错误时为 ON	主、从站
M8191	只读	数据传送 PLC 执行中	与其他站通信时为 ON	主、从站

表6-5　与 $N:N$ 网络有关的特殊功能软元件（字软元件）

软元件	属性	名　称	功　能	响应范围
D8173	只读	站号	保存自己的站号	主、从站
D8174	只读	从站总数	保存刷新范围	主、从站
D8175	只读	刷新范围	保存刷新范围	主、从站
D8176	只读	主、从站号设定	对主、从站点号进行规定的数据寄存器。程序中用 MOV 指令将数据 K0 存入寄存器中，表示为主站点号0号，从站点号在1~7范围内取值	主、从站
D8177	只读	从站总数设定	用来确定网络系统中从站的数量，范围在1~7内取值	主站
D8178	只读	刷新范围设定（模式设定）	模式选择寄存器，取值0、1、2；从站无须设定	主站
D8179	读/写	重试次数	设置通信重试次数，从站无须设定	主站
D8190	读/写	监视时间	设置通信超时时间（50~2 550 ms），以 10 ms 为单位进行设定，设定范围5~255，从站无须设定	主站

3. 并联连接功能

并联连接功能，就是连接两台同一系列的 FX PLC，且其软元件相互连接的功能，实现两台 PLC 之间的信息交换。

① 根据要连接的点数，可以选择普通模式和高速模式两种。通过位软元件（M）100点和数据寄存器（D）10点进行数据自动交换。

② 在最多两台 FX PLC 之间自动更新数据连接。

③ 总延长距离最大可达500 m。（仅限于全部由 485ADP 构成的情况，使用 485BD 进行连接的除外）。

可以执行两台同系列 FX PLC 之间的信息交换。如果为不同系列的 FX PLC，建议使用 $N:N$ 网络，且其可以扩展到八台。

以上的连接软元件是列举了最大点数的情况。根据连接模式和 FX PLC 的系列不同,规格差异及限制内容也有所不同。

功能:可以在 FX 系列 PLC 之间进行简单的数据连接。

应用:生产线的分散控制和集中管理。并联连接通信示意图如图 6-11 所示。

并联连接有普通模式和高速模式两种连接模式,通过特殊辅助继电器 M8162 来设置,根据连接模式的不同,连接软元件的类型和点数不同,见表 6-6。

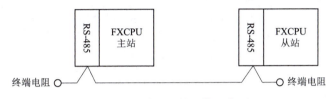

图 6-11 并联连接通信示意图

表 6-6 并联连接通信两种模式的比较

模式	通信设备	软元件	通信时间/ms
普通模式 (M8162 为 OFF)	主站→从站	M800~M899(100 点) D490~D499(10 点)	70(ms) + 主站扫描时间 + 从站扫描时间
	从站→主站	M900~M999(100 点) D500~D509(10 点)	
高速模式 (M8162 为 ON)	主站→从站	D490~D491(2 点)	20(ms) + 主站扫描时间 + 从站扫描时间
	从站→主站	D500~D501(2 点)	

以 FX3U PLC 为例的并联连接通信接线图如图 6-12 所示。连接的双绞电缆的屏蔽层务必采取 D 类接地(接地电阻在 100 Ω 以下)。FX3U-485ADP 中已有内置终端电阻,通过切换开关可设定终端电阻。

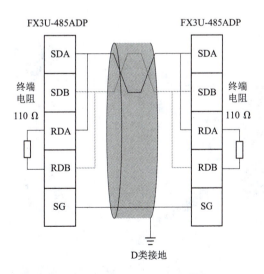

图 6-12 并联连接通信接线图

与并联连接有关的特殊功能继电器和特殊数据寄存器见表6-7。

表6-7 与并联连接有关的特殊功能继电器和特殊数据寄存器

软元件	功 能
M8070	为 ON 时,PLC 作为并联连接的主站
M8071	为 ON 时,PLC 作为并联连接的从站
M8072	PLC 运行在并联连接时为 ON
M8073	在并联连接时,M8070 和 M8071 中任何一个设置出错时为 ON
M8162	为 OFF 时为普通模式;为 ON 时为高速模式
D8070	并联连接的监视时间,默认值为 500 ms

任务实现

1. N∶N 网络通信

设计要求:

N∶N 网络通信工作示意图如图6-13所示,包括一个主站,两个从站。

1) 主站控制

① 由主站控制1#从站的九盏灯循环点亮,且点亮时间分三级可调。

② 由主站控制2#从站数码管 0~9 循环点亮,且点亮时间分三级可调。

2) 1#从站控制

① 由1#从站控制主站的星-三角起动,且起动时间分三级可调。

② 由1#从站控制2#从站的一盏报警灯闪烁,且闪烁频率可在1#从站修改。

3) 2#从站控制

由2#从站控制主站的星-三角起动,且起动时间分三级可调。

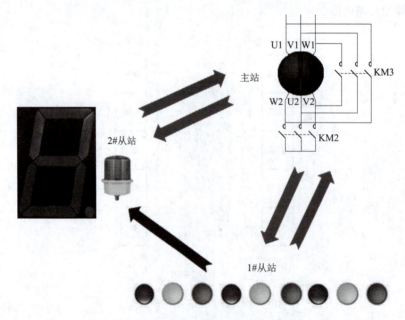

图6-13 N∶N 网络通信工作示意图

1.1 主站控制

1) 主站 I/O 地址分配

输入：

X000——1#从站循环灯起动按钮 SB1；

X001——1#从站循环灯停止按钮 SB2；

X002——1#从站循环灯速度 2 按钮 SB3；

X003——1#从站循环灯速度 3 按钮 SB4；

X004——2#从站数码管点亮起动按钮 SB5；

X005——2#从站数码管停止按钮 SB6；

X006——2#从站数码管点亮速度 2 按钮 SB7；

X007——2#从数码管点亮速度 3 按钮 SB8。

输出：

Y000——KM1 电源；

Y001——KM2 星接；

Y002——KM3 角接。

2) 主站 PLC 的 I/O 接线图

主站 PLC 的 I/O 接线图如图 6-14 所示。

N:N 网络主站接线

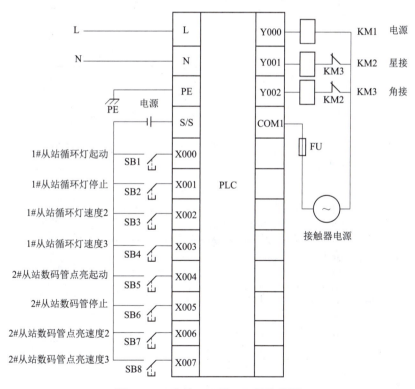

图 6-14 主站 PLC 的 I/O 的接线图

3) 主站的 PLC 控制梯形图程序

主站的 PLC 控制梯形图程序如图 6-15 所示。

4) 程序分析

① 步 0 ~ 步 26，M8038 接通，设置 N:N 网络参数。数据传送后，D8176 的值为 0，设定主

N:N 网络演示

站为 0 号站;D8177 的值为 2,设定有两个从站;D8178 的值为 1,$N:N$ 网络功能设定为模式 1;D8179 的值为 3,设定发生连接出错的通信的重试次数为三次;D8180 的值为 5,设定到判断为通信异常为止的时间为 50 ms。

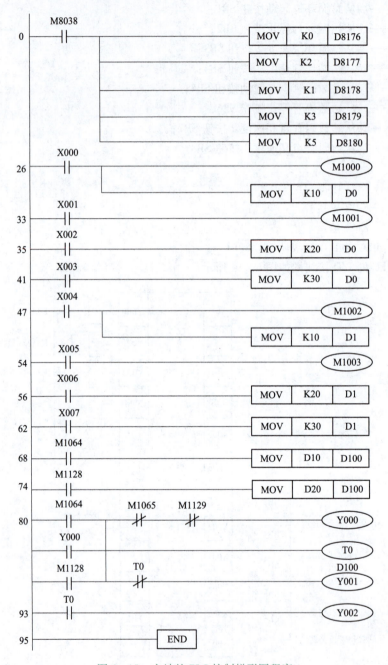

图 6-15 主站的 PLC 控制梯形图程序

②步 26~步 33,按下 1#从站循环灯起动按钮 SB1,X000 接通,通过 M1000 启动 1#从站的循环灯工作;通过 D0 设定 1#从站的循环灯每 1 s 移动一次。

③步 33~步 35,按下 SB2,X001 接通,通过 M1001 停止 1#从站的循环灯工作。

④步 35~步 41,按下 SB3,X002 接通,将定时器 T0 的时间修改为 2 s,亦即将 1#从站的

循环灯修改为每 2 s 移动一次。

⑤步 41～步 47,按下 SB4,X003 接通,将定时器 T0 的时间修改为 3 s,亦即将 1#从站的循环灯修改为每 3 s 移动一次。

⑥步 47～步 54,按下 SB5,X004 接通,通过 M1002 启动 2#从站的数码管循环点亮工作;通过 D1 设定 2#从站的数码管循环点亮每 1 s 一位。

⑦步 54～步 56,按下 SB6,X005 接通,通过 M1003 停止 2#从站的数码管循环点亮工作。

⑧步 56～步 62,按下 SB7,X006 接通,将定时器 T1 的时间修改为 2 s,亦即将 2#从站的数码管循环点亮时间修改为每 2 s 一位。

⑨步 62～步 68,按下 SB8,X007 接通,将定时器 T1 的时间修改为 3 s,亦即将 2#从站的数码管循环点亮时间修改为每 3 s 一位。

⑩步 68～步 74,1#从站来的信号 M1064 接通,将 D10 的数据传送给 D100,设定主站星-三角 PLC 控制的起动时间。

⑪步 74～步 80,2#从站来的信号 M1128 接通,将 D20 的数据传送给 D100,设定主站星-三角 PLC 控制的起动时间。

⑫步 80～步 93,来自 1#从站的 M1064 或 2#从站的 M1128 常开触点闭合,输出继电器 Y000 得电,接触器 KM1 闭合,常开触点 Y000 自锁。定时器 T0 得电延时工作,T0 的工作时间由数据寄存器 D100 确定,输出继电器 Y001 线圈得电,电动机星形起动。定时器 T0 延时时间到,T0 常闭触点断开,Y001 失电,接触器 KM1 失电,星形起动结束。

⑬步 93～步 95,定时器 T0 延时时间到,T0 常开触点闭合,输出继电器 Y002 得电,KM3 闭合,电动机转为三角形运行。

1.2 1#从站控制

1) 1#从站 I/O 地址分配

输入:

X000——主站星-三角起动按钮 SB1;

X001——主站星-三角停止按钮 SB2;

X002——主站快速起动按钮 SB3;

X003——主站慢速起动铵钮 SB4;

X004——2#从站报警灯起动按钮 SB5;

X005——2#从站报警灯停止按钮 SB6;

X006——2#站报警灯慢闪按钮 SB7。

输出:

Y000——L1;

Y001——L2;

Y002——L3;

Y003——L4;

Y004——L5;

Y005——L6;

Y006——L7;

Y007——L8;

Y010——L9。

2) 1#从站 PLC 的 I/O 接线图

从站 1#站 PLC 的 I/O 的接线图如图 6-16 所示。

N:N 网络
从站接线

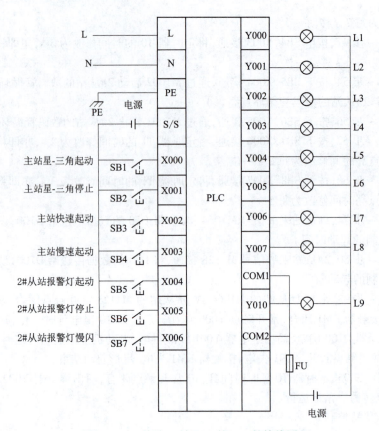

图 6-16 从站 1#站 PLC 的 I/O 的接线图

3) 1#从站的 PLC 控制梯形图程序

从站 1#站的 PLC 控制梯形图程序如图 6-17 所示。

4) 程序分析

①步 0～步 6，M8038 接通，设置 $N:N$ 网络参数。数据传送后，D8176 的值为 1，设定从站为 1 号站。

②步 6～步 13，按下 SB1，X000 接通，通过 M1064 起动主站的星-三角降压起动 PLC 控制；通过 D10 设定主站星-三角起动时间为 5 s。

③步 13～步 15，按下 SB2，X001 接通，通过 M1065 停止主站的星-三角电路工作。

④步 15～步 21，按下 SB3，X002 接通，将主站星-三角起动时间修改为 3 s，主站星-三角电路快速起动。

⑤步 21～步 27，按下 SB4，X003 接通，将主站星-三角起动时间修改为 6 s，主站星-三角电路慢速起动。

⑥步 27～步 39，按下 SB5，X004 接通，通过 M1066 起动 2#从站的报警灯电路工作；通过 D11、D12 设定 2#从站的报警灯的闪烁频率。

⑦步 39～步 41，按下 SB6，X005 接通，通过 M1067 停止 2#从站主站的报警灯电路工作。

⑧步 41～步 52，按下 SB7，X006 接通，通过 D11、D12 修改报警灯的闪烁时间。

⑨步 52～步 56，M1000 来自主站的九盏灯循环点亮起动控制，M1001 来自主站的九盏灯循环点亮停止控制。

⑩步 56～步 61，九盏灯循环点亮振荡器时间控制，由来自主站的 D0 控制。

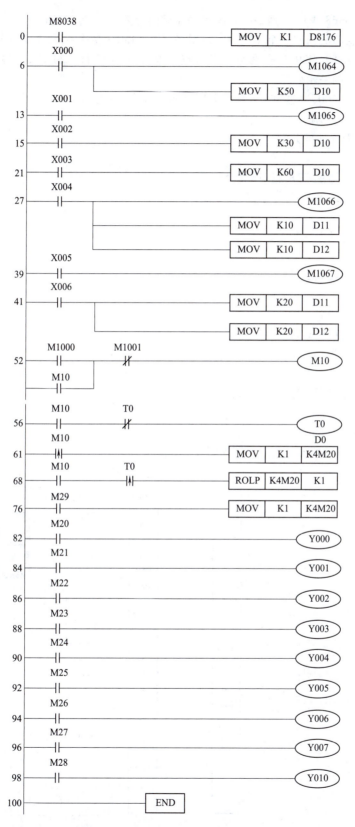

图 6-17　1#从站的 PLC 控制梯形图程序

⑪步 61～步 68，M10 接通瞬间将 M20 置 1，用于点亮第一盏灯 Y000。

⑫步 68～步 76，每来一个 T0 脉冲，数据寄存器 K4M20 左移一位，亦即点亮下一盏灯。

⑬步 76～步 82，M29 接通，最后一盏灯点亮熄灭，再重新将 M20 置 1，再次点亮第一盏灯 Y000，开始新的一轮循环。

⑭步 82～步 100，通过 M20～M28 分别控制九盏灯的输出 Y000～Y010。

1.3　2#从站控制

1) 2#从站 I/O 地址分配

输入：

X000——主站星-三角起动按钮 SB1；

X001——主站星-三角停止按钮 SB2；

X002——主站快速起动按钮 SB3；

X003——主站慢速起动 SB4。

输出：

Y000——七段码 a 段；

Y001——七段码 b 段；

Y002——七段码 c 段；

Y003——七段码 d 段；

Y004——七段码 e 段；

Y005——七段码 f 段；

Y006——七段码 g 段；

Y010——报警灯。

2) 2#从站 PLC 的 I/O 接线图

从站 2#站 PLC 的 I/O 的接线图如图 6-18 所示。

N：N 网络接线

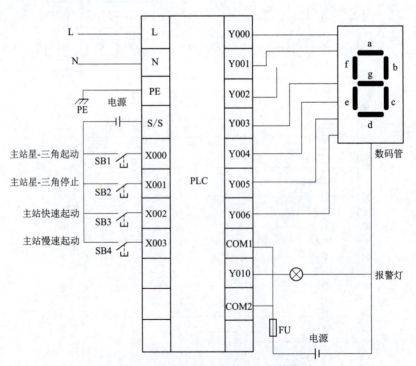

图 6-18　从站 2#站 PLC 的 I/O 的接线图

3) 2#从站的 PLC 控制梯形图程序

2#从站的 PLC 控制梯形图程序如图 6-19 所示。

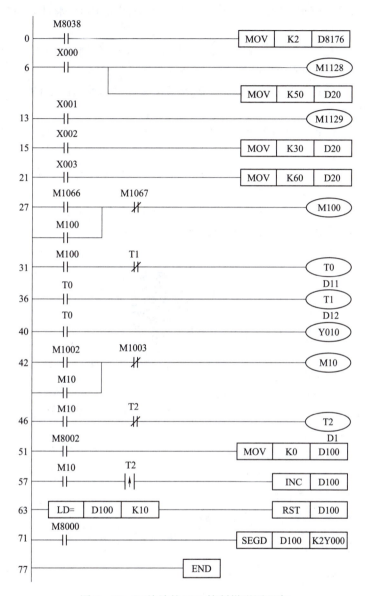

N：N 网络从站控制主站操作

图 6-19　2#从站的 PLC 控制梯形图程序

4) 程序分析

① 步 0 ~ 步 6，M8038 接通，设置 N：N 网络参数。数据传送后，D8176 的值为 2，设定从站为 2 号站。

② 步 6 ~ 步 13，按下 SB1，X000 接通，通过 M1028 起动主站的星-三角降压起动 PLC 控制；通过 D20 设定主站星-三角起动时间为 5 s。

③ 步 13 ~ 步 15，按下 SB2，X001 接通，通过 M1029 停止主站的星-三角电路工作。

④ 步 15 ~ 步 21，按下 SB3，X002 接通，将主站星-三角起动时间修改为 3 s，主站星-三角电路快速起动。

⑤步21～步27,按下SB4,X003接通,将主站星-三角起动时间修改为6 s,主站星-三角电路慢速起动。

⑥步27～步31,M1066来自1#从站的报警灯起动控制,M1067来自1#从站的报警灯停止控制。

⑦步31～步40,T0、T1组成振荡器,由T0输出脉冲(脉宽、周期由D11、D12确定)。

⑧步40～步42,报警灯Y010随T0的通断亮灭。

⑨步42～步46,M1002来自主站的数码管循环显示起动控制,M1003来自主站的数码管循环显示停止控制。

⑩步46～步51,T2构成振荡器输出脉冲,脉冲宽度一个扫描周期,振荡器振荡周期由D1的值确定。

⑪步51～步57,PLC送电,初始脉冲M8002瞬间接通,对数据寄存器D100清零。

⑫步57～步63,每来一个T2脉冲,D100的值加1。

⑬步63～步71,当D100的值等于10时,将D100的内容清零。

⑭步71～步77,用七段码指令,数码管输出显示0～9数字。

并行连接通信案例演示

2. 并联连接通信

设计要求:

并联连接通信工作示意图如图6-20所示。

①由主站控制从站的九盏灯循环点亮,且点亮时间分三级可调。

②由从站控制主站数码管0～9循环点亮,且点亮时间分三级可调。

2.1 主站控制

1)主站I/O地址分配

输入:

X000——循环灯起动按钮SB1;

X001——循环灯停止按钮SB2;

X002——循环灯二级循环速度设置按钮SB3;

X003——循环灯三级循环速度设置按钮SB4。

输出:

Y000——七段码a段;

Y001——七段码b段;

Y002——七段码c段;

Y003——七段码d段;

Y004——七段码e段;

Y005——七段码f段;

Y006——七段码g段。

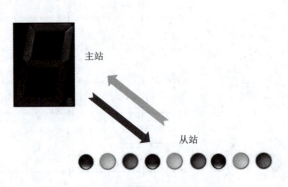

图6-20 并联连接通信工作示意图

2)主站PLC的I/O接线图

主站PLC的I/O接线图如图6-21所示。

3)主站的PLC控制梯形图程序

主站的PLC控制梯形图程序如图6-22所示。

项目六 特殊功能模块和PLC数据通信

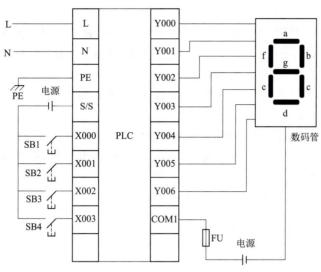

图6-21 主站PLC的I/O的接线图

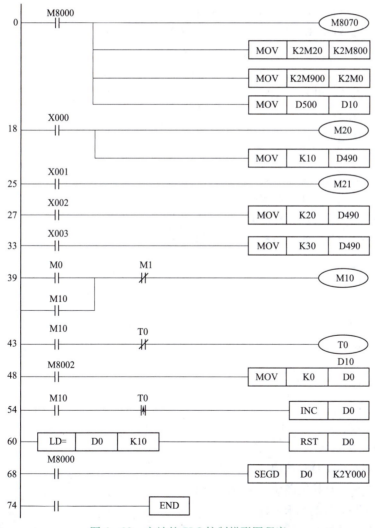

图6-22 主站的PLC控制梯形图程序

4) 程序分析

①步 0 ~ 步 18,M8000 接通,设定为并联连接的主站;通过 K2M20 到 K2M800 的传递将主站控制传递给从站;通过 K2M900 到 K2M0 的传递,读出从站对主站的控制;通过 D500 到 D10 的传递,读出从站传递给主站的数据。

②步 18 ~ 步 25,按下 SB1,X000 闭合,接通 M20,通过 M800 起动从站的循环灯工作;通过 D490 设定从站的循环灯的移动时间。

③步 25 ~ 步 27,按下 SB2,X001 闭合,接通 M21,通过 M801 停止从站的循环灯工作。

④步 27 ~ 步 33,按下 SB3,X002 接通,将 D490 的值修改为 20,亦即将从站的循环灯修改为每 2 s 移动一次。

⑤步 33 ~ 步 39,按下 SB4,X003 接通,将 D490 的值修改为 30,亦即将从站的循环灯修改为每 3 s 移动一次。

⑥步 39 ~ 步 43,来自从站的控制,M900 接通,则 M0 接通,M10 得电,起动主站的数码管循环点亮工作;M901 接通,则 M1 接通,断开 M10,停止主站的数码管循环点亮工作。

⑦步 43 ~ 步 48,T0 构成振荡器输出脉冲,脉冲宽度一个扫描周期,振荡周期由 D10 的值确定;通过 D500 传递给 D10,设定主站的数码管循环点亮每 1 s 一位。

⑧步 48 ~ 步 54,PLC 送电,初始脉冲 M8002 瞬间接通,对数据寄存器 D0 清零。

⑨步 54 ~ 步 60,每来一个 T0 脉冲,D0 的值加 1。

⑩步 60 ~ 步 68,当 D0 的值等于 10 时,将 D0 的内容清零。

⑪步 68 ~ 步 74,用七段码指令,数码管输出显示 0 ~ 9 数字。

2.2　从站控制

1) 从站 I/O 地址分配

输入:

X000——数码管起动按钮 SB1;

X001——数码管停止按钮 SB2;

X002——数码管二级循环速度设置按钮 SB3;

X003——数码管三级循环速度设置按钮 SB4。

输出:

Y000——L1;

Y001——L2;

Y002——L3;

Y003——L4;

Y004——L5;

Y005——L6;

Y006——L7;

Y007——L8;

Y010——L9。

2) 从站 PLC 的 I/O 接线图

从站 PLC 的 I/O 接线图如图 6-23 所示。

3) 从站的 PLC 控制梯形图程序

从站的 PLC 控制梯形图程序如图 6-24 所示。

项目六　特殊功能模块和 PLC 数据通信

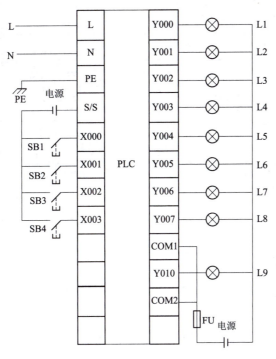

图 6-23　从站 PLC 的 I/O 接线图

4）程序分析

①步 0～步 18，M8000 接通，设定为并联连接的从站；通过 D490 到 D10 的传递，读出主站传递给从站的数据；通过 K2M20 到 K2M900 的传递将从站控制传递给主站；通过 K2M800 到 K2M0 的传递，读出主站对从站的控制。

②步 18～步 25，按下 SB1，X000 闭合，接通 M20，通过 M900 起动主站的数码管循环点亮工作；通过 D500 设定主站的数码管每位点亮的时间。

③步 25～步 27，按下 SB2，X001 闭合，接通 M21，通过 M901 停止从站的数码管循环点亮工作。

④步 27～步 33，按下 SB3，X002 接通，将 D500 的值修改为 20，亦即将从站的数码管数字显示修改为每 2 s 显示一位。

⑤步 33～步 39，按下 SB4，X003 接通，将 D500 的值修改为 30，亦即将从站的数码管数字显示修改为每 3 s 显示一位。

⑥步 39～步 43，来自主站的控制，M800 接通，则 M0 接通，M10 得电，起动从站的循环灯工作；M801 接通，则 M1 接通，断开 M10，停止从站的循环灯工作。

⑦步 43～步 48，T0 构成振荡器输出脉冲，脉冲宽度为一个扫描周期，振荡周期由 D10 的值确定；通过 D490 传递给 D10，设定从站的循环灯每 1 s 移动一位。

⑧步 48～步 55，M10 接通瞬间将 M20 置 1，用于点亮第一盏灯 Y000。

⑨步 55～步 63，每来一个 T0 脉冲，数据寄存器 K4M20 左移一位，亦即点亮下一盏灯。

⑩步 63～步 69，M29 接通，最后一盏灯点亮熄灭，再重新将 M20 置 1，再次点亮第一盏灯 Y000，开始新的一轮循环。

⑪步 69～步 87，通过 M20～M28 分别控制九盏灯的输出 Y000～Y010。

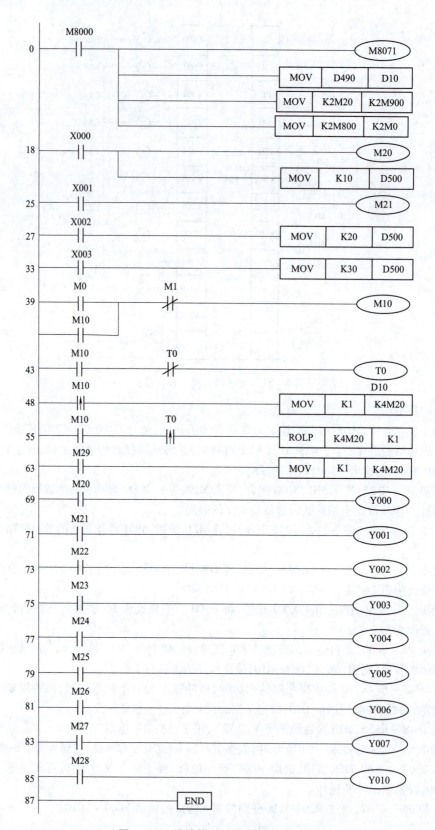

图 6-24 从站的 PLC 控制梯形图程序

任务工单

特殊功能模块和 PLC 数据通信任务工单见表 6-8。

表 6-8　特殊功能模块和 PLC 数据通信任务工单

序号	内容	要　　求
1	任务准备	(1) PLC 实训箱、连接调试用连接线若干。 (2) 编程计算机、通信电缆。 (3) PLC 实训指导书。 (4) 收集相关资料及网上课程资源
2	工作内容	(1) 知识准备：熟悉 PLC 编程及使用基本知识。 (2) 认识 PLC 实训箱面板相关电气元件及作用。 (3) 在计算机上用 PLC 编程软件编辑 PLC 程序。 (4) 在 PLC 实训箱上根据实训项目的 PLC 接线图完成 PLC 的外部接线，并连接好 PLC 与计算机间的通信电缆。 (5) 将编好的 PLC 程序写入 PLC 中，并使程序处于监视状态。 (6) 进行软硬件调试，修改不正确的程序段及外部接线。 以上工作要求小组合作完成
3	工期要求	两名学生为一个工作小组。学生应充分发挥团队协作精神，合理分配工作任务及时间，在规定的时间内完成训练任务，本工作任务占用 16 学时（含训练结束考核时间）
4	文明生产	按维修电工（中级）国家职业技能要求规范操作
5	考核	对学生的学习准备、学习过程和学习态度三个方面进行评价，考核学生的知识应用能力和分析问题、解决问题的能力

考核标准

特殊功能模块和 PLC 数据通信考核标准见表 6-9。

表 6-9　特殊功能模块和 PLC 数据通信考核标准

序号	内容	评　分　标　准	配分	扣分	得分
1	正确选择输入/输出设备及地址并画出 I/O 接线图	设备及端口地址选择正确，接线图正确、标注完整。输入/输出每错一个扣 5 分，接线图每少一处标注扣 1 分	20		
2	正确编制梯形图程序	梯形图格式正确，梯形图整体结构合理，每错一处扣 5 分；不会使用 PLC 软件编辑 PLC 程序，该项不得分	40		
3	外部接线正确	电源线、通信线及 I/O 信号线接线正确，每错一处扣 5 分	20		
4	写入程序并进行调试	操作步骤正确，动作熟练。（允许根据输出情况进行反复修改和完善。）不会写入程序，该项不得分；程序未监视，扣 5 分；调试未成功，扣 10 分	20		
5	其他	若有违规操作，每次扣 10 分；编程及调试过程中超时，每超时 5 min 扣 5 分；违反电气安全操作规程，酌情扣分	从总分倒扣		
开始时间		结束时间		总分	

习题六

1. 填空题

（1）FX3U-3A-ADP 模拟量模块具有（　　　）输入通道和（　　　）输出通道。

（2）FX3U-3A-ADP 连接到 PLC 时（　　　）I/O 点，与 PLC 的最大输入/输出点数为（　　　）。

（3）网络，是用物理链路将各个孤立的（　　　）相连在一起，组成（　　　），从而达到资源共享和通信的目的。

（4）数据通信有两种基本方式，即（　　　）通信方式和（　　　）通信方式。

（5）主设备起控制、发送和处理信息的（　　　）作用。从设备（　　　）地接收、监视和执行主设备的信息。

（6）串行通信可根据要求分为（　　　）、（　　　）和（　　　）三种传送方式。

（7）异步通信方式以（　　　）为单位发送数据。所谓异步是指相邻两个（　　　）数据之间的停顿时间是长短不一的。

（8）在工业控制网络中，PLC 常采用（　　　）、（　　　）和（　　　）标准的串行通信接口进行数据通信。

2. 选择题

（1）FX3U-3A-ADP 模拟量模块选择电压或电流（输入/输出）可以由（　　　）决定。
　　A. PLC 程序　　　　　　B. 用户接线方式　　　　　　C. 参数设置

（2）模拟量输入在每个通道中可以使用（　　　）。
　　A. 电压输入　　　　　　B. 电流输入　　　　　　　　C. 都可以

（3）电流输入时，请务必将 V□＋端子和 I□＋端子（□表示通道号）（　　　）。
　　A. 短接　　　　　　　　B. 断开　　　　　　　　　　C. 都可以

（4）传送控制设备主要用于控制发送和接收之间的（　　　）。
　　A. 监视　　　　　　　　B. 保护　　　　　　　　　　C. 同步协调

（5）RS-232 接口最大传送距离为（　　　）。
　　A. 15 m　　　　　　　　B. 500 m　　　　　　　　　C. 1 200 m

（6）N∶N 连接网络功能，就是在最多（　　　）台 FX PLC 之间实现小规模系统的数据连接。
　　A. 2　　　　　　　　　　B. 8　　　　　　　　　　　C. 16

（7）并联连接功能，就是连接（　　　）台同一系列的 FX PLC，且其软元件相互连接的功能，实现两台 PLC 之间的信息交换。
　　A. 2　　　　　　　　　　B. 8　　　　　　　　　　　C. 16

3. 判断题

（1）模拟量的输入/输出接线使用两芯的屏蔽双绞电缆，并且要与其他动力线或者易于受感应的线分开布线。（　　　）

（2）可以通过将特殊辅助继电器置为 ON/OFF，分别设定 FX3U-3A-ADP 各通道是否使用。（　　　）

（3）当任意两台设备之间有信息交换时，它们之间就产生了通信。（　　　）

（4）通信协议是通信过程中必须严格遵守的各种数据传送规则。（　　　）

（5）根据要连接的点数，N∶N 网络功能有 3 种模式可以选择。（　　　）

(6)使用 $N:N$ 网络时,必须设定特殊功能软元件。(   )
(7)并联网络根据要连接的点数,可以选择普通模式和高速模式两种模式。(   )

4. 简答题

(1)FX 系列 PLC 的特殊功能模块大致可分为哪几类?
(2)什么是 PLC 通信?
(3)什么是并行通信?什么是串行通信?
(4)三菱 FX 通信功能包括哪几个?
(5)RS-232 有哪些缺点?RS-485 有哪些优点?
(6)什么是 $N:N$ 网络功能?
(7)在 $N:N$ 网络模式 1 中,各站共享的位软元件(M)和字软元件(D)分别是多少位?
(8)通信网络为什么要加上终端电阻?

📖 **拓展阅读**

红船精神

2005年6月21日，时任浙江省委书记的习近平同志在《光明日报》上发表《弘扬"红船精神"走在时代前列》的署名文章，首次提出并阐释了"红船精神"，并将其内涵概括为："开天辟地、敢为人先的首创精神，坚定理想、百折不挠的奋斗精神，立党为公、忠诚为民的奉献精神。"同时提出"我们要高举'三个代表'重要思想伟大旗帜，始终保持党的先进性，就必须永远铭记我们党的'母亲船'，重温红船的历史沧桑，在继承和弘扬'红船精神'中永葆党的先进性，进一步激发为中国特色社会主义事业奋斗的信念和力量"。这对我们进一步研究"红船精神"和弘扬"红船精神"具有十分重要的启迪意义。

我国PLC发展之光

PLC行业面临着许多发展趋势。首先，智能化和网络化将成为未来发展的重要方向。随着物联网、人工智能和大数据等技术的不断发展，PLC产品将更加注重智能化功能的开发和应用，实现更高效、精确的控制。其次，与云计算、边缘计算和工业互联网的结合将推动PLC行业的创新和发展，为工业生产带来更多智能化解决方案。此外，能源效率、环境保护和安全性等方面的要求也将对PLC产品提出更高的要求，促使企业不断提升产品性能和适应市场需求。

目前国内PLC行业的发展十分迅速，市场占有量较高的几大品牌分别为台达PLC、信捷PLC、汇川PLC、伟创PLC、禾川PLC等。在国产PLC行业的发展趋势中，这些公司凭借其创新能力和产品的性能，将继续在行业中占据重要地位，并为客户提供可靠的自动化控制解决方案。

附录

附录 A　PLC 简易程序调试板结构示意图

PLC 简易程序调试板结构示意图如图 A-1 所示。

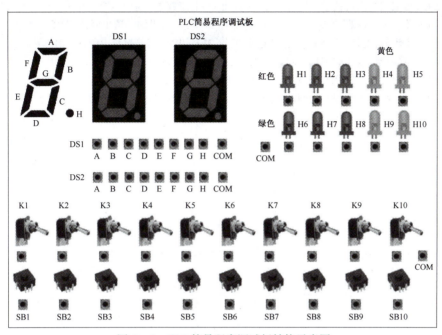

图 A-1　PLC 简易程序调试板结构示意图

附录 B　PLC 简易程序调试板原理图

PLC 简易程序调试板原理图如图 B-1 所示。

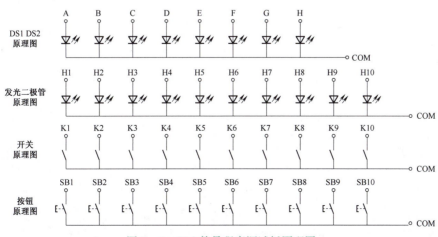

图 B-1　PLC 简易程序调试板原理图

参 考 文 献

[1] 牛云陛.电气控制技术[M].北京:北京邮电大学出版社,2013.
[2] 冀俊茹,陈琳.电气控制技术及应用[M].北京:北京邮电大学出版社,2019.
[3] 王进满.电气控制与 PLC 项目教程[M].北京:中国铁道出版社,2018.
[4] 牛云陛.可编程控制器技术应用与实战[M].北京:北京邮电大学出版社,2014.
[5] 张文明,蒋正炎.可编程控制器及网络控制技术[M].北京:中国铁道出版社,2012.
[6] 温贻芳,李洪群,王月芹.PLC 应用与实践:三菱[M].北京:高等教育出版社,2017.
[7] 胡学林.可编程控制器应用技术[M].北京:高等教育出版社,2005.
[8] 蔡晓霞,朱丹,徐伟锋.PLC 技术与应用项目化教程[M].北京:电子工业出版社,2019.
[9] 唐立伟.电气控制系统安装与调试技能训练[M].北京:北京邮电大学出版社,2015.